全国电力行业"十四五"规划教材　新形态教材

垃圾焚烧发电机组运行与维护

主　编　曾国兵　胡胜利
副主编　肖厚全　刘　聪　黄燕生
　　　　黄志明
参　编　曾　娜　魏佳佳　陈雷宇
　　　　文　平　张丹玉
主　审　王树群

中国电力出版社
CHINA ELECTRIC POWER PRESS

内 容 提 要

本书根据垃圾焚烧发电行业对集控运行人员职业岗位技能要求，结合"1+X"垃圾焚烧发电运行与维护职业技能等级证书标准进行编写，对垃圾焚烧发电机组的系统构成、设备结构、设备工作原理、设备启动及运行维护进行了详细介绍，能满足垃圾焚烧发电机组运行与维护各岗位的专业基础与职业技能要求。

本书内容分为垃圾焚烧发电机组岗前培训、机组冷态启动、运行调整、停运、试验和事故处理六个项目，包含三十七个工作任务，每个工作任务按照任务描述、任务目标、相关知识、任务实施、任务评价五部分分别进行阐述，全书配备了百余个资源二维码，可以帮助读者更好地理解和掌握相关知识。

本书可作为高等职业教育专科热能动力工程技术、发电运行技术专业和发电厂及电力系统等专业的教材，也可作为高等职业教育本科热能动力工程专业的教材，还可以作为垃圾焚烧发电企业运行维护人员的培训教材。

图书在版编目（CIP）数据

垃圾焚烧发电机组运行与维护 / 曾国兵，胡胜利主编；肖厚全等副主编． -- 北京：中国电力出版社，2024．10． -- ISBN 978-7-5198-8391-1

Ⅰ．TM619

中国国家版本馆 CIP 数据核字第 2024MQ9161 号

出版发行：中国电力出版社
地　　址：北京市东城区北京站西街 19 号（邮政编码 100005）
网　　址：http://www.cepp.sgcc.com.cn
责任编辑：吴玉贤
责任校对：黄　蓓　常燕昆
装帧设计：赵姗姗
责任印制：吴　迪

印　　刷：廊坊市文峰档案印务有限公司
版　　次：2024 年 10 月第一版
印　　次：2024 年 10 月北京第一次印刷
开　　本：787 毫米×1092 毫米　16 开本
印　　张：12.5
字　　数：300 千字
定　　价：45.00 元

版 权 专 有　侵 权 必 究

本书如有印装质量问题，我社营销中心负责退换

前　　言

垃圾焚烧发电运行与维护职业技能等级证书是发电运行技术等热能与发电工程类相关专业所要求取得的 X 证书。垃圾焚烧发电设备运行及维护课程是发电运行技术专业的核心课程，也是"岗课赛证"融通课程。本书是专为垃圾焚烧发电设备运行及维护课程所编写的教材。

本书结合目前主流垃圾焚烧发电机组的运行实际，充分考虑垃圾焚烧发电机组运行维护各岗位的岗位职责和技能要求，利用 600t/d 垃圾焚烧炉发电机组仿真系统平台详细介绍了垃圾焚烧发电厂的职业岗位认知、生产过程和原理，机组的热力系统及主要设备工作特性及原理，机组运行的基本理论，启动、停运、正常运行中的监视与调整、试验、事故处理的技能操作方法等，其目的是让学生全面掌握垃圾焚烧发电机组运行维护方面的知识，不断提升其专业技能和素质，为今后的工作打下扎实的基础。同时，对垃圾焚烧发电机组运行及维护人员而言，本书也是一本能结合实际生产的重要参考书。

本书以垃圾焚烧发电机组运行为主线，共分为六个项目、三十七个工作任务，以培养职业技能为依据，紧密结合现场实际，注重新知识、新技术的应用。本书主要有如下特点：

（1）本书技能实操仿真系统选用"1+X"垃圾焚烧发电运行与维护职业技能培训与考核、全国高等院校学生发电机组集控运行技术技能竞赛垃圾焚烧发电赛项仿真模型，各工作任务与 X 证书考核和技能竞赛完全一致，做到了"岗课赛证"融通。

（2）体现"教、学、做"一体化的教学特点，对接电厂工作岗位真实工作任务，以提高学生职业能力为出发点，以"做"为中心，培养学生综合应用知识的能力。学生通过任务实施，完成知识和技能的学习，并且各工作任务做到了可评可测。

（3）配有运行规程、设备结构及原理动画、系统投入操作票、仿真操作演示视频、线上在线开放课程、在线测试题库等数字化资源，可在相应位置扫码获取。

（4）结合企业典型工作任务流程，挖掘课程思政元素，融入行业最新成果及成就，以企业文化为主线，培养学生良好的专业素养和解决问题的工程思维，养成"讲安全、守规则"的工作作风。

本书为安徽电气工程职业技术学院、安徽省能源集团公司、广西电力职业技术学院和江西电力职业技术学院校企合编教材，曾国兵、胡胜利担任主编，肖厚全、刘聪、黄燕生、黄志明担任副主编，参与本书编写工作的还有曾娜、魏佳佳、陈雷宇、文平、张丹玉，曾国兵负责全书的统稿工作。本书由沈阳工程学院王树群教授主审，主审老师对本书提出了很多意见和建议，在此深表感谢。

本书在编写过程中，得到电厂运维技术人员、垃圾焚烧发电运行与维护 X 证书评价组织博努力（北京）仿真技术有限公司专家们的诸多宝贵建议，参考了兄弟院校、科研院所和垃圾焚烧发电企业的诸多技术资料、图纸、文献和科研成果，并得到相关院校老师和企业同行的热情帮助，在此一并表示衷心的感谢。

由于编者水平所限，书中难免存在不妥之处，恳请读者批评指正。

编 者

2024 年 10 月

目　　录

前言
项目一　垃圾焚烧发电机组岗前培训 ……………………………………………… 1
　　工作任务一　垃圾焚烧发电机组工作原理及系统组成 …………………………… 1
　　工作任务二　垃圾焚烧发电机组职业岗位认知 …………………………………… 7
项目二　垃圾焚烧发电机组冷态启动 …………………………………………… 23
　　工作任务一　投入厂用电系统 ……………………………………………………… 23
　　工作任务二　投入工业水系统 ……………………………………………………… 32
　　工作任务三　投入压缩空气系统 …………………………………………………… 33
　　工作任务四　投入主机润滑油系统及盘车装置 …………………………………… 38
　　工作任务五　投入给水除氧系统 …………………………………………………… 42
　　工作任务六　锅炉上水 ……………………………………………………………… 47
　　工作任务七　投入炉排液压系统 …………………………………………………… 49
　　工作任务八　投入灰渣处理系统 …………………………………………………… 51
　　工作任务九　炉排及推料器启动 …………………………………………………… 54
　　工作任务十　投入风烟系统 ………………………………………………………… 57
　　工作任务十一　锅炉点火、升温升压 ……………………………………………… 61
　　工作任务十二　投入布袋除尘器 …………………………………………………… 65
　　工作任务十三　投入脱酸系统 ……………………………………………………… 68
　　工作任务十四　投入循环水系统 …………………………………………………… 75
　　工作任务十五　投入凝结水系统 …………………………………………………… 79
　　工作任务十六　投垃圾料 …………………………………………………………… 82
　　工作任务十七　投入脱硝系统 ……………………………………………………… 89
　　工作任务十八　投入活性炭系统 …………………………………………………… 94
　　工作任务十九　投入真空系统 ……………………………………………………… 96
　　工作任务二十　汽轮机冲转 ………………………………………………………… 99
　　工作任务二十一　投入轴封系统 ………………………………………………… 105
　　工作任务二十二　发电机并网 …………………………………………………… 108
　　工作任务二十三　机组升负荷 …………………………………………………… 113
项目三　垃圾焚烧发电机组运行调整 ………………………………………… 120
　　工作任务一　垃圾焚烧炉燃烧控制与调整 ……………………………………… 120
　　工作任务二　汽轮机运行监视与调整 …………………………………………… 128
　　工作任务三　发电机运行监视与调整 …………………………………………… 135

项目四　垃圾焚烧发电机组停运 ·· 140
　　工作任务一　停运垃圾焚烧炉 ·· 140
　　工作任务二　停运汽轮发电机组 ·· 145
项目五　垃圾焚烧发电机组试验 ·· 151
　　工作任务一　锅炉定期切换与试验 ·· 151
　　工作任务二　汽轮机定期切换与试验 ·· 157
　　工作任务三　电气设备定期切换与试验 ·· 167
项目六　垃圾焚烧发电机组事故处理 ·· 171
　　工作任务一　焚烧炉炉排故障处理 ·· 171
　　工作任务二　余热锅炉常见故障处理 ·· 174
　　工作任务三　汽轮机常见故障处理 ·· 179
　　工作任务四　电气常见故障处理 ·· 186
参考文献 ·· 191

项目一　垃圾焚烧发电机组岗前培训

工作任务一　垃圾焚烧发电机组工作原理及系统组成

◆ **任务描述**

本任务是了解生活垃圾焚烧处理发展、应用现状及垃圾焚烧工艺过程，掌握垃圾在炉内焚烧过程，熟悉垃圾焚烧工艺要求，垃圾焚烧发电机组设备组成。

◆ **任务目标**

知识目标：掌握垃圾焚烧电厂的工艺流程、垃圾在炉内的焚烧过程及垃圾焚烧工艺要求。

能力目标：能识读垃圾焚烧电厂工艺流程图，能查阅机组运行规程、设备说明书、法律法规标准等相关资料。

素养目标：培养经济、节能、环保意识；培养学习新知识、新技能等获取知识的能力；培养社会责任担当意识；培养良好的表达和沟通能力。

◆ **相关知识**

城市生活垃圾又称为城市固体废物，它是指在城市居民日常生活中或为城市日常生活提供服务的活动中产生的固体废物，主要包括厨余物、废纸、废塑料、废织物、废金属、砖瓦渣土、废旧家具、废旧电器、庭院废物等。城市生活垃圾主要产自城市居民家庭、城市商业餐饮业、旅馆业、旅游业、服务业、市政环卫业、交通运输业、文教卫生和行政事业单位、工业企业单位以及污水处理厂污泥等。它的主要特点是成分复杂、有机含量高。

随着经济的高速发展、人民生活水平的迅速提高、城市化进程的不断加快，城市垃圾产生量急剧增加。根据中华人民共和国生态环境部 2020 年 12 月公布的《2020 年全国大、中城市固体废物污染环境防治年报》，2019 年 196 个大、中城市生活垃圾产生量 23560.2 万 t，处理量 23487.2 万 t。2016—2019 年间，我国大、中城市生活垃圾年产量从 18850.5 万 t 增长到 23560.2 万 t，增长 4709.7 t，年均增长率为 7.7%。2020 年，住房和城乡建设部、国管局等十二部门联合印发了经中央全面深化改革委员会第十五次会议审议通过的《关于进一步推进生活垃圾分类工作的若干意见》。提出了到 2025 年，全国城市生活垃圾回收利用率达到 35% 以上的目标，要求加快推进生活垃圾分类处理设施建设，科学预估本地生活垃圾产出水平，按适度超前原则，加快推进生活垃圾焚烧处理设施建设，补齐厨余垃圾和有害垃圾处理设施短板，开展垃圾无害化处理市场化模式试点，以满足人民群众对美好生活的需要、构建基层社会治理新格局、推动生态文明建设、提高社会文明水平。

建造垃圾焚烧电厂的主要目的是焚烧垃圾，在垃圾焚烧过程中产生大量热量。若直接排放将会对周边环境产生很大的热污染，因此，《城市生活垃圾处理及污染防治技术政策》明确规定，"垃圾焚烧产生的热能应尽可能回收利用"。垃圾产生的热能可回收利用率约 70%，如全部用于供热，按热利用率 0.5～0.6 计算，每吨垃圾可供 8000 多平方米居民采暖用热；

如全部用于供应低压饱和蒸汽，按热利用率 0.7 计算，每吨垃圾可产生约 1.1t 蒸汽；如全部用于发电，按全厂发电效率 20%计算，可发出 230kWh 的电能。目前垃圾热能利用形式以发电形式为主。由此可见，垃圾焚烧热能的有效利用不仅可防止对大气环境热污染，而且通过利用回收热量获得附带效益，对提高垃圾焚烧厂运行的经济性，减少政府对垃圾焚烧处理的补贴起着重要作用。

一、我国城市生活垃圾焚烧处理发展前景及应用现状

（一）国内焚烧技术应用现状

我国生活垃圾焚烧技术研究起步于 20 世纪 80 年代中期，"八五"期间被列为国家科技攻关项目。1988 年深圳清水河垃圾焚烧发电厂是我国引进日本三菱重工成套焚烧处理设备（焚烧炉采用马丁逆向往复炉排）建成的第一座现代化焚烧厂。1999 年广东省环保产业协会协助广州劲马动力设备集团公司引进了加拿大瑞威环保公司采用控制空气氧化（CAO）热解焚烧发电技术的两段式热解焚烧炉。2000 年重庆三峰卡万塔环境产业有限公司引进了德国马丁垃圾焚烧与烟气净化技术，完全实现技术和设备的国产化，率先建立了垃圾焚烧国产化基地，并在重庆投资建成中国首座以 BOT 模式运营的垃圾焚烧发电厂——重庆同兴垃圾焚烧发电厂。当前，我国自行研制开发的垃圾焚烧技术刚刚起步，还远不能满足日益增长的需要，同发达国家还有一定差距。

（二）垃圾焚烧技术的前景

目前，以机械炉排焚烧炉为代表的垃圾焚烧技术已比较成熟，并在应用中取得了良好的效益，但垃圾焚烧技术远非完善，纵观近年来生活垃圾焚烧技术的发展过程，可以发现有以下四个比较明显的特点：

1. 焚烧技术正向着自我完善方向发展

随着焚烧设备构造的不断改进，废气处理新技术的广泛应用，特别是许多高新技术在垃圾焚烧厂的应用，以及先进的自控技术和新颖的外观设计，都使垃圾焚烧厂更加趋于完善。

2. 焚烧技术正向着多功能方向发展

现代垃圾焚烧厂不仅具有焚烧垃圾的功能，还具有发电、供电、供热、供汽、制冷以及区域性污水处理等多种功能。

3. 焚烧技术正向着资源化方向发展

垃圾焚烧与能源回收有机结合起来，如垃圾焚烧余热发电、焚烧残渣制砖等。利用垃圾产生的余热进行发电，不仅可以解决垃圾焚烧厂内的用电需要，还可以外售盈利，促进了垃圾焚烧技术的迅速发展。另外，节能化也被国内外垃圾焚烧厂所普遍重视。如提高焚烧炉燃烧效率及余热锅炉的热回收率、减少排烟等散热损失等，均是提高节能化的有效措施。

4. 焚烧控制技术正在向智能化方向发展

垃圾焚烧厂运行实现自动化后，为了保证较佳的运行状态，目前仍须依赖人的经验判断。智能控制技术不需要已知受控对象的精确数学模型，却能很好地解决大量常规控制难以解决的控制难题，在自动控制领域得到广泛应用，取得了巨大的成就。智能控制技术的发展，使垃圾焚烧厂设备及系统故障的自我诊断功能成为可能，从而得以实现低故障率和高运转率。

垃圾焚烧炉炉内的燃烧过程是非常复杂的物理化学过程，是一个强耦合的多输入多输出非线性系统。而焚烧炉的安全运行与燃烧过程的稳定性密切相关，若燃烧稳定性下降会出

现燃烧效率降低、焚烧污染物排放增加、二次污染和高温腐蚀加剧等危害，甚至有可能对安全性和经济性产生严重影响。

国家的环保新法规 DB 13/5325—2021《生活垃圾焚烧大气污染控制标准》也对垃圾焚烧炉运行的垃圾焚烧温度、烟气排放污染物含量及炉渣热灼减率一系列指标作了严格的规定。因此，着眼于实现稳定燃烧过程，研究有效的垃圾焚烧过程控制策略及控制系统方案，对于提高安全性和经济性是颇具现实意义的。

二、垃圾在焚烧炉内燃烧过程

垃圾进入焚烧炉后，在炉内经历了垃圾中水分蒸发、垃圾热解、挥发分的燃烧、碳的气化和碳的燃烧四个过程，最后产生烟气、炉渣和飞灰。

1. 垃圾中水分蒸发

垃圾燃烧的第一过程是垃圾中水分蒸发（即垃圾干燥过程）。当垃圾进入焚烧炉后，在来自炉排下的助燃空气、炉壁的热辐射和前段垃圾燃烧火焰面的热辐射联合作用下，使垃圾中的水分蒸发，实现垃圾的干燥。当炉排表面的垃圾温度达到了垃圾的着火温度后，垃圾将被点燃，着火锋面的热量和料层上方燃气燃烧的辐射热通过垃圾表层逐层向下传递。当温度接近100℃时，料层中间的垃圾中的水分开始蒸发。一般来说，当物料中的水分开始蒸发时，着火锋面能量传递速率和物料干燥过程的能量传导速率会共同制约这个过程，从高温区域传递到低温区域的热量都被用作水分蒸发所需的热量，在此阶段，料层温度将会稳定在100℃左右，当物料中的水分完全蒸发以后，再继续进行下一阶段反应。

2. 垃圾热解

垃圾焚烧的第二个过程是热解过程。在垃圾完成干燥阶段后，所含的所有水分已经完全蒸发，其温度继续增加，当干燥的垃圾温度上升到300℃左右时开始热解。此时，上方料层所传递下来的热量被用来提供热解所需要的热量。垃圾组分不同，各组分的着火温度不同。

3. 挥发分燃烧

任何燃烧在发生前，从颗粒表面出现的挥发性产物必须首先与周围环境空气产生混合，气体燃烧发生空间可以看成是炉床宽度与床上颗粒直径相当的区域。显然，挥发分碳氢化合物的燃烧不仅与反应动力学相关，而且会受燃料气体与火焰下部空气的混合比的影响。

4. 碳的气化和碳的燃烧

挥发分燃烧结束之后的剩余物就是固定碳了，碳气化和燃烧后的生成物是 CO 和 CO_2。

三、机械炉排炉工艺过程

机械炉排炉的发展历史最长，应用实例也最多。图1-1所示为机械炉排炉燃烧示意。机械炉排炉可大体分为三段：干燥段、燃烧段、燃尽段。各段的供应空气量和运行速度可以调节。

1. 干燥段

垃圾通过推料器推入炉排，首先进入干燥段。在干燥段，垃圾吸收从炉排下部进入的高温空气，炉内高温燃烧烟气、炉侧壁以及炉顶的辐射热等热量对垃圾进行干燥。当垃圾温度达到200℃左右时，垃圾便会开始着火。垃圾在干燥段上的运动时间约为30min。

2. 燃烧段

垃圾在干燥段垃圾干燥、热分解产生还原性气体后进入燃烧段进行燃烧，在本段产生旺盛的燃烧火焰，在后燃烧段进行静态燃烧（表面燃烧）。燃烧段和后燃烧段的界线称为"燃

图 1-1 机械炉排炉燃烧示意

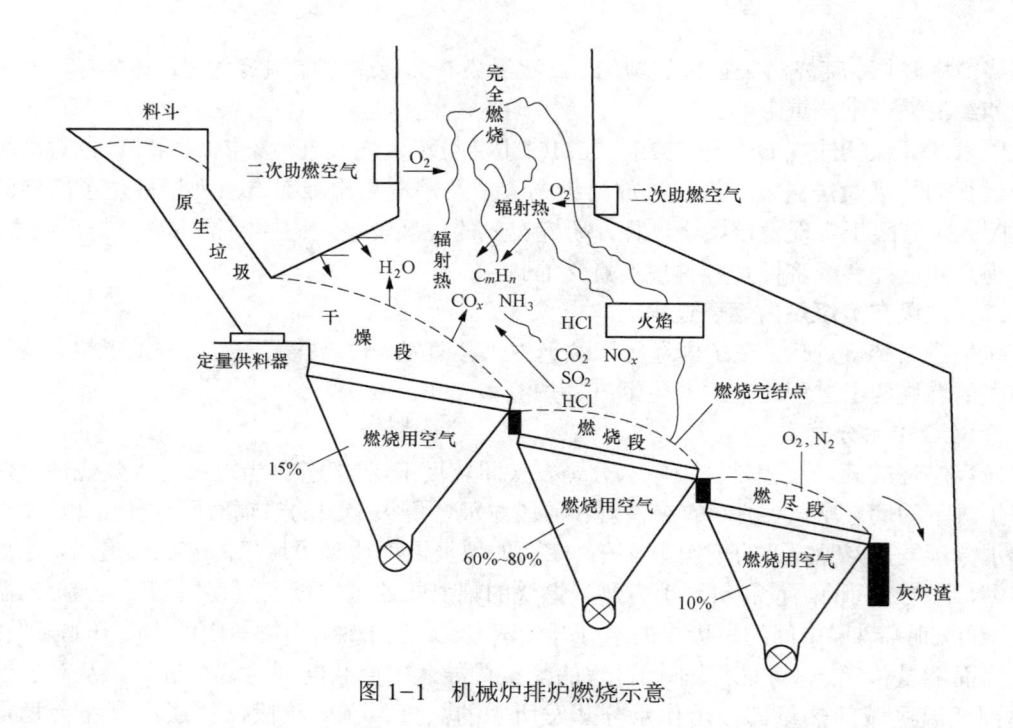

烧完成点"。即使是垃圾特性变化,但也应通过调节炉排速度而使燃烧完成点位置尽量不变,垃圾在燃烧段的停留时间为 30~45min。总体燃烧空气的 60%~80% 在此段供应,为了提高燃烧效果,应保证垃圾均匀地供应。垃圾的搅拌混合和适当的空气分配(在干燥段、燃烧段和燃尽段)等极为重要。空气通过炉排进入炉内,通风阻力小的地方进入的空气就多,容易造成垃圾在燃烧炉排上燃烧不均匀,甚至部分地方会有"烧穿"现象,严重的话会造成炉排的烧损并产生垃圾熔融结块。因此,设计炉排具有一定且均匀的通风阻力很重要。

3. 燃尽段

燃尽段位于炉排的末段,将燃烧段送过来的固定碳和燃烧炉渣中未燃尽部分实现完全燃烧。垃圾在燃尽段上停留 30~45min,可实现垃圾中可燃物的完全燃烧和炉渣的冷却,并将炉渣的热灼减率降至 3% 以下。

四、垃圾焚烧的工艺要求

燃烧烟气温度必须在 850℃ 以上,且滞留时间超过 2s,这样才能保证垃圾焚烧过程中有机物得到彻底的解决,减少有害气体的产生(特别是二噁英),从而减少后道工序的处理负荷和对周围环境的污染。另外,炉膛中未燃尽成分不得大于 3%,炉膛内保持微负压运行,一般控制在 -50~-30Pa。

五、垃圾焚烧发电机组工作流程

典型的城市生活垃圾焚烧系统的工艺单元包括:①进厂垃圾计量系统;②垃圾卸料及储存系统;③垃圾进料系统;④垃圾焚烧系统;⑤焚烧余热利用系统;⑥烟气净化和排放系统;⑦灰渣处理或利用系统;⑧污水处理或回用系统;⑨烟气排放在线监测系统;⑩垃圾焚烧自动控制系统等。

生活垃圾收集后装车,由垃圾运输车运输进入厂区,经由地磅房称重后,进入垃圾卸料平台,将生活垃圾卸入垃圾储存库进行发酵,通过垃圾储存库上方设置两台电动桥式吊车对垃圾池内垃圾进行混合、搅拌、整理和堆积作业,然后将发酵充分的垃圾投入焚烧炉的给料斗,通过给料斗下部溜槽底端的推料器将入炉垃圾推送至炉膛的焚烧炉排上面进行吸热烘干、有机气体的析出、燃烧、燃尽四个过程,完全燃烧后剩余的残渣经焚烧炉排的往复运动送入捞渣机,灰渣经捞渣机送入短振动输送机送至公共输送机输送至渣库。系统流程如图1-2所示。

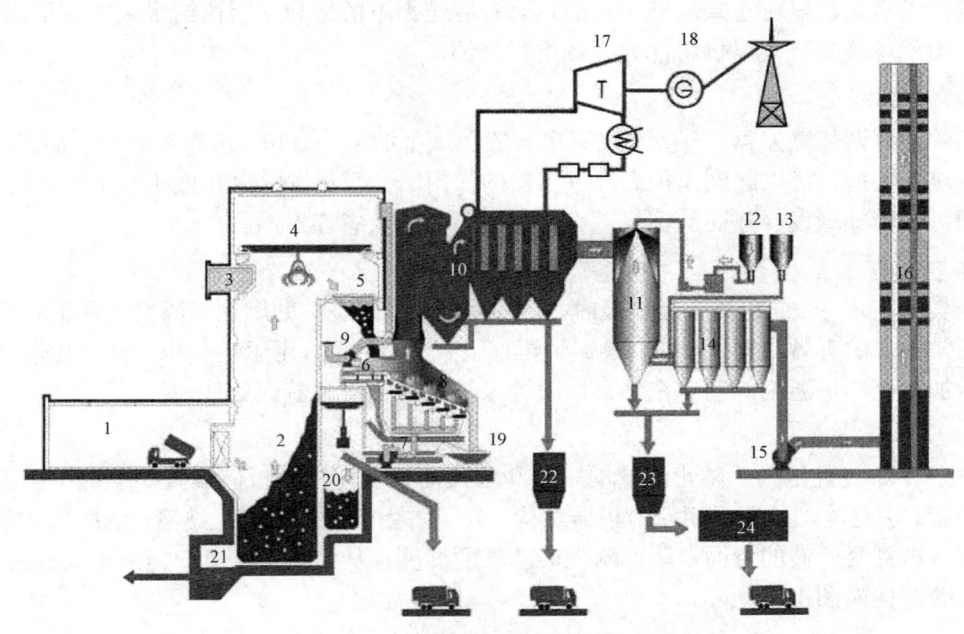

图1-2 垃圾焚烧发电厂的系统流程

1—卸料平台;2—垃圾储坑;3—一次风吸风口;4—垃圾抓斗;5—垃圾给料斗;6—给料器;7—一次风机;8—垃圾焚烧炉排;9—二次风机;10—余热锅炉;11—脱硫(脱酸)塔;12—消石灰储仓;13—活性炭储仓;14—布袋吸尘器;15—引风机;16—烟囱;17—汽轮机;18—发电机;19—除渣机;20—渣坑;21—渗沥液;22、23—灰仓;24—飞灰固化

余热锅炉型式为单汽包自然循环水管锅炉,卧式、室内布置。锅由水冷壁、汽包、蒸发器、过热器及省煤器等组成。炉由炉膛、吹灰器、点火燃烧器、辅助燃烧器、炉膛火焰监视装置、炉墙冷却装置等组成。炉排上方是由锅炉管组成的膜式水冷壁,入炉垃圾在炉排上焚烧后放出850℃以上的高温烟气,高温烟气由下至上从焚烧炉进入水冷壁。烟气在水冷壁中经过三个垂直辐射通道进入卧式布置的水平对流区域,在水平对流区域,烟气依次经过一组蒸发器、三组过热器(三级过热器顺流布置、二级过热器逆流布置、一级过热器逆流布置)、一组蒸发器、两组烟气预热器和四组省煤器,最后排入烟气处理设备。

烟气由反应塔顶部进入反应塔,与高速旋转的雾化器喷入的石灰浆进行化学反应。在反应塔内进行脱酸和降温处理后的烟气由反应塔的下部进入布袋除尘器。在布袋除尘器前的进烟管道上喷入活性炭,以吸收烟气里的重金属元素。烟气进入布袋除尘器经布袋的过滤后,洁净的烟气由引风机经烟囱后排入大气。布袋除尘器过滤出来的飞灰颗粒通过埋刮板输送至斗式提升机,经斗式提升机将其输送至灰罐,然后经过水泥固化后运送至指定位置进行填埋处理。

锅炉的给水是经除氧器由给水泵送来，经省煤器预热后送至汽包，然后经水冷壁和蒸发受热面进一步加热，产生出汽水混合物进入汽包。饱和蒸汽在汽包内被分离出来，经过过热器进一步加热，最后产生出过热蒸汽。过热器之间设置两级喷水减温器，用来调节过热器出口汽温，过热蒸汽送往汽轮机，蒸汽在汽轮机做功后排入凝汽器。汽轮机乏汽在凝汽器中被循环水冷却变成凝结水，凝结水由凝结水泵送出，经除盐装置、轴封加热器、过冷器、低压加热器输送至除氧器，在除氧器中被加热至对应压力下的饱和水后由给水泵输送至锅炉。

下面就垃圾焚烧发电机组部分设备进行介绍。

1. 蒸发器

锅炉设有两级蒸发器。一级蒸发管束布置在水平烟道的进口，由蛇形管弯制而成，位于高温过热器之前，可以起到保护高温过热器的作用。二级蒸发管束布置在水平烟道的出口，一方面可以弥补蒸发受热面的不足，另一方面可以防止省煤器沸腾。

2. 烟预器

当焚烧高水分、低热值生活垃圾时，提高进入垃圾焚烧炉助燃空气温度是保证垃圾焚烧系统正常工作的有效措施之一。余热锅炉尾部设置的烟预器，用于进一步加热已由蒸汽空气预热器加热至一定温度的助燃空气，以改善入炉垃圾干燥和着火条件。

3. 炉壁冷却装置

炉壁冷却装置是为了防止结渣的附着和增大而设置，空冷板砖设置在燃烧炉排上面两侧的炉壁。炉壁冷却装置采用空冷板砖结构，为了防止焚烧炉炉壁上结渣，空冷板砖装置将常温空气送到耐火砖的背面，降低耐火砖的表面温度，从而防止结渣，提高耐火砖的寿命，空冷板砖结构如图1-3所示。

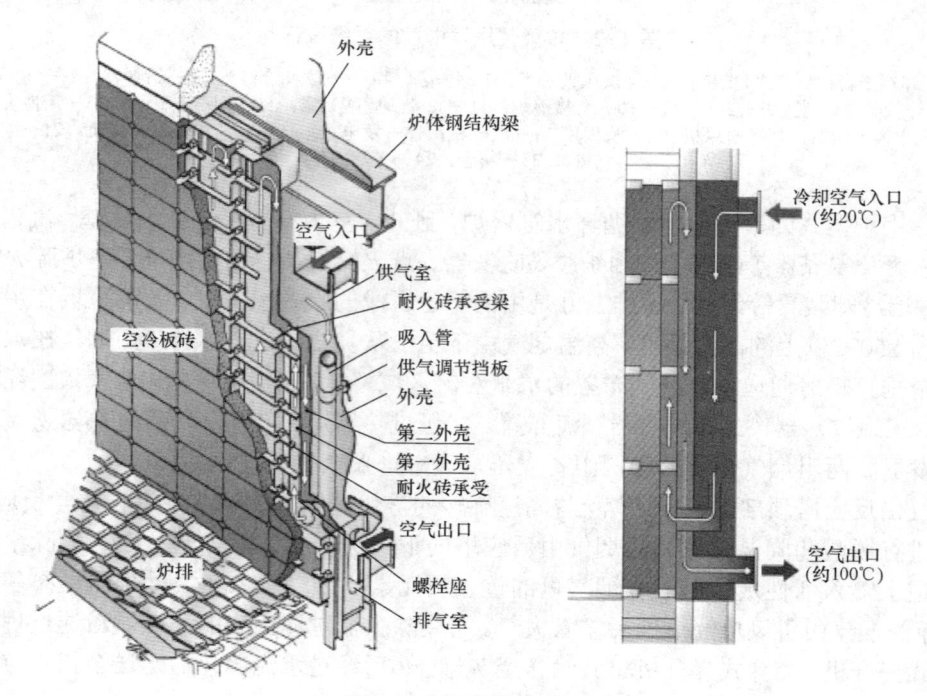

图1-3 空冷板砖结构

4. 燃烧器

燃烧器包括点火燃烧器和辅助燃烧器。点火燃烧器是在焚烧炉启动时为了提高炉温而设置的。辅助燃烧器是焚烧炉启动时为了提升炉内温度和炉内温度降低时保持温度而设置的。辅助燃烧器的运转、操作与点火燃烧器相同,不同的是加热能力、安装位置以及具有炉内温度降低时自动点火的功能。

◆任务实施

(1) 查阅机组运行规程及机组设备说明书等信息,填写"垃圾焚烧机组认识"任务工作页。

(2) 任务工作页内容:

1) 查阅生活垃圾焚烧污染控制最新国家标准,写出垃圾焚烧污染物排放控制标准。

2) 写出垃圾在焚烧炉内燃烧过程。

3) 查阅相关资料,写出垃圾焚烧机组工作过程。

4) 查阅相关资料,写出垃圾焚烧机组机械炉排炉工艺过程。

5) 查阅相关资料,写出垃圾焚烧机组余热锅炉设备组成及各设备的作用。

◆任务评价

根据学生提交的任务工作页内容作答情况,结合课堂学习表现进行综合评价。

工作任务二 垃圾焚烧发电机组职业岗位认知

◆任务描述

本任务是了解垃圾焚烧发电机组运行管理制度,熟悉各运行岗位的工作内容、工作职责、工作标准等;掌握电厂设备巡检方法;掌握垃圾焚烧发电机组仿真系统的主要功能及系统操作等。

◆任务目标

知识目标:熟悉垃圾焚烧电厂运行维护人员岗位划分、岗位工作内容与岗位职责;了解垃圾焚烧发电机组运行管理制度,掌握巡检工器具使用方法。

能力目标:能正确使用垃圾焚烧发电机组常用巡检工器具,能正确操作垃圾焚烧发电机组仿真系统。

素养目标:遵守安全操作规程,培养责任意识;树立规范操作意识,强化岗位职业精神;培养良好的表达和沟通能力。

◆相关知识

一、运行岗位划分及岗位职责

根据垃圾焚烧机组运行工作内容,从事机组运行的岗位主要有值长、主值班员、副值班员、巡检员等岗位。各岗位的岗位职责如下:

1. 值长

(1) 值长在行政上受运行部经理的直接领导,在电力生产指挥上值长隶属于电力系统调度的领导,是本值安全生产的第一责任人;

(2) 在当值时间内,对本值人员的工作态度、工艺操作规程、各项制度执行情况进行检

查督导。负责全厂安全经济运行、烟气达标排放及现场文明生产,确保发电任务和垃圾焚烧任务完成;

（3）根据电力调度的指挥,严格执行调度曲线;

（4）合理安排全厂运行方式,确保全厂安全经济运行;

（5）统一指挥和协调全厂机组启动和停运及其他重大操作,设备异常时领导全值人员进行事故处理;

（6）审查批准本值的工作票和操作票;

（7）对本值"两票三制"的执行情况负责;

（8）对电厂下达的各项生产任务和生产技术经济指标负有检查落实的责任;

（9）积极配合做好各专业的革新、技改等工作,不断提高安全经济生产水平;

（10）组织本值人员进行岗位培训、安全学习、技术学习、运行分析,召开事故分析会,分析事故原因、制定防范措施;

（11）当值长离开主控室时,应向主值班员说明自己的去处,并由主值班员代替值长职责。当值长不在主控室而又发生故障或异常情况时,主值班员应按值长预先交代的运行方式代替值长处理;

（12）电厂下达的以值为单位的各项活动,值长应积极组织领导全值人员完成。

2. 主值班员

（1）在值长的直接领导下,协助值长工作;

（2）在值长的领导下,负责机组安全、环保、稳定、经济运行。值长不在岗时,代替值长工作;

（3）带领本值操作人员完成机组的启停、运行中调整及异常状况的处理工作;

（4）迅速正确地执行值长的命令和指示,当有其他领导下达操作命令时,操作前应向值长汇报,经值长确认后方可进行操作;

（5）按规定巡视检查设备运行情况,发现异常及时报告值长,并采取有效措施进行处理,事后做好记录;

（6）参加运行部召开的事故分析会,分析事故原因,分清事故责任,总结事故教训,制订出事故预防措施;

（7）参加本值的技术学习,不断提高操作技术水平和技能,检查监督操作员的操作;

（8）严格执行工作票制度,做好安全措施后方可允许检修人员进行检修工作;

（9）做好设备缺陷记录,对重大缺陷应同时做好安全措施和事故预想;

（10）协助值长做好文明生产和卫生工作。

3. 副值班员

（1）在值长、主值班员的直接领导下,协助值长、主值班员工作;

（2）在值长、主值班员的领导下,负责机组安全、环保、稳定、经济运行。主值班员不在岗时,代替主值班员工作;

（3）在值长领导下,在主值班员监护下,完成机组的启停、运行中调整及异常状况下处理工作;

（4）迅速正确地执行值长（主值班员）的命令和指示,当有其他领导下达操作命令时,操作前应向值长（主值班员）汇报,经值长确认后方可进行操作;

（5）按规定巡查设备运行情况，发现异常及时报告值长（主值班员）；

（6）参加本值的技术学习，不断提高操作技术水平和技能，检查监督操作员的操作；

（7）在主值班员监护下，进行辅助设备启、停操作及公共系统一般操作；

（8）能正确使用安全工具、防护用品及消防器材；

（9）参与每周的定期试验项目。

4. 巡检员

（1）在值长指挥下，在主、副值班员监护下参与机组安全、环保、稳定、经济运行；

（2）在主、副值班员监护下，参与完成机组的启停、运行中调整及异常状况下处理工作；

（3）迅速正确地执行值长及主值班员的命令和指示，当有其他领导下达操作命令时，操作前应向值长汇报；

（4）按规定巡查设备运行情况，发现异常及时报告值长，并采取有效措施进行处理，事后做好记录；

（5）在主、副值班员监护下，进行辅助设备启、停操作及公共系统一般操作；

（6）能正确使用安全工具和防护用品及消防器材；

（7）参与每周的定期试验项目，负责按规定清扫现场卫生。

二、运行管理制度

垃圾的焚烧处理是通过有效管理实现的，运行管理的目标是通过安全、稳定运行完成每年垃圾焚烧处理量的指标和确保环境保护各项要求达标。而实现安全稳定运行的基本条件就是有一系列确保机组安全稳定运行的运行管理制度，各大垃圾焚烧发电厂的运行管理制度与燃煤电厂的管理制度相似。

1. 安全生产制度

为了确保机组安全发电、供电，保护国家、集体财产不受损失，保护人民生命安全和健康，运行人员必须贯彻执行"电力生产，安全第一"及"预防为主"的方针，对运行的各项操作应做到准确无误，执行安全生产制度，以防止一切安全事故的发生，保障机组生产顺利进行。

2. 交接班制度

由于垃圾焚烧发电机组生产的特殊性，交接班制度是保证交班、接班不出现差错以及保证安全发电的重要制度。交接班制度内容包括：①交接程序；②交接班的主要项目：系统和本厂的运行方式、保护和自动装置运行及变更情况、设备异常、事故处理、缺陷处理情况、倒闸操作及未完成的操作指令、设备检修、试验情况、安全措施的布置等；③班前会、班后会和各个岗位的交接等。

3. 巡回检查制度

巡回检查是发现设备隐患、消灭隐性事故、保证设备安全的重要措施。根据巡回检查制度的要求，运行人员在值班期间，应该按照岗位分工的不同，定时对设备按照固定巡回检查路线进行检查，巡回检查中要按照设备情况的变化有不同的检查重点。

4. 设备定期试验和切换制度

对运行中的设备进行定期检查、记录、试验和切换，是保证设备处于良好的运行状态和有效备用的重要措施。对于列入规程中的试验和切换的设备与系统，试验和切换的周期等都应该严格按照规程执行，执行中要做好事故预想和安全对策。

5. 工作票及操作票制度

在生产运行及检修过程中,为了保证人身和设备的安全,防止人身和设备事故的发生,必须按照 GB 26164.1—2010《电业安全工作规程 第 1 部分:热力与机械》中的有关规定严格执行工作票制度。工作票是指准许在设备上进行工作的书面命令卡,主要说明工作班成员、工作任务、应布置的安全措施。运行设备检修完成后,先经检修人员检查合格,然后由运行专责验收,对质量不合格的应拒绝验收并要求返修直至合格。

运行工作中的电气操作、机组启停及单项重大操作,应严格执行操作监护制。操作票是值班人员进行操作时按操作先后顺序填写的书面命令,是防止误操作的安全组织措施。当运行人员接到操作任务时,应将操作任务、目的及注意事项搞清楚,并认真填写操作票,指定操作人和监护人,经值长审查、批准后再进行操作。操作时由操作人按操作票中的步骤逐条进行并与有关人员保持联系。监护人任务应明确,严禁代替操作人操作。

6. 岗位责任制

发电厂根据岗位特点、设备状况及工作量的大小划分为若干个运行岗位,根据不同的工作岗位性质制定相应的岗位制度,使每个运行人员清楚本岗位职责,做好本职工作。岗位责任制的内容一般包括岗位职责、工作标准和任职条件。

7. 电网调度管理条例

电网运行实行统一调度、分级管理,认真执行《电网调度管理条例》是保障电网安全、保护用户利益、适应经济建设的重要措施。《电网调度管理条例》规定:发电厂必须按照调度机构下达的调度计划和规定的电压范围运行,并且根据调度命令调整功率和电压;发电、供电设备的检修应当服从调度机构的统一安排;任何人不得操作调度机构管辖范围内的设备,但是当电网运行遇有危及人身及设备安全的情况时,值班人员可以按照有关规定处理,事后应立即报告有关调度机构。设备检修申请应按照设备管理范围申报,锅炉、汽轮机、发电机、主变压器、高压母线、负荷开关等直接影响发电负荷的设备归电网管理。

8. 运行规程

运行规程是发电厂运行方面的权威性技术文件,是保证设备安全经济运行的重要规章制度。运行规程由发电部有关专业工程师负责,由具有丰富运行经验的工人参加,参照《电力工业技术管理法规》、电力行业颁布的各个专业典型运行规程、安全规程、制造和设计资料、设备特性等有关资料,根据现场具体条件编写。规程由发电厂有关专业专责工程师审查,由总工程师批准公布。全体运行人员在运行工作中应该随时注意规程的正确性,发现问题应该及时向专责工程师、总工程师汇报。专责工程师应做好记录,作为修订规程的依据。对于规程的重要临时修改,应由厂总工程师批准,作为运行规程的临时措施。运行规程一般包括:设备技术规范,机组启动,机组正常运行与参数调整,机组停运,机组事故处理,定期工作、保护和连锁。

9. 运行分析制度

运行分析制度能够促进运行人员和各级生产管理人员掌握设备性能及其运行规律,是保证机组安全经济运行的重要措施。运行分析工作一般分为四种:岗位分析、定期分析、专题分析和异常(事故)分析。

10. 经济工作制度

机组运行是在保证安全生产的基础上,尽可能地提高其运行的经济性。通过开展群众性的运行小指标竞赛活动，促使运行人员在值班中认真监盘，合理地进行调整。

11. 事故调查制度

在电业生产（包括电厂运行）中发生的事故，依照事故性质的严重程度及经济损失大小分为特大事故、重大事故、一般事故、障碍几类。事故调查和考核依照《电力安全事故应急处置和调查处理条例》进行。生产中发生各类事故后，必须按照"四不放过"原则认真对待，即事故原因未查清不放过、责任人员未处理不放过、整改措施未落实不放过、有关人员未受到教育不放过。

焚烧发电机组运行管理制度还包括培训管理制度、文明生产制度、设备缺陷管理制度、设备评级制度、卫生制度、垃圾堆放管理制度、劳动纪律奖惩制度等。

三、设备巡检方法及巡检工器具使用

设备巡检（标准化为点检）是一种科学的设备管理方法，是利用人的感官或仪表、工具，对设备进行检查，找出设备的异状，及时发现隐患，掌握设备故障的初期信息，以便及时采取对策，将故障消灭在萌芽阶段。

（一）设备巡检方法

巡回检查是指巡检工按照编制的巡回检查路线对设备进行定时、定点、定项的周期性检查。巡检人员在设备巡检过程中，严格按照安全规程，用高度的责任感和"望、闻、问、切"的巡检方法，及时发现、及时消除事故隐患。任何设备事故的发生，都有一个从量变到质变的过程，都要经历从设备正常、事故隐患出现再到事故发生这三个阶段。例如高压管道爆裂，必定有个泄漏、变形的过程，表现是漏气、外形改变、振动，同时发出异常声响，气慢慢地越漏越大，响声越来越响，管壁变薄、鼓包，这是个量变的过程，此时如果巡检人员视而不见，不以为意，或发现、处理不及时，管道就会爆破，事故就可能发生。用"望、闻、问、切"办法来进行巡检，就可以及时发现量变过程中出现的这些必然反映出来的特征，在设备事故发生质变前进行处理，积极预防质变，防止事故的发生。

望，要做到眼勤。在巡检设备时，巡检人员要眼观六路，充分利用自己的眼睛，从设备的外观发现跑、冒、滴、漏，通过设备甚至零部件的位置、颜色的变化，发现设备是否处在正常状态。

闻，要做到耳、鼻勤。巡检人员要耳听八方，充分利用自己的鼻子和耳朵，发现设备的气味变化，声音是否异常，从而找出异常状态下的设备，进行针对性的处理。

问，要做到嘴勤。巡检人员要多问，其一是多问自己几个为什么，问也是个用脑的过程，不用脑就会视而不见；其二是在交接班过程中，对前班工作和未能完成的工作，要问清楚，要进行详细的了解，做到心中有数，交班的人员要交代清楚每个细节，防止事故出现在交接班的间隔中。

切，要做到手勤。巡检人员对设备只要能用手或通过专门的巡检工具接触的，就应通过手或专用工具来感觉设备运行中的温度变化、振动情况；手勤切忌乱摸乱碰，以免引起误操作。

（二）常用巡检工具

1. 点检仪

点检仪配合设备点检要求的后台管理软件使用，具有完善的数据采集、分析处理、设备和人员管理等功能，点检仪具有振动、温度、手抄量、观察量和到位信息采集管理功能，外

观结构如图1-4所示。

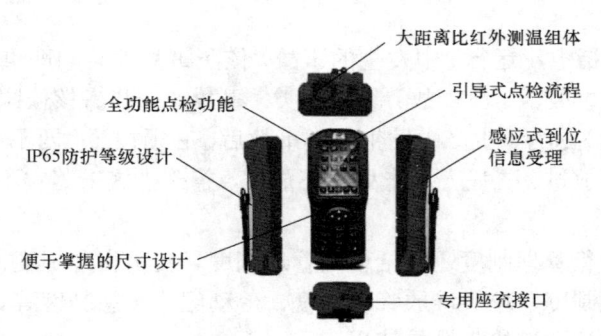

图 1-4　点检仪外观结构

点检与评价系统分单机版和网络版两种，单机版由手持仪器、管理工作站PC机组成。管理工作站上装有分析管理软件，仪器后台管理软件具有完善的数据分析、数据管理和各类报表生成功能，用户可在管理工作站对机组进行射频卡绑定、采集参数设置、采集参数修改等。网络版由数据库服务器、手持仪器、管理工作站和局域网系统等组成，系统结构如图1-5所示。

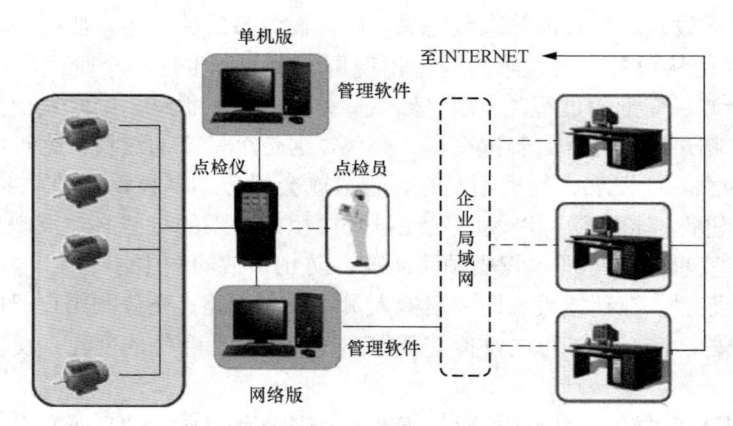

图 1-5　点检系统结构示意

（1）红外测温原理。在自然界中，一切温度高于绝对零度的物体都在不停地向周围空间发出红外辐射能量，物体的红外辐射能量的大小及其按波长的分布与它的表面温度有十分密切的关系。黑体是一种理想化的辐射体，它吸收所有波长的辐射能量，没有能量的反射和透过，其表面的发射率为1。红外能量聚焦在光电探测器上并转变为相应的电信号，该信号经过放大器和信号处理电路，并按照仪器内部的算法和目标发射率校正后转变为被测目标的温度值。

红外测温仪只测量表面温度，不能测量内部温度。需要测温时将红外线测温仪红点对准要测的物体，按测温按钮，在测温仪的LCD上读出温度数据，保证安排好距离和光斑尺寸之比。玻璃有很特殊的反射和透过特性，红外线测温仪不能透过玻璃进行测温，但可通过红外窗口测温，红外测温仪最好不要用于光亮的或抛光的金属表面的测温（不锈钢、铝等）。

（2）便携式测振原理。测振原理是利用石英晶体和人工极化陶瓷（PZT）的压电效应设计而成。当石英晶体或人工极化陶瓷受到机械应力作用时，其表面就产生电荷，所形成的电荷密度的大小与所施加的机械应力的大小成严格的线性关系。采用压电式加速度传感器，把振动信号转换成电信号，通过对输入信号的处理分析，显示出振动的加速度、速度、位移值。测振仪使用时可通过选择开关，分别测量振动幅度、振动速度、振动加速度。

2. 听音棒

听音棒是检查机器、设备故障、阀门漏水漏气的理想工具。听音棒（听针）是根据固体传声的原理制作的，分为两部分：听音杆和听音筒。

听音棒的使用方式是将听音棒一端置于被测物体（管道、阀门、转动机械轴承等处），另一端置于小耳软骨处（也可根据个人习惯而定），不必都塞到耳朵里。听转动机械的轴承声音时：连续、平稳的声音应为正常，如有不规律的声响或金属摩擦声，则说明设备发生故障，结合温度、振动及其他参数综合进行判断；听阀门是否有内漏、阀芯是否脱落时，如无明显水流声，可通过微开（微关）阀门即可听出节流声音的变化。使用听音棒听音是一项经验积累的过程，平时应多听，并与同类运行设备进行比较，并结合看、摸、闻及运行参数综合进行判断。

3. F形扳手

F形扳手因产品形状像英文字母F而得名，又称为阀门扳手。F形扳手是采油工人在生产实践中"发明"出来的，是由钢筋棍直接焊接而成的，主要应用于闸门的开关操作，是非常简单好用的专用工具。

F形扳手使用时，应把两个力臂插入阀门手轮内，在确认卡好后，可用力进行开关操作。使用过程中应注意以下事项：在开压力较高的阀门时一定要规范操作，以防止丝杆打出伤人；操作人应两脚分开且脚底站稳，两腿合理支撑，防止摔倒；操作人应两手握紧手柄，并且合理、均匀用力，防止用猛力或暴力；F形扳手的手柄应与门轮在同一水平面，使得F形扳手的力合理地用在门轮上，防止用力过大而损坏门轮。

4. 绝缘电阻表

绝缘电阻表旧称摇表或兆欧表，主要用于测量电气设备的绝缘电阻。摇表的额定电压有500、1000、2500V等几种，摇表的测量范围要与被测绝缘电阻的范围相符合，一般额定电压在500V以下的设备选用500V或1000V的摇表，额定电压在500V以上的设备选用1000至2500V的摇表。

摇表由一个手摇发电机、表头和三个接线柱（即L：线路端，E：接地端，G：屏蔽端）组成。摇表的使用方法及步骤如下：

（1）校表。摇表使用前应进行一次开路试验和短路试验，检查摇表是否良好。开路试验方法：在摇表未接通被测电阻之前，摇动手柄使发电机达到120r/min的额定转速，观察指针是否在标尺"∞"的位置。短路试验方法：将端L和E短接，缓慢摇动手柄，观察指针是否在标度尺的"0"位置，符合上述条件即为良好，否则不能使用。

（2）被测设备与线路断开，对于大电容设备还要进行放电。

（3）选用电压等级符合的摇表。

（4）测量绝缘电阻时，一般只用"L"和"E"端，将L接到被测设备上，E可靠接地即可。但在测量电缆对地的绝缘电阻或被测设备的漏电流较严重时，就要使用"G"端，并将"G"端接线屏蔽层或外壳。线路接好后，可按顺时针方向转动摇把，摇动的速度应由慢而快，当转速达到 120r/min 左右时，保持匀速转动，1min 后读数，并且要边摇边读数，不能停下来读数。

（5）拆线放电。读数完毕，一边慢摇，一边拆线，然后将被测设备放电。放电方法是将测量时使用的地线从摇表上取下来与被测设备短接一下即可（不是摇表放电）。

四、仿真平台及系统界面操作介绍

1. 仿真系统的安装

双击垃圾焚烧发电运维垃圾焚烧炉发电机组培训系统安装程序，系统默认安装在 D 盘根目录下，然后点击下一步进行安装，直至系统安装完成。安装前建议退出杀毒软件运行，杀毒软件可能会把程序部分文件给删除。

资源 2

2. 仿真平台的启动

（1）启动服务器控制台。进入 D 盘垃圾焚烧发电运维垃圾焚烧炉发电机组培训系统文件夹进行系统参数设置，启动服务器控制台，启动后显示在线服务器正在运行中，如图 1-6 所示。

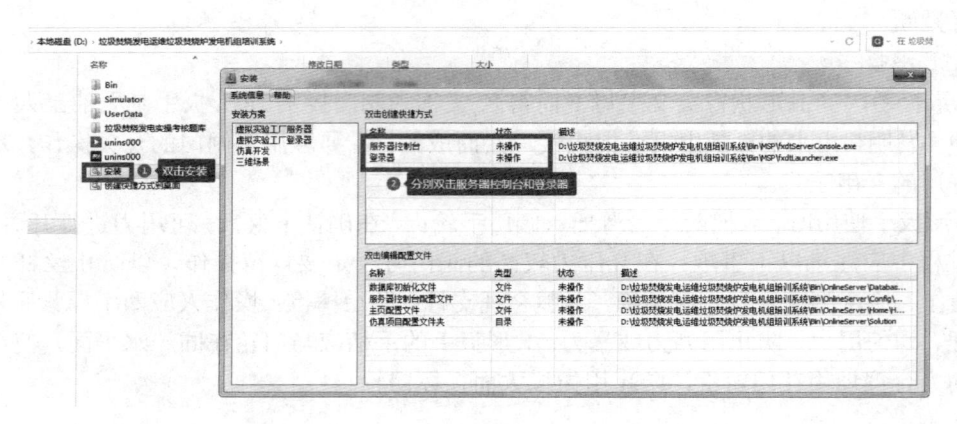

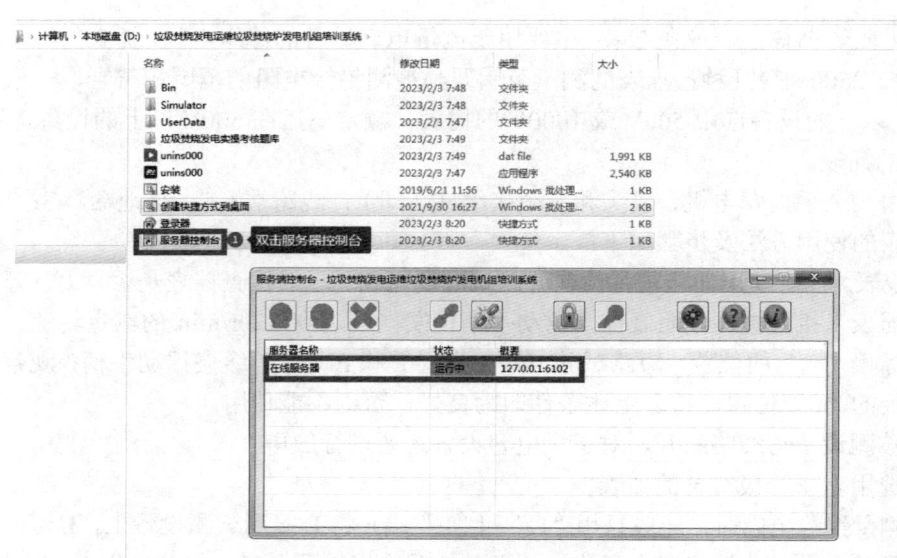

图 1-6　服务器控制台启动

（2）启动登录器。进入仿真系统，用户名为 user001 至 user099 之间的账号都可用，密码默认为 111111，如图 1-7 所示。

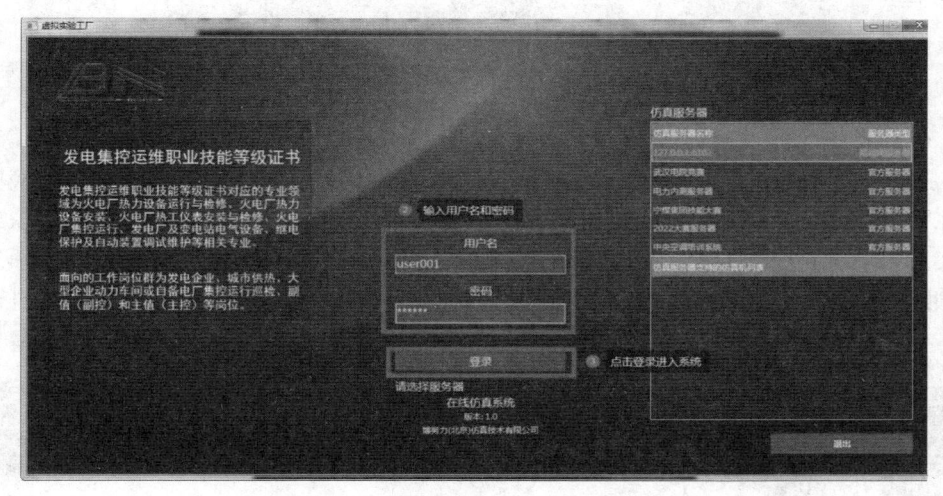

图 1-7　启动登录器进入仿真系统

（3）创建仿真及启动仿真界面，如图 1-8、图 1-9 所示。

图 1-8　选择仿真系统进行创建仿真

图1-9 启动仿真界面

3. 仿真系统操作说明

（1）题库的使用。点击题库，弹出题库面板，选中操作题目，面板右侧弹出对应的操作票，下方有自动演示、交互演示和加载工况三种模式，如图1-10所示。自动演示模式为操作演示，演示过程中带有语音解说，演示过程中按Esc键即可中途退出；交互演示模式为操作员按照系统提示进行操作；加载工况模式供学员调取操作题所对应的标准工况进行练习使用。

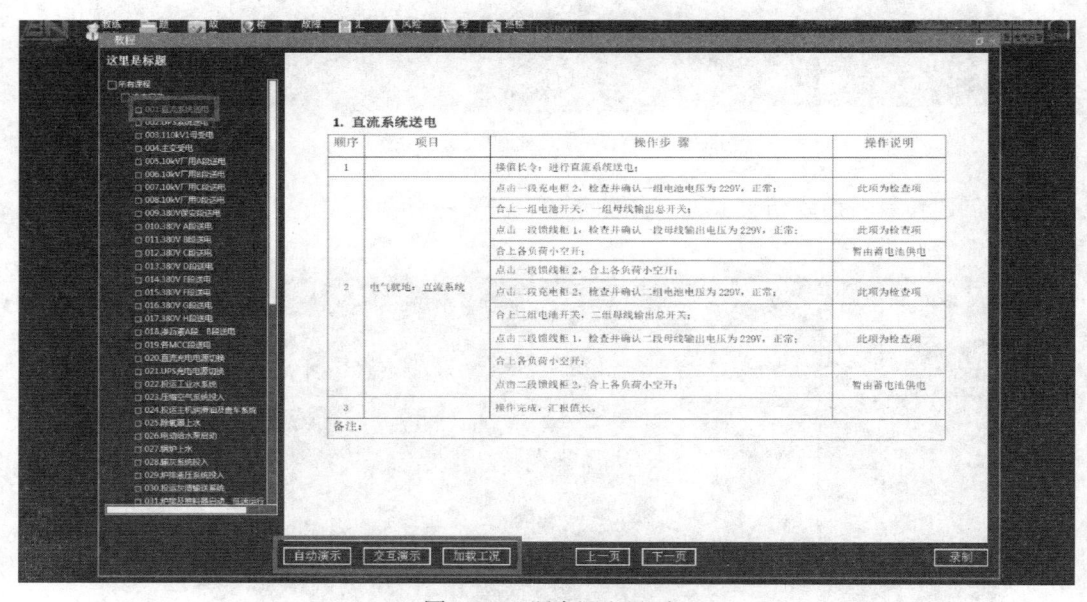

图1-10 题库调取界面

（2）教练员站的使用。点击教练员站弹出教练员站控制面板。教练员站主要用于加载和保持工况，如图1-11所示。加载工况和保持工况需停止或暂停仿真的运行，否则"选择工况"和"保存工况"按钮将为灰色不可用状态，无法操作。

注意：加载工况和保存工况后，须单击教练员站控制面板里的"运行"按钮，仿真机运行方可正常使用。

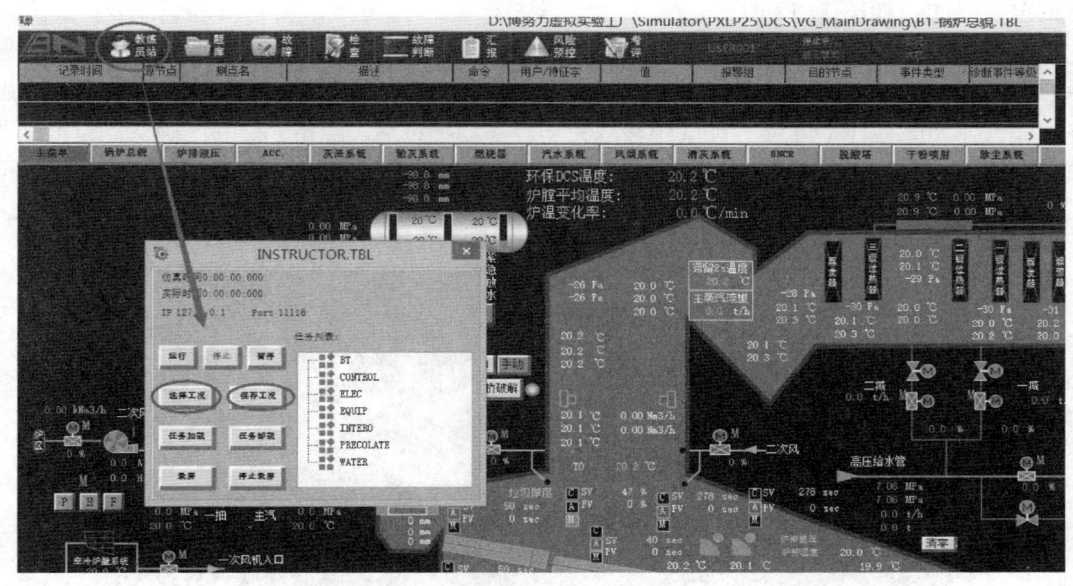

图 1-11　工况存、取操作界面

（3）故障的使用。点击故障，弹出故障设置面板进行故障的设置，如图 1-12 所示。

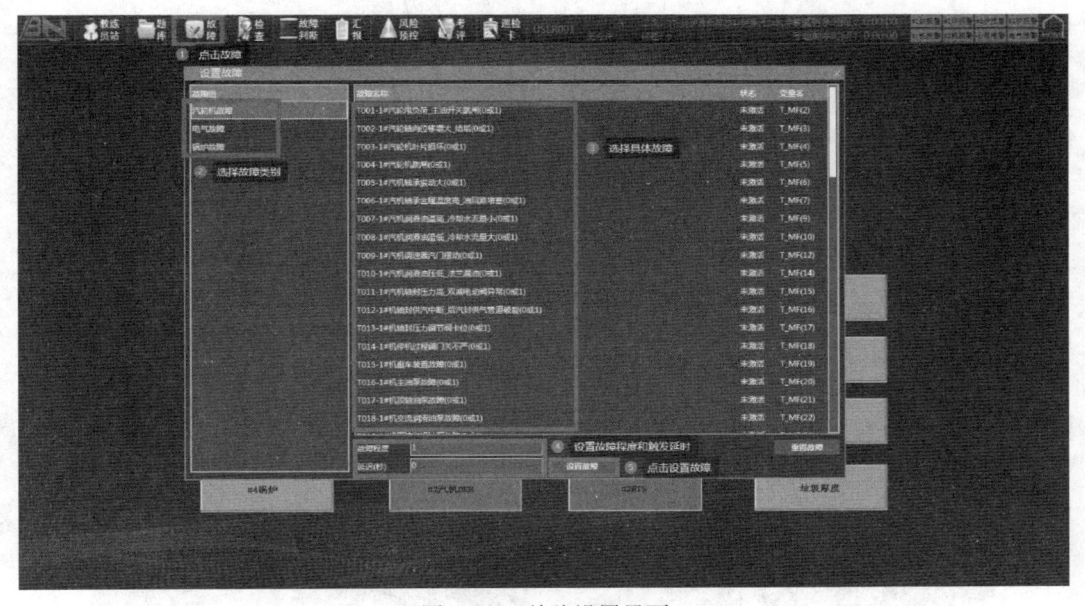

图 1-12　故障设置界面

故障名称显示 0 或 1，说明该故障无法设置故障程度，只有不触发和触发两种状态；故障名称显示 0～100，说明该故障可以设置故障程度。"延迟"指故障设置后，延时触发。根据具体故障填好设置故障面板参数后，点击设置故障即可等待触发故障。

（4）考评功能的使用。调出登录器面板，进行考评设置，如图1-13～图1-16所示。

选择左侧试卷，可根据需要设置考试时间、重新答题选项、单击"确定"，进入仿真系统至考评界面，如图1-17所示。

学员可以根据需要选择任一实操试题后点击"答题"进行作答，在仿真系统中答完一题后，点击考评，即可再次进入考评系统，点击"结束"即结束此题作答，然后再选择另一题进行作答，如此循环，直至所有试题答题完毕。答题结束后，点击"交卷"确认，即可立即弹出考评报告，如图1-18所示。

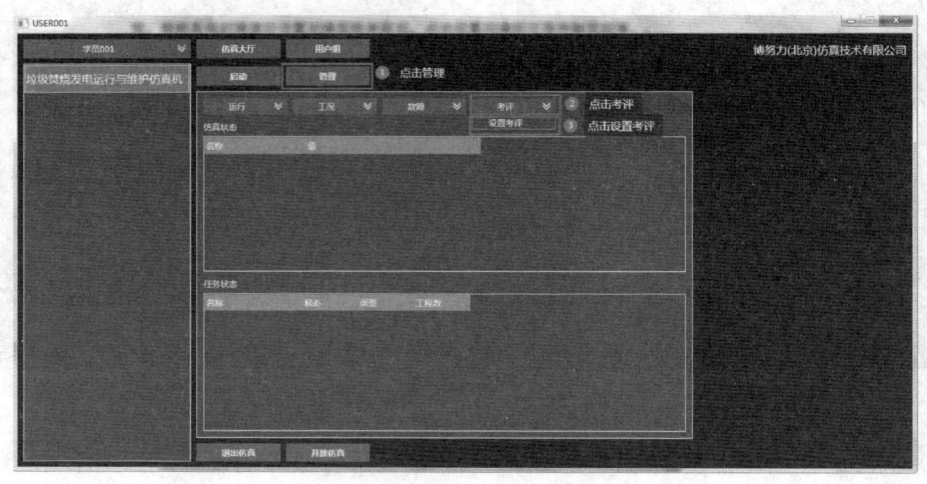

图1-13 考评功能使用示例1

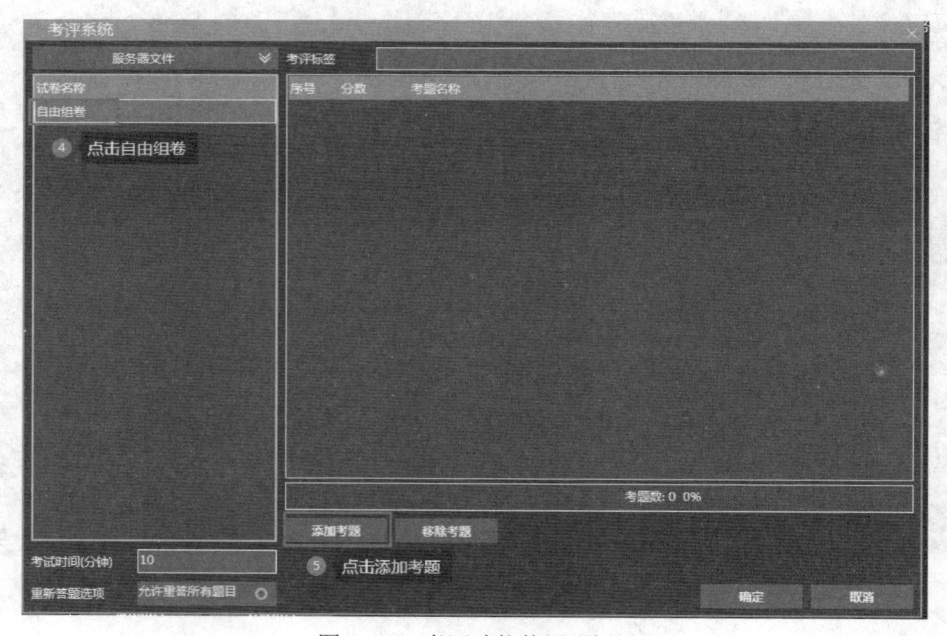

图1-14 考评功能使用示例2

图 1-15 考评功能使用示例 3

图 1-16 考评功能使用示例 4

图 1-17 考评功能使用示例 5

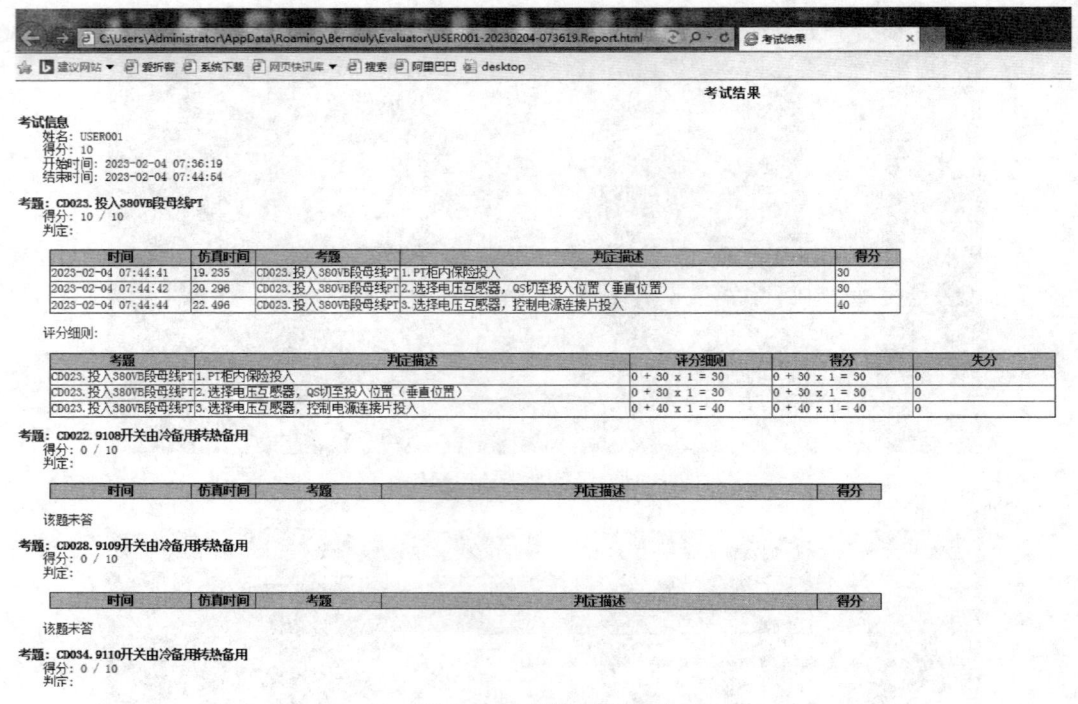

图1-18 考评报告界面

4. 仿真画面操作说明

在仿真系统画面上鼠标停留时有红色选中框的可弹出二级面板，显示相关参数信息或相关操作。

（1）画面模拟量点弹出面板操作方法。画面模拟量点都能单击弹出面板，有修改权的可输入数值，具体操作见图1-19标注，无修改权的只是数值显示，如图1-19所示。

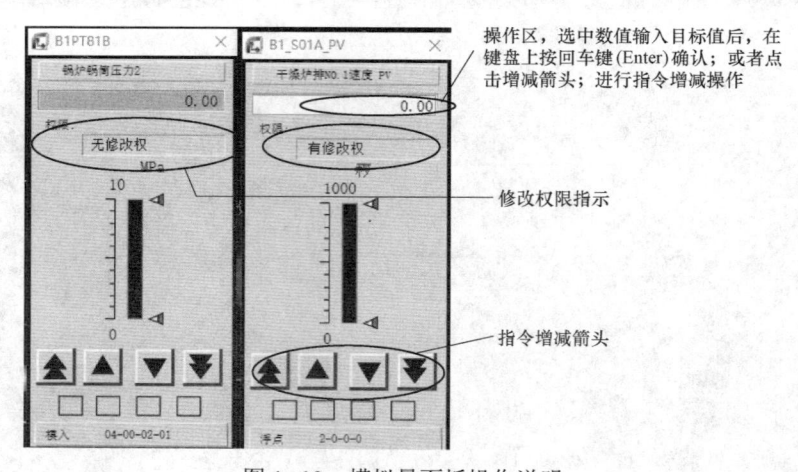

图1-19 模拟量面板操作说明

（2）手操调节面板操作方法。手操调节面板操作方法如图1-20所示。

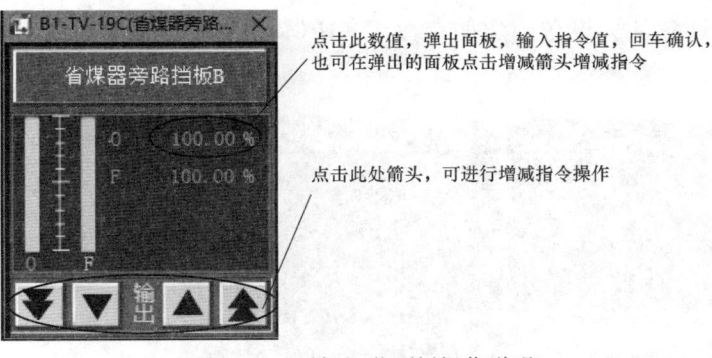

图 1-20　手操调节面板操作说明

（3）自动调节量面板操作方法。自动调节量面板操作方法如图 1-21 所示。

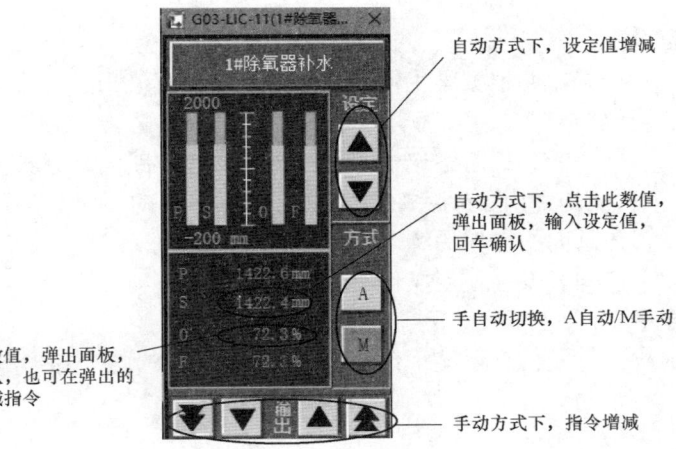

图 1-21　自动调节量面板操作方法

（4）自动带串级调节面板方法。自动带串级调节面板方法如图 1-22 所示。

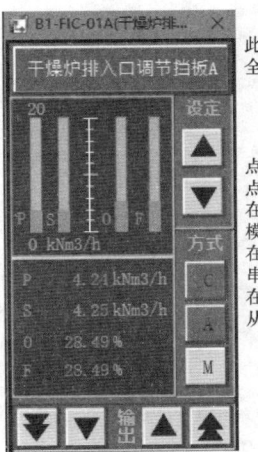

图 1-22　自动带串级调节面板方法

(5) 启动允许条件。设备旁边如有按钮"H",此按钮可弹出设备启动允许条件,如图 1-23 所示。

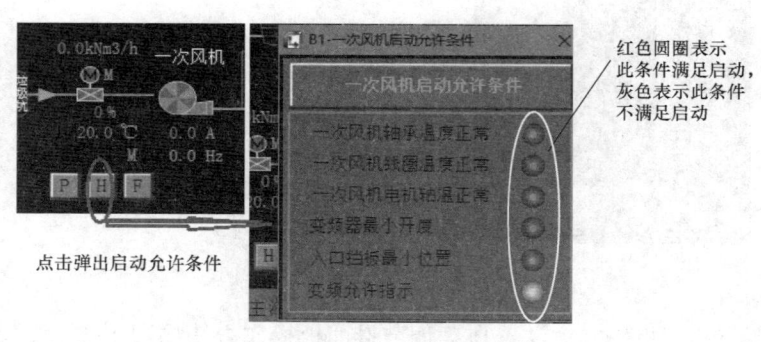

图 1-23 设备启动允许条件

◆**任务实施**

(1) 进行分组,并根据学生情况,每个组中设置值长、主值班员、副值班员、巡检员岗位。

(2) 分组对各巡检工器具进行练习实践,掌握其使用方法。

(3) 利用仿真系统平台进行仿真平台的创建、工况的调取、保存、故障的设置、画面的操作的练习。

资源 3

(4) 学会使用操作票。

◆**任务评价**

根据巡检工具及仿真系统平台使用情况,结合课堂学习表现进行综合评价。

项目二　垃圾焚烧发电机组冷态启动

工作任务一　投入厂用电系统

◆ **任务描述**

垃圾焚烧发电机组运行中有大量转动机械，需要由电动机带动。倒送厂用电是机组启动前的重要操作，厂用电能否安全、可靠、稳定运行将直接影响机组正常运行。本任务通过仿真实训系统完成机组启动前厂用电系统的送电操作。

◆ **任务目标**

知识目标：掌握机组厂用电系统正常运行方式、电气设备倒闸操作基本原则及操作方法、熟悉厂用电系统继电保护配置。

能力目标：能识读垃圾焚烧发电机组厂用电系统接线图，能利用仿真系统进行厂用电系统倒闸操作。

素养目标：遵守安全操作规程，培养责任意识；树立规范操作意识，强化岗位职业精神；培养良好的表达和沟通能力。

◆ **相关知识**

发电厂冷态启动前，需要进行系统送电操作，为机炉设备的启停提供条件。垃圾焚烧发电系统送电包括控制电源送电，110kV I 段母线受电、主变压器受电、10kV 系统送电和 380V 系统送电五项工作任务。

一、厂用电系统运行方式

机组厂用电系统采用 10kV 和 0.4kV 两个电压等级。高压厂用电系统为 10kV 电压等级，（即系 1 号/2 号发电机出口 10kV1/2 段母线和保安电源 0 段），接线方式为单母线分段方式，正常时两段母线分列运行，另外 10kV A 段与保安电源通过母线联通。低压厂用电系统共十一段，备用段与 A 段和 B 段互为备用，C 段与 D 段互为备用，E 段与 F 段互为备用，G 段与 H 段互为备用，渗滤液 A 段与渗滤液 B 段互为备用，分别由十一台不完全相同容量的 10kV 干式变压器接至 10kV0/1/2 母线上。

高压电动机及厂用变压器直接接在 10kV I、II 段母线上，其中 1 号循环水泵电机，1、3 号炉引风机电机，1、3 号一次风机及 1、3 号厂变，1、3 号锅炉变接 10kV A 段；2、3 号循环水泵电机与 2、4 号炉引风机电机，2、4 号一次风机及 2、4 号厂变，2、4 号锅炉变接 10kV B 段。

1. 10kV 厂用电系统正常运行方式

（1）10kV 厂用电主接线方式为单母线（即 1、2 号发电机出口母线）分段。10kV I、10kV II 段母线分开独立运行，母联 91200 开关在断开位置。

（2）当 1、2 号发电机同时运行时，10kV 母联 91200 开关在断开位置，低压闭锁投入，母线间通过母联 91200 开关作联动备用（当故障造成一段失电后合母联）。

（3）当某一台发电机停运，则切断该发电机主变压器运行，相应10kV厂用电通过10kV母联91200开关供电。

（4）两台发电机停运，厂用电由外网经主变压器倒送电。

（5）10kV母线电压应经常维持在10.5kV，电压允许偏差为±5%，当电压偏差超过±5%时，通过调整发电机出口电压维持在允许范围内，或通过调整主变压器高压侧调压档位进行调整。

2. 380V厂用电系统正常运行方式

380V厂用电系统采用单母线制，八段工作段，一段备用段，名称为动力中心A、B、C、D、E、F、G、H、保安电源段。正常运行时，八台变压器分别带各自段厂用电，其中，AB段、CD段、EF段、GH段互为备用，保安电源处于热备用。

3. 380V厂用电系统特殊运行方式

当1号公用厂用变检修时，由2号公用厂用变通过低压母联来供1号公用厂用变所带的负荷。注意将1号公用厂用变的高低压侧断路器断开并挂上标识牌。其他互为备用变的检修时同样采用这种方式运行。

二、倒闸操作的基本原则

电气设备由一种状态转换到另一种状态，或改变电气一次系统运行方式所进行的一系列操作，称为倒闸操作。

倒闸操作是一项复杂而重要的工作，操作的正确与否，直接关系到操作人员的安全和设备的正常运行。如果发生误操作事故，后果是极其严重的，因此要求电气运行人员严肃认真地对待每一个操作，安全第一。电气倒闸操作应严格遵守电气"五防"，防止电气误操作，即：防带负荷拉、合隔离开关；防带地线合闸；防带电挂接地线（或合接地刀闸）；防误分误合断路器；防误入带电间隔。

倒闸操作一般遵循以下原则：

1. 线路停送电原则

（1）拉、合隔离开关及小车断路器停、送电时，必须检查并确认断路器在断开位置（倒母线除外，此时母联断路器必须合上）。

（2）严禁带负荷拉、合隔离开关，所装电气和机械防误闭锁装置不能随意退出。

（3）停电时，先断开断路器，拉开负荷侧隔离开关，最后拉开母线侧隔离开关。送电时先合上电源侧隔离开关，再合上负荷侧隔离开关，最后合上断路器。

（4）手动操作过程中，发现误拉隔离开关，不准把已拉开的隔离开关重新合上。只有用手动蜗轮传动的隔离开关，在动触头未离开静触头刀刃前，允许将误拉的隔离开关重新合上，不再操作。

（5）超高压线路送电时，必须先投入并联电抗器后再合线路断路器。

（6）线路停电前要先停用重合闸装置，送电后再投入。

2. 母线倒闸操作原则

（1）倒母线必须先合上母联断路器，并取下控制熔断器，以保证母线隔离开关在并、解列时满足等电位操作的要求。

（2）在母线隔离开关的合、拉过程中，如可能发生较大火花时，应依次先合靠母联断路器近的母线隔离开关；拉闸的顺序则与其相反。尽量减小操作母线隔离开关时的电位差。

（3）拉母联断路器前，母联断路器的电流表应指示为零；母线隔离开关辅助触点、位置指示器应切换正常，以防"漏"倒设备，或从母线电压互感器二次侧反充电，引起事故。

（4）倒母线的过程中，母线差动保护的工作原理如不遭到破坏，一般均应投入运行，应考虑母线差动保护非选择性开关的拉、合及低电压闭锁母线差动保护连接片的切换。

（5）母联断路器因故不能使用，必须用母线隔离开关拉、合空载母线时，应先将该母线电压互感器二次侧断开（取下熔断器或低压断路器），防止运行母线的电压互感器熔断器熔断或低压断路器跳闸。

（6）母线停电后需做安全措施，验明母线无电压后，方可合上该母线的接地开关或装设接地线。

（7）母线倒闸操作时，先给备用母线充电，检查两组母线电压相等，确认母联断路器已合好后，取下其控制熔断器，然后进行母线隔离开关的切换操作。母联断路器断开前，必须确认负荷已全部转移，母联断路器电流表指示为零，再断开母联断路器。

（8）其他注意事项。

1）严禁将检修中的设备或未正式投运设备的母线隔离开关合上。

2）禁止用分段断路器（串有电抗器）代替母联断路器进行充电或倒母线。

3）当拉开工作母线隔离开关后，若发现合上的备用母线隔离开关接触不好、放弧，应立即将拉开的开关再合上，查明原因。

4）停电母线的电压互感器所带的保护(如低电压、低频、阻抗保护等)，如不能提前切换到运行母线的电压互感器上供电，则事先应将这些保护停用，并断开跳闸连接片。

3. 变压器的停、送电操作原则

（1）双绕组升压变压器停电时，应先拉开高压侧断路器，再拉开低压侧断路器，最后拉开两侧隔离开关。送电时的操作顺序与此相反。

（2）双绕组降压变压器停电时，应先拉开低压侧断路器，再拉开高压侧断路器，最后拉开两侧隔离开关。送电时的操作顺序与此相反。

（3）三绕组升压变压器停电时，应依次拉开高、中、低压三侧断路器，再拉开三侧隔离开关。送电时的操作顺序与此相反。

（4）三绕组降压变压器停、送电的操作顺序与三绕组升压变压器相反。

变压器停电时，先拉开负荷侧断路器，后拉开电源侧断路器。送电时的操作顺序与此相反。

4. 消弧线圈操作原则

（1）消弧线圈隔离开关的拉、合均必须在确认该系统不在接地故障的情况下进行。

（2）消弧线圈在两台变压器中性点之间切换使用时应先拉后合，即任何时间不得在两台变压器中性点使用消弧线圈。

三、直流系统送电

1. 直流系统作用

发电厂和变电站的电气设备分为一次设备和二次设备两类。发电机、变压器、电动机、断路器、隔离开关等属于一次设备。为对一次设备及其电路进行测量、操作和保护而装设的辅助设备，如各种测量仪表、控制开关、信号器具、继电器等，这些辅助设备称为二次设备。

二次设备互相连接而成的电路称为二次回路。向二次回路中的控制、信号、继电保护和自动装置供电的电源称作操作电源,操作电源一般采用直流电,由直流系统提供电源。

直流系统在正常情况下为断路器提供合闸电源;在发电厂、变电站厂用电中断情况下,直流系统为继电保护及自动装置、断路器跳闸与合闸、载波通信、发电厂直流电动机拖动的厂用机械(如主机的事故油泵等)提供工作直流电源。

2. 直流系统组成

直流系统由交流配电、充电模块、监控模块、降压模块、绝缘监测单元、馈线回路、蓄电池等组成。直流系统分为控制直流系统和动力直流系统两种负荷。控制直流系统的电压为110V,其作用是向发电厂的信号装置、继电保护装置、自动装置、断路器的控制回路等负荷供电,故控制直流电源也称操作电源;动力直流系统的电压为220V或110V,其作用是向直流动力负荷(如润滑油泵等)、直流事故照明负荷及不停电电源系统等负荷供电。采用铅酸蓄电池组作为直流电源,具有独立性强、安全、可靠和运行维护方便等优点,在发电厂得到广泛应用。

仿真系统原型机组直流系统采用正泰电气股份有限公司生产的 NGZ 1-600×2/220 直流电源柜,与UPS共用2组免维护铅酸蓄电池组,充电模块采用艾默生的 ER22020/T 高频开关电源充电模块,微机监控装置可同时对整流模块、蓄电池组、母线电压及母线对地绝缘情况,实施全方位监视、测量、测控,系统流程如图2-1所示。浮充电装置由两组6+1高频开关模块组成,充电模块输出最大电流22A。蓄电池免维护铅酸蓄电池,单体蓄电池2V,蓄电池为103节,蓄电池容量为600Ah。

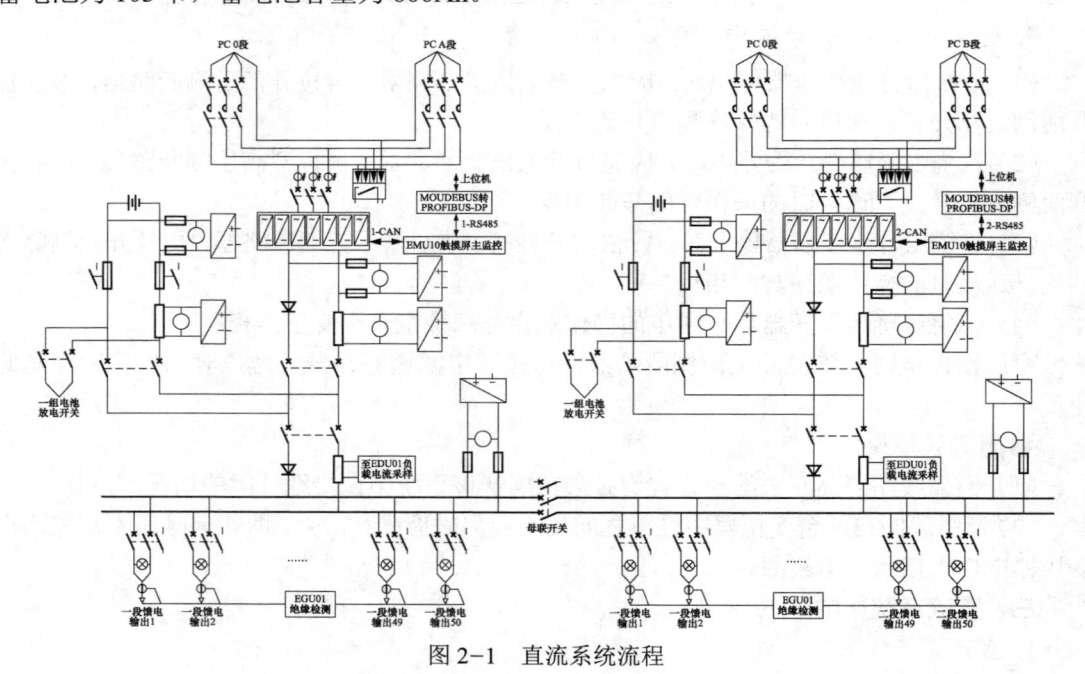

图 2-1 直流系统流程

3. 直流系统运行方式及运行规定

(1)直流系统运行方式。

1)两路交流输入开关在合闸位置,整流器输出开关在合闸位置。

2）蓄电池输出开关在合闸位置，蓄电池放电试验开关在分闸位置。

3）正常运行时，直流系统单充单蓄单段独立运行。

4）正常情况下，蓄电池以浮充电方式运行，即蓄电池和高频模块并联，高频模块装置供给负荷电流，同时给蓄电池充电。

5）当高频模块装置停运或系统直流负荷突然增大，蓄电池转入放电状态，直流系统全部或部分负荷由蓄电池供给。在系统恢复正常后，由高频模块装置向蓄电池浮充电，这样可以保证蓄电池经常处于充满状态。

（2）直流系统运行规定。

1）正常时直流母线电压应维持在220±10V范围内。若发现母线电压降低或升高，应查明原因。若充电装置故障，应切为备用充电装置运行，以保证母线电压在规定值范围内。

2）充电装置不允许过负荷运行，不允许蓄电池组向母线负载超时间供电。

3）如果有直流系统操作时，必须做好有关专业的联系工作，确定操作涉及的直流回路上无大电流负载运行，并解除直流油泵联动。

4）当交流电源消失，蓄电池组进行事故放电后，应及时切除部分不重要的事故负荷，例如非工作场所的事故照明，尽可能保证在交流电压恢复时蓄电池留有50%的容量用于操作，且保证单个蓄电池电压放电终止电压不低于1.7V。

5）直流系统绝缘电阻不应低于1MΩ。

6）蓄电池室内温度应为10～30℃，正常应保持在15℃以上，室内通风、照明应良好。

四、UPS送电

1. UPS的作用

电厂部分设备对交流工作电源的质量和供电连续性要求都很高。一方面要求电源在任何情况下不得中断，另一方面要求电源的频率、电压能保持稳定，无大波动。例如标准的计算机系统要求电源电压变化在±2%、频率变化在±1%、波形失真度不大于5%、断电时间小于5ms。热工自动化装置中相当一部分的交流电源中断几十毫秒后就不能正常工作，有的自动化装置在电源恢复后不能立即恢复工作，不但对机组起不到正常保护作用，往往还会引起其他事故而造成更大的损失。UPS就是为了满足上述要求而设置的。它主要供给发电机组的计算机电源、部分热工自动控制系统电源、电气和热工各种变送器工作电源、部分电气控制设备（如调节器）交流电源。

对UPS的基本要求如下：

（1）保证在发电厂正常运行和事故状态下，为不允许间断供电的交流负荷提供不间断电源。在全厂停电情况下，UPS满负荷连续供电的时间不得小于0.5h。

（2）输出的交流电源质量要求电压稳定度在5%～10%，频率稳定度稳态时不大于±1%，暂态时不大于±2%，总的波形失真度不大于5%。

（3）交流不停电电源系统切换过程中供电中断时间小于5ms。

2. UPS的组成及工作原理

（1）UPS的组成。UPS主要由可调整流器、单相逆变器、旁路隔离变压器等部分构成，系统流程如图2-2所示。各主要部件的作用如下：

1）整流器。其作用是将380V PCA段交流电整流后与蓄电池直流系统并列，为逆变器提供电源，并承担该机组正常情况下不允许间断供电的全部负荷。此外，整流器还有稳压和

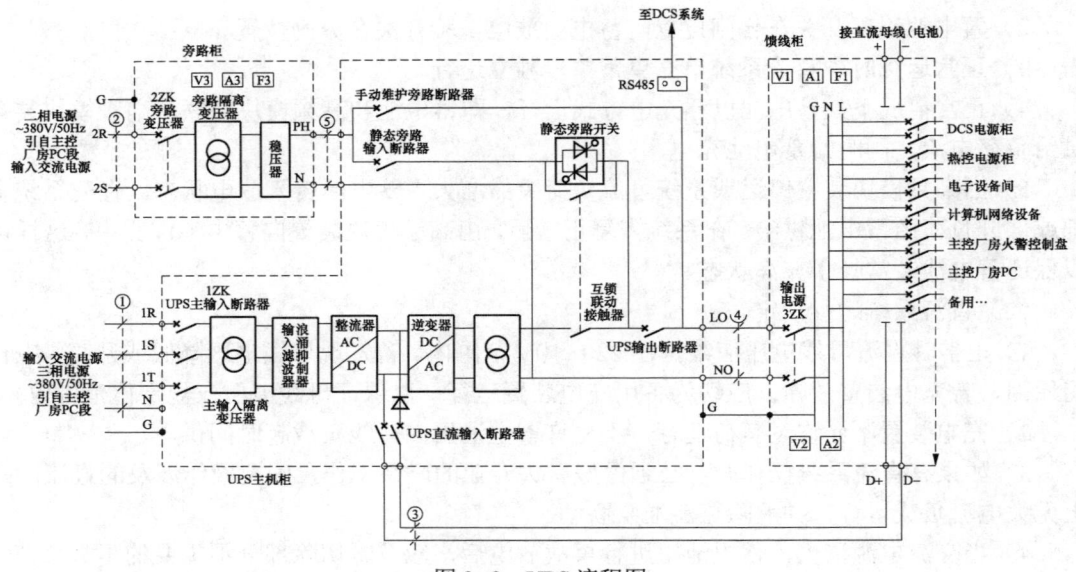

图 2-2 UPS 流程图

隔离作用，能防止厂用电系统的电磁干扰侵入到负荷回路。整流器由整流变压器、整流电路、滤波电路、控制电路、保护电路、控制开关等部分组成。

2）逆变器。逆变器是不停电电源系统的核心部件，其作用是将整流器输出的直流电或来自蓄电池的直流电逆变成 220V、50Hz 正弦交流电。

3）旁路隔离变压器。其作用是当逆变回路故障时能自动地将负荷切换到旁路回路。

4）静态开关。其作用是将来自逆变器的交流电源和旁路系统电源选择其一送至负荷。其动作条件预先设置好，要求在切换过程中对负荷的间断供电时间小于 5ms。

5）手动检修旁路开关。其作用是在维修或需要时将负荷在逆变回路和旁路回路之间进行手动切换，要求切换过程中对负荷的供电不中断。

（2）UPS 的工作原理。UPS 在正常情况下，工作电源通过交流整流后，再逆变为 220V 交流电供给负载；当整流器故障时，由直流系统向逆变器提供 220V DC 电源，再经过逆变后提供给交流负载；当逆变器故障时，通过静态开关自动切换至旁路电源；当对直流系统、逆变器设备进行检修时，通过手动旁路开关手动切换至旁路电源，系统原理接线如图 2-3 所示。

3. UPS 的运行模式

UPS 装置有四种不同运行模式：正常模式、直流模式、自动旁路模式和手动检修旁路模式。在 UPS 装置正常时，应采用正常模式运行；当 UPS 装置故障需检修或定期维护、试验时，可采取手动旁路模式运行。

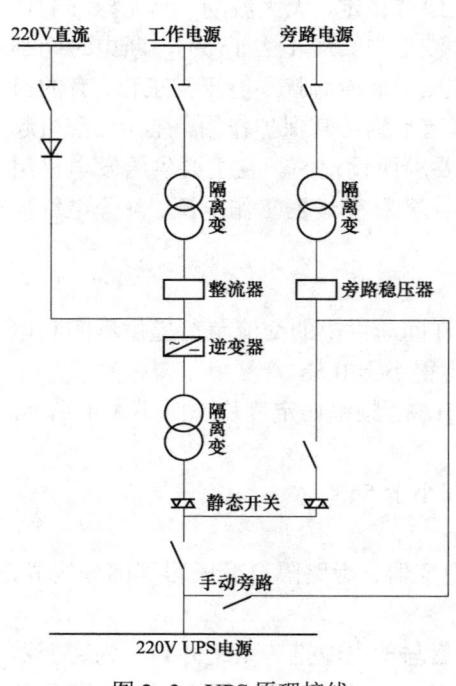

图 2-3 UPS 原理接线

（1）正常模式。主电源经过匹配的变压器供给整流器，整流器补偿主电源电压的波动，负载的偏差，以维持直流电压的恒定。在其下端的逆变器依靠最优正弦脉冲控制转换直流电压为交流电压，直接为负载供电。

（2）直流模式。如果整流器输出电压下降或中断，接入的直流电源会自动、无扰的为逆变器供电，同时发出告警。直流电源电压的下降由逆变器补偿，使负载电压恒定，如果直流电源电压达下限，会发出告警，并自动切换至自动旁路运行。

（3）自动旁路模式。正常模式下逆变器故障时，或直流模式下直流电源电压达下限时，或 UPS 装置过载时，若旁路电源正常，则自动切至静态旁路运行，并发出报警。在主电源及主回路正常情况下，也可手动切换至静态旁路运行。无论自动还是手动切换，能否切换成功，取决于逆变器输出与旁路电源是否同步。若逆变器的输出能自动跟旁路电源，并始终保持同步，装置会成功切换；如不同步，装置会禁止切换。手动切换至静态旁路运行时，若旁路电源故障或超出范围，且主电源及主回路正常或直流电源正常，会自动切回到正常模式或直流模式下运行。

（4）手动检修旁路模式。当需要将 UPS 装置主回路停机维修时，采取手动检修旁路模式运行。操作步骤必须先将 UPS 装置停机，系统自动由主回路切换至旁路运行，然后将手动检修旁路开关 QF6 合闸，然后断开自动旁路开关 QF2，由自动旁路模式切换至手动旁路模式。

五、厂用电系统继电保护装置配置

仿真系统中 10kV 电气设备的继电保护装置采用南京钛能电气有限公司生产的继电保护装置组成的综合自动化系统实现设备的监控功能，并与 DCS 保持实时通信。干式变压器配置 TDR-931 系列保护装置，高压电动机配置 TDR-934 系列保护装置，主变压器配置 TDR-935 系列保护装置，母线配置 NAS-928E 系列保护装置。以下分别加以介绍。

1. 主变压器的保护装置

主变压器采用的是 TDR-935+TDR-935+TDR-961 保护测控装置，实现主变压器的差动保护、后备保护和独立出口的非电量保护等保护功能。

（1）主变压器的差动保护：主变压器的差动保护作为变压器的主保护，能反映变压器内部相间短路故障、高压侧单相接地短路及匝间短路故障，差动保护是输入的两端 CT 电流矢量差，当两端 CT 电流矢量差达到设定的动作值时启动动作元件。

（2）主变压器的后备保护：主变压器的后备保护有过电流保护，零序电流保护，零序过压保护，过负荷保护，充电保护等保护功能。

（3）主变压器的独立出口非电量保护：主变压器的独立出口非电量保护有重瓦斯动作跳闸保护，轻瓦斯动作报警保护等保护功能。

2. 厂用变压器的保护装置

（1）厂用变采用 TDR-931 系列保护装置，实现速断、过流、零序保护以及变压器本体温度保护。高侧保护动作，厂变开关跳闸后，联跳低压侧进线开关。

（2）电流速断保护用于反映变压器内部匝间、相间及引出线的短路故障的主保护，动作跳变压器高、低压侧开关。

（3）过电流保护作为后备保护，带时限动作跳变压器高、低压侧开关。

（4）过负荷保护，带时限动作于报警。

（5）低压侧零序过电流保护，作为400V侧接地短路的保护，带时限动作于跳变压器高、低侧开关。

（6）高压侧零序过电流保护，作为高压侧接地故障的保护，带时限报警。

（7）变压器本体温度保护，带时限动作于报警。

3. 110kV母线的保护装置

线路保护采用NAS-928E母线保护配置，实现母线电流差动、母联断路器失灵、母联过流保护等保护功能。

4. 高压电动机的保护装置

高压电动机采用TDR-934系列保护装置，实现速断、过负荷、堵转以及零序保护等保护功能。

（1）电流速断保护。作为高压电动机以及高压电缆相间短路故障的主保护，其动作后瞬时跳开电动机电源开关。

（2）过负荷保护。反映电机定子电流的三相过负荷保护，其动作于信号，此保护不经过电动机启动闭锁，在电流定值和时间上和过电流保护配合，其灵敏度高于过流保护，实现过负荷告警。

（3）堵转保护。由于各种原因（如机械故障、负荷过大、电压过低等）使转子处于堵转状态（$S=1$），在全电压下堵转的电动机，其散热条件极差，电流很大，特别容易烧坏。当电动机的堵转时间大于电动机带负荷启动时间，电动机配置的启动过长保护可对堵转起到保护作用；当电动机的堵转时间小于电动机带负荷启动时间，必须配置独立的堵转保护。堵转保护采用定时限过流保护，通过引入转速接点作为闭锁信号，构成完善的堵转保护。

六、电气开关停送电操作

1. 10kV真空开关停送电操作步骤

（1）停电操作。

1）核对设备开关位置、名称及编号正确。

2）断开设备开关。

3）检查开关在分闸状态。

4）将开关控制方式打"就地"。

5）断开开关的控制、储能电源空开。

6）将开关手车操作至"试验"位置。

7）拔下开关二次插头。

8）按要求退出保护压板。

9）按要求合上接地刀闸。

（2）送电操作。

1）核对设备开关位置、名称及编号正确。

2）检查开关在分闸状态。

3）确定开关在"试验"位置。

4）检查接地刀闸确已分闸（或接地线已拆除）。

5）检查保护压板投入正确。

6）装上开关二次插头。

7）将开关操作至"工作"位置。

8）检查开关一次触头接触良好。

9）合上开关的控制、储能电源空开。

10）检查开关储能良好、控制盘面灯光指示正确。

11）将开关控制方式打"远方"。

2. 380V框架式开关停送电操作方法

（1）停电操作。

1）核对设备开关位置、名称及编号正确。

2）断开设备开关。

3）检查开关在分闸状态。

4）将开关手车操作至"分离"位置。

5）分开开关的控制、储能电源小开关。

6）将开关控制方式打"就地"。

（2）送电操作。

1）核对设备开关位置、名称及编号正确。

2）检查开关在分闸状态。

3）确定开关在"分离"位置。

4）检查保护投入正确。

5）将开关操作至"连接"位置。

6）合上开关的控制、储能电源小开关。

7）检查开关储能良好、控制盘面灯光指示正确。

8）将开关控制方式打"远方"位置。

◆**任务实施**

分别填写"直流系统送电""UPS送电""110kV Ⅰ段母线受电""主变受电""10kV系统送电""380V系统送电"操作票，并在仿真机完成上述任务，维持厂用电系统的主要参数在正常范围内。

一、实训准备

（1）查阅机组运行规程，以运行小组为单位撰写"直流系统送电""UPS送电""110kV Ⅰ段母线受电""主变受电""10kV系统送电""380V系统送电"等操作票。

（2）明确职责权限。

1）厂用电系统投入操作票编写由组长负责。

2）厂用电系统启动操作由运行值班员负责，并做好记录，确保记录真实、准确、工整。

3）组长对操作过程进行安全监护。

（3）熟悉600t/d垃圾焚烧炉发电机组系统平台的操作和控制方法。

（4）调取"全冷态工况"工况，熟悉机组状态。

二、任务实施

根据厂用电系统各段送电倒闸操作票，完成厂用电系统送电倒闸操作工作任务。

操作票（资源5～25）

操作票技能操作视频（资源26～46）

◆**任务评价**

登录垃圾焚烧发电运行与维护×证书考评系统,严格按照电气设备倒闸操作技术规范进行技能操作。根据工作任务的完成情况和技术标准规范,考评系统会自动给出任务完成情况的评价表。依据评价结果,可以确定学员的技能水平和改进的要求。

工作任务二 投入工业水系统

◆**任务描述**

本任务是在全面了解工业水系统作用、流程的基础上,利用仿真系统完成工业水系统启动前的检查及系统启动操作,给机组各用户提供冷却水,为各辅助设备运行提供冷却条件。

◆**任务目标**

知识目标:掌握工业水系统流程、系统设备组成、系统运行参数及控制范围。

能力目标:能识读工业水系统图,能利用仿真系统进行工业水系统启动前的检查及投运操作。

素养目标:遵守安全操作规程,培养责任意识;树立规范操作意识,强化岗位职业精神;培养良好的表达和沟通能力。

◆**相关知识**

一、系统概述

工业水系统的作用是向两台机组的辅助设备,如空压机系统、焚烧炉液压装置、取样冷却器、给水泵轴承、风机轴承等提供冷却水,保证各辅助设备的安全运行。

工业冷却水由工业水泵供给,其水源为冷却塔下循环水池或生产消防水池中的水,冷却全厂辅机设备后,流回至循环水池或生产消防水池。工业水系统如图 2-4 所示。该系统包括 2 台工业水泵以及各供、回水管道阀门附件等。

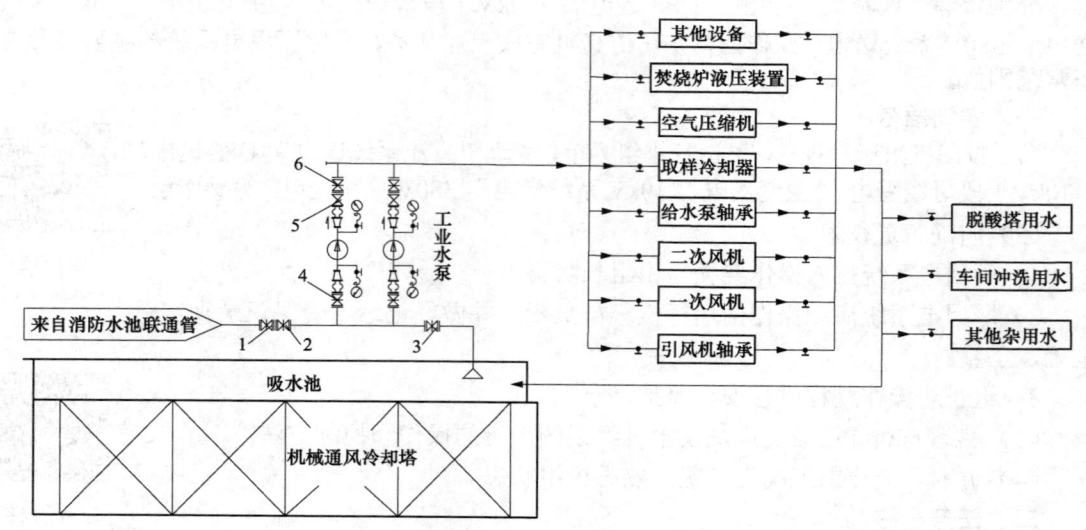

图 2-4 工业水系统

1—消防水池联通管至工业水泵一次阀;2—消防水池联通管至工业水泵二次阀;3—循环水吸水池至工业水泵手动阀;4—工业水泵入口手动阀;5—工业水泵出口逆止阀;6—工业水泵出口手动阀

二、系统运行调节

系统正常运行时，2 台工业水泵 1 台运行 1 台备用，工业水泵出口冷却水压力维持在不低于 0.2MPa，备用工业水泵连锁装置投入位置。如果需调节工业水系统压力时，可以调节工业水泵变频器指令，使工业水泵出口压力满足用户要求。

◆任务实施

填写"投入工业水系统"操作票，并利用仿真系统完成工业水系统投入操作任务，维持工业水系统的主要参数在正常范围内。

一、实训准备

（1）查阅机组运行规程，以运行小组为单位填写"投入工业水系统"任务操作票。
（2）明确职责权限
1）工业水系统启动方案、工作票编写由组长负责。
2）工业水系统启动操作由运行值班员负责，并做好记录，确保记录真实、准确、工整。
3）组长对操作过程进行安全监护。
（3）熟悉 600t/d 垃圾焚烧炉发电机组系统平台的操作和控制方法。
（4）调取"投入工业水系统"工况，熟悉机组运行状态。

二、任务实施

根据投入工业水系统操作票，完成工业水系统投入工作任务。

◆任务评价

登录垃圾焚烧发电运行与维护X证书考评系统，严格按照工业水系统投入操作票进行技能操作。根据工作任务的完成情况和技术标准规范，考评系统会自动给出任务完成情况的评价表。依据评价结果，可以确定学员的技能水平和改进的要求。

操作票（资源47）

操作票技能操作视频（资源48）

工作任务三　投入压缩空气系统

◆任务描述

本任务是在全面了解压缩空气系统功能、流程的基础上，利用仿真系统完成压缩空气系统启动前的检查及系统启动操作，给机组各用户提供压缩空气。

◆任务目标

知识目标：掌握压缩空气系统流程、系统设备组成、系统运行参数及控制范围。

能力目标：能识读压缩空气系统图，能利用仿真系统进行压缩空气系统启动前的检查及投运操作。

素养目标：遵守安全操作规程，培养责任意识；树立规范操作意识，强化岗位职业精神；培养良好的表达和沟通能力。

◆相关知识

一、压缩空气系统作用

空压机站供应全厂所有作业点所需的压缩空气。根据用户特点可分为工艺用压缩空气系统及仪用压缩空气系统。空压机主要运行参数通过 PLC 控制送到主控室进行监测和控制。

工艺用压缩空气主要用于检修、管道吹扫、强制冷却、卫生清扫等，对压缩空气品质要求不高，经空压机内部简单过滤、气水分离输出后可以直接使用。

仪用压缩空气主要用于阀门用气、热控仪表用气等。这种用途的用气对压缩空气的品质要求比较高，对空气中的水分、油分以及杂质很敏感，要求压缩空气高度净化，经过多次除油、气水分离、除尘、干燥后才能满足使用要求。

二、压缩空气系统组成及流程

空压机站设置有空压机 4 台、冷冻式干燥机 3 台、吸附式干燥机 2 台、前置过滤器 3 台及后置过滤器 3 台。

工艺用压缩空气流程：空压机出口母管→储气罐→冷干机→工艺用压缩空气用户。

仪用压缩空气流程：空压机出口母管→储气罐→冷干机→吸干机→储气罐→仪用压缩空气用户，系统流程如图 2-5 所示。

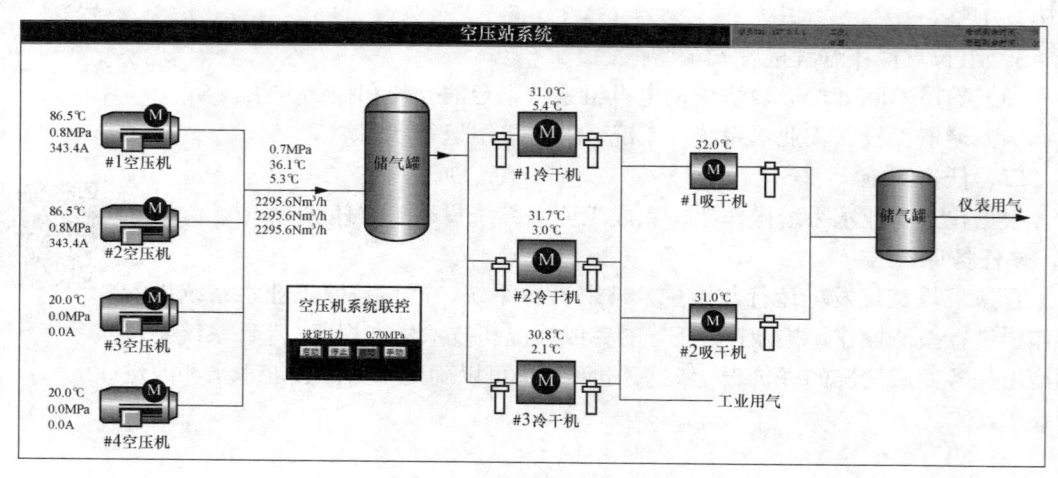

图 2-5　压缩空气系统流程

三、系统主要设备介绍

1. 空压机

空压机主要由主机、电动机、油气分离器、冷油器、后冷却器和机组底座等零部件组成，整体封闭在隔声罩内，如图 2-6 所示。目前，电厂用的空压机大多为喷油螺杆式空压机，其工作原理：通过阴阳转子密封咬合将空气进行压缩，然后再沿着转子齿轮螺旋方向将经过压缩的空气送到阴阳转子排气口，与此同时在阴阳转子入口形成负压，这样在大气压作用下，外界空气又重新送到阴阳转子的入口进行下一轮做功，如图 2-7 所示。整个空压机主要由空气系统、润滑油系统和冷却水系统组成，如图 2-8 所示。

资源 49

（1）空气系统。空气系统主要由吸气系统和排气系统组成。吸气系统主要由空气过滤器、入口阀（节流阀）组成。机组正常运行时空气过滤器进气口吸入空气，经过滤后由打开的入口阀进入压缩机工作腔，被高速旋转的阴阳转子压缩而压力升高，最后从压缩机排气口排出。

项目二　垃圾焚烧发电机组冷态启动　35

图 2-6　空压机结构　　　　　　　　图 2-7　阴阳转子工作过程

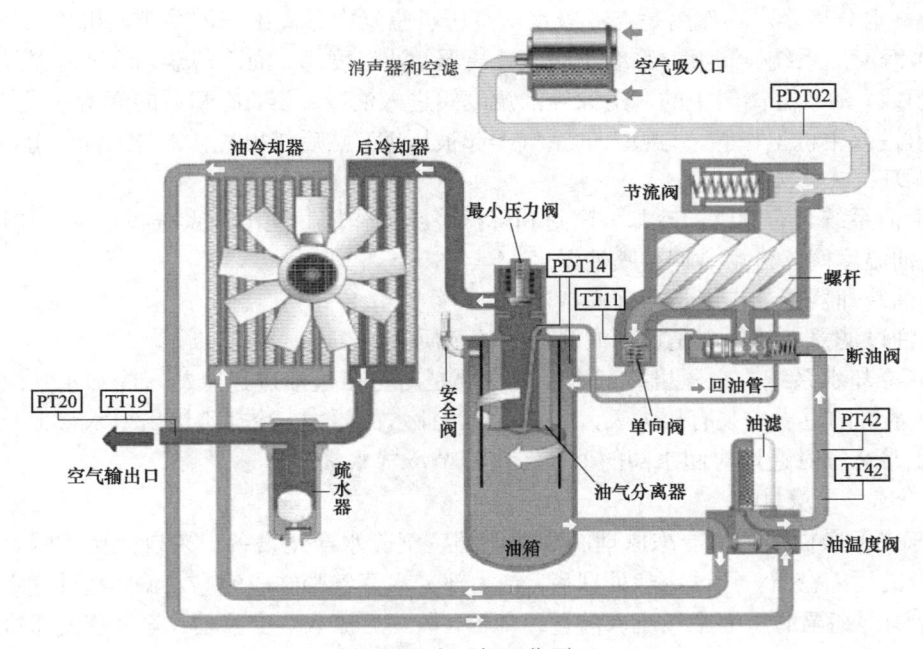

图 2-8　空压机工作原理

排气系统主要由油气分离器、出口阀（最小压力阀）、止回阀、安全阀、放空阀、后冷却器、气水分离器和连接管路组成。经压缩机压缩后的油气混合物，通过压缩机排气口进入油气分离器，把润滑油从压缩空气中分离出来，从而获得洁净的压缩空气。经油气分离器后的压缩空气通过最小压力阀后，依次经过后冷却器和气水分离器，将高温气体冷却至常温及将压缩空气中的冷凝水分离出来，最后排出机体外供用户使用。

空气系统各设备的作用如下：

1）空气过滤器。其作用是将吸入的空气过滤，保证进入压缩机的空气清洁干净。如果吸入的空气中混有杂质，会引起转子表面磨损，并污染润滑油。

2）入口阀。入口阀的作用是控制进气量。机组满负荷运行时，入口阀处于全开状态，当用户所需用气减少时，入口阀开度减小，从而减少压缩机的进气量。当用户停止用气时，入口阀关闭，停止进气，压缩机进入空载运行。

3）油气分离器。油气分离器由罐体和滤芯两部分组成。油气分离器具有油气分离、储油和稳压的作用。

4）出口阀（最小流量阀）。出口阀位于油气分离器上部，其作用是确保油气分离器中的压力不低于 0.35MPa，使润滑油能够在管路中正常流动。

5）止回阀（单向阀）。其作用是当压缩机卸载或停机时，防止管网中的气体倒流。

6）安全阀。油气分离器上设有两个安全阀，当油气分离器内压力超过设定值时，安全阀会自动打开，迅速放气泄压，确保安全。正常情况下，安全阀处于关闭状态。

7）放空阀。自动放空阀位于油气分离器的侧面。当空压机卸载或者停机时，放空阀便自动打开，放气泄压。放空阀带有一个消音器，用来降低排气噪声。

8）后冷却器。后冷却器为管壳式换热器，其作用是冷却压缩空气。

9）气水分离器。其作用是将冷凝水从空压机空气中分离出来，并排出机外。

（2）润滑油系统。润滑油系统由油气分离器、油温度阀、油冷却器、油过滤器及相应连接管路组成。油气分离器中的润滑油经油温度阀进入油冷却器，冷却后的润滑油经三通、油过滤器再进入主机工作腔，与吸入的空气一起被压缩，然后排出机体，进入油气分离器，完成一个循环。

润滑油系统具有润滑、冷却、密封和降振降噪的作用。润滑油系统各设备的作用如下：

1）油温度阀：作用是调整喷油温度。

2）油冷却器：其作用是冷却润滑油。

3）油过滤器：其作用是过滤润滑油中的杂质。

（3）冷却水系统。空压机冷却水系统主要是对空压机油进行冷却，冷却水水源为工业水。冷却水管的进出口装有压力表，用来监视工业水的压力。冷却水进出口水管上装有手动蝶阀，正常运行时通过对回水阀的调节，来调节冷却水量。

2. 冷冻式干燥机

冷冻式干燥机是利用冷冻原理制成的压缩空气除水净化设备。来自上游管网含有大量饱和水汽的压缩空气，经过冷却处理后，绝大部分水蒸气凝结成液态水滴，经过气水分离后被除去。潮湿高温的压缩空气流入前置冷却器，散热后流入热交换器，与从蒸发器排出来的冷空气进行热交换，使进入蒸发器的压缩空气的温度降低。换热后的压缩空气流入蒸发器。通过蒸发器的换热功能与制冷剂进行热交换，压缩空气中的热量被制冷剂带走，压缩空气迅速冷却，潮湿空气中的水分达到饱和温度迅速冷凝，冷凝后的水分经凝聚后形成水滴，经过气水分离器高速旋转，水分因离心力的作用与空气分离，分离后水从自动排水阀处排出。降温后的冷空气流经热交换器与入口的高温潮湿热空气进行热交换。经热交换的冷空气因吸收了入口空气的热量提升了温度，确保了出口空气管路不结露，保证了冷冻系统的冷凝效果，确保了出口空气的质量。

3. 吸附式干燥机

经冷冻式干燥机处理过的压缩空气进入吸附式干燥机，选择 A 塔启动。待处理的压缩空气均匀地进入 A 塔，在 A 塔内被吸附剂吸收水分。同时还有约 15% 的干燥空气通过节流孔板进入 B 塔，对 B 塔内的吸附剂进行再生，最后经消音器排入大气，B 塔的工作过程与上述相似。具体工作流程如下：

A 吸附塔为干燥工序：进气阀 CV22 打开(CV23 关闭)，排气阀 CV24 关闭，湿空气由气体进口进入，流经 CV22 到 A 塔下部，空气在塔内自下而上流经氧化铝吸附剂，空气中水分被吸附，干燥的空气由 A 塔上部流出。85%的干空气通过单向阀 K18 从气体出口流出。15%的干燥空气从球阀 BV20 和节流孔板通过并减压，此部分干空气用于 B 吸附塔中的再生剂再生。

B 吸附塔为再生工序：来自 A 塔的 15%干空气自上而下流经 B 塔内的吸附剂，吹走被吸咐的水分，这部分再生气从 B 塔下部流经已打开的排气阀 CV25，从消声器中排出。

5min 后 A 塔转入再生工序，B 塔转入干燥工序，切换周期为 10min，各阀门动作由电子程序控制器来完成，各阀门的动作及时间均可通过控制面板上的指示灯和时钟显示。吸附式干燥机工作流程如图 2-9 所示。

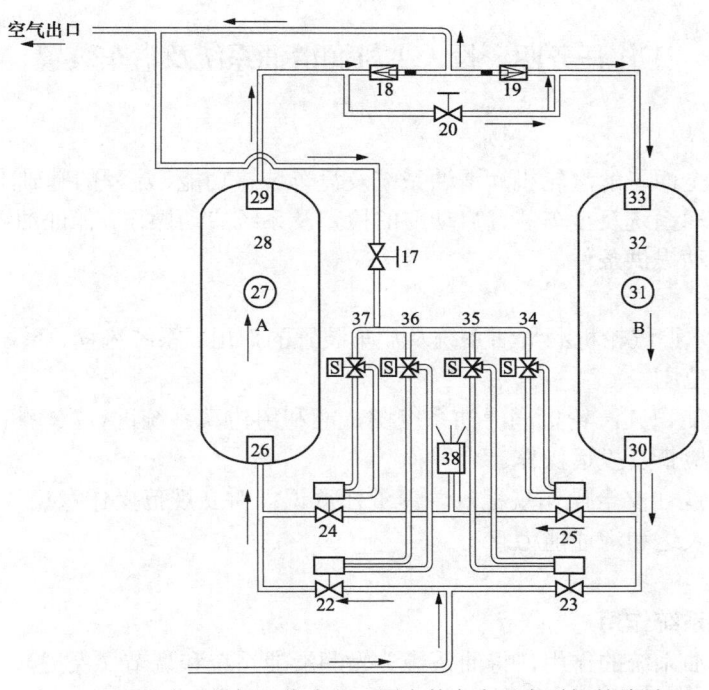

图 2-9 吸附式干燥机工作流程（图中数字表示电磁阀的编号）

◆任务实施

填写"投入压缩空气系统"操作票，并在仿真机上完成上述任务，维持压缩空气系统的主要参数在正常范围内。

一、实训准备

（1）查阅机组运行规程，以运行小组为单位填写"投入压缩空气系统"任务操作票。

（2）明确职责权限。

1）压缩空气系统启动方案、工作票编写由组长负责。

2）压缩空气系统启动操作由运行值班员负责，并做好记录，确保记录真实、准确、工整。

操作票
（资源 50）

3）组长对操作过程进行安全监护。

（3）熟悉600t/d垃圾焚烧炉发电机组系统平台的操作和控制方法。

（4）调取"投入压缩空气系统"工况，熟悉机组运行状态。

二、任务实施

根据投入压缩空气系统操作票，完成压缩空气系统投入工作任务。

◆任务评价

登录垃圾焚烧发电运行与维护X证书考评系统，严格按照压缩空气系统投入操作票进行技能操作。根据工作任务的完成情况和技术标准规范，考评系统会自动给出任务完成情况的评价表。依据评价结果，可以确定学员的技能水平和改进的要求。

操作票技能操作视频（资源51）

工作任务四 投入主机润滑油系统及盘车装置

◆任务描述

本任务是在全面了解汽轮机润滑油系统及盘车装置功能、流程的基础上，利用仿真系统完成汽轮机润滑油系统及盘车装置启动前的检查及系统启动操作，保证油温、油压、油量正常，为汽轮机启动提供条件。

◆任务目标

知识目标：掌握汽轮机润滑油系统及盘车装置的作用、系统流程、系统设备组成、系统运行参数及控制范围。

能力目标：能识读汽轮机润滑油系统图，能利用仿真系统进行汽轮机润滑油系统及盘车装置启动前的检查及投运操作。

素养目标：遵守安全操作规程，培养责任意识；树立规范操作意识，强化岗位职业精神；培养良好的表达和沟通能力。

◆相关知识

一、润滑油系统作用

根据汽轮机油系统的作用，将油系统分为润滑油系统和调节（保护）油系统两个部分。其作用如下：

（1）向机组各轴承供油，以便润滑和冷却轴承。

（2）供给调节系统和保护装置稳定充足的压力油，使它们正常工作。

（3）向各传动机构提供润滑用油。

二、润滑油系统组成及流程

润滑油系统可提供汽轮机、齿轮箱、发电机及其配套设备的全部润滑用油和调节系统用油，机组油系统采用控制油与润滑油分别由各自独立的油泵供油方式。

汽轮机油系统主要包括：主油箱（注油器、溢油阀）、主油泵、交流辅助（启动）油泵、交流润滑油泵、交流控制油泵、直流润滑油泵、冷油器、滤油器、排油烟装置、仪表及供给机组润滑所必需的辅助设备和管道。除主油泵和储能器外，油系统的其他设备都集成在油箱底架上。

机组正常运行时润滑油系统流程：油箱→主油泵→冷油器→压力油管→各轴承→回油管→油箱，系统流程如图 2-10 所示。

机组启动时润滑油系统流程：油箱→交流润滑油泵→冷油器→压力油管→各轴承→回油管→油箱。

厂用电中断时润滑油系统流程：油箱→直流润滑油泵→压力油管→各轴承→回油管→油箱。

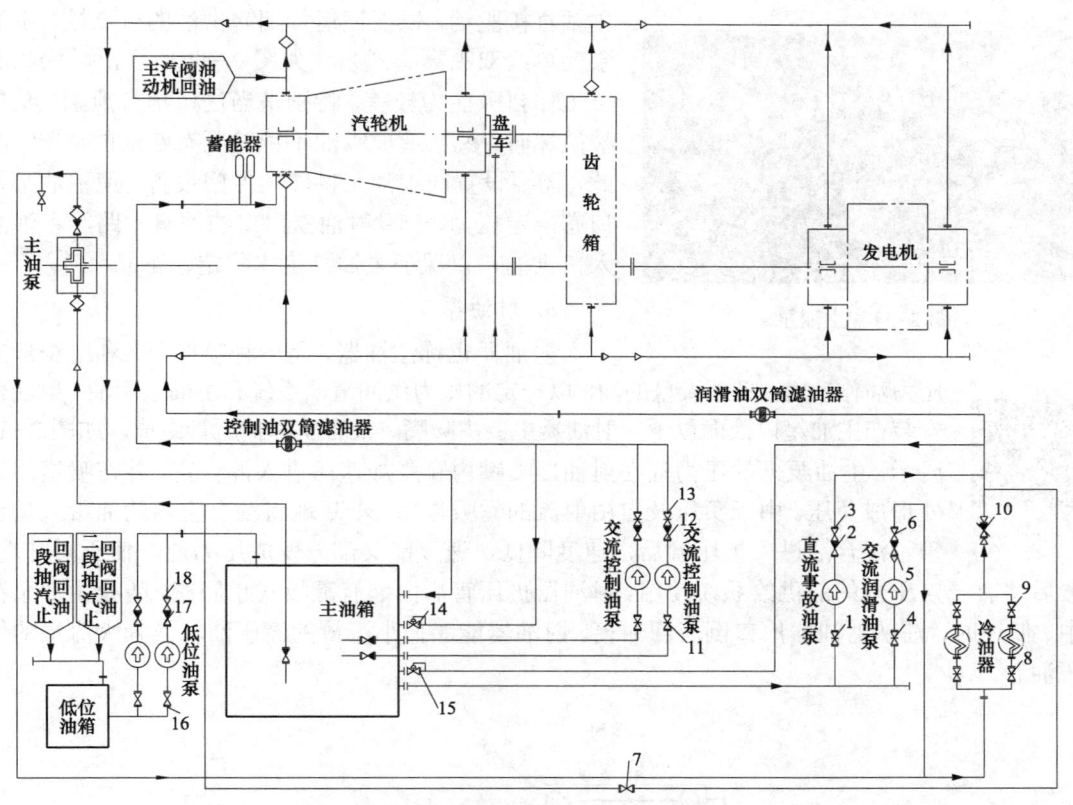

图 2-10 汽轮机润滑油系统流程

1—直流油泵入口手动阀；2—直流油泵出口逆止阀；3—直流油泵出口手动阀；4—交流启动油泵入口手动阀；5—交流启动油泵出口逆止阀；6—交流启动油泵出口手动阀；7—主油泵注油手动阀；8—冷油器入口手动阀；9—冷油器出口手动阀；10—冷油器出口可调式节流式逆止阀；11—交流控制油泵入口手动阀；12—交流控制油泵出口逆止阀；13—交流控制油泵出口手动阀；14—润滑油过压阀；15—控制油过压阀；16—低位油泵入口手动阀；17—低位油泵出口逆止阀；18—低位油泵出口手动阀

三、润滑油系统主要设备介绍

1. 主油箱

油箱除用以储存系统用油外，还起分离油中水分、杂质、清除泡沫的作用。油箱内部分为回油区和净油区，二者由油箱中的垂直滤网隔开，滤网可以抽出清洗。接辅助泵的出油口装有自封式滤网，滤网堵塞后，不必放掉油箱内的油即可将滤网抽出清洗。油箱顶盖上除了装有注油器外，还设有通风泵接口和空气过滤器。在油箱的最低位置处设有事故放油口，通过该油口，可将油箱内分离出来的水分和杂质排出，或接油净化装置。对油箱的油位，可通过就地液位计和远传液位计进行监视，就地液位计装在油箱侧部，远传液位传感器由油箱顶盖插入油箱内。在油箱的侧部，装有加热器，可对油箱内的油加温。

主油箱的容量和机组的大小与系统用油量的多少无关，应保证在交流电源失去且冷油器断水时以及汽轮机在惰走过程中，轴承温度不超过极限值。

2. 主油泵

主油泵安装在前轴承箱中的发电机外延伸轴上，与发电机主轴采用刚性连接，由发电机主轴直接驱动，以保证运行期间供油的可靠性。主油泵为单级双吸离心式泵，如图 2-11 所示，因为离心泵工作自吸能力较差，特别是当进口稍有泄漏，负压被破坏时，就会造成吸油不稳甚至有断油的危险。因此，需要设置向主油泵供油的专门设备，使主油泵入口有一定压力，一般射油器出口的油有一路给主油泵入口供油，以保证主油泵工作稳定、可靠。

图 2-11　主油泵

3. 射油器

射油器也称注油器，是一种喷射泵，利用少量的压力油作动力，吸入大量的油，以一定的压力供润滑油系统和主油泵用油。射油器安装在主油箱内液面以下，射油器主要由喷嘴、混合室和扩压管组成，如图 2-12 所示。主油泵来的压力油在射油器喷嘴内膨胀加速后进入混合室，并在喷嘴出口处形成负压。由于负压及自由射流的卷吸作用，不断地将混合室内的油带入扩压管。混合油进入扩压管后，速度降低，速度能又部分变成压力能，使压力升高，最后将有一定压力的油供给系统使用。射油器扩压管后面装有翻板式止回阀，防止主油泵在中、低速时，油从射油器出口倒流回油箱。射油器能够把小流量的高压油转换为大流量的低压油。

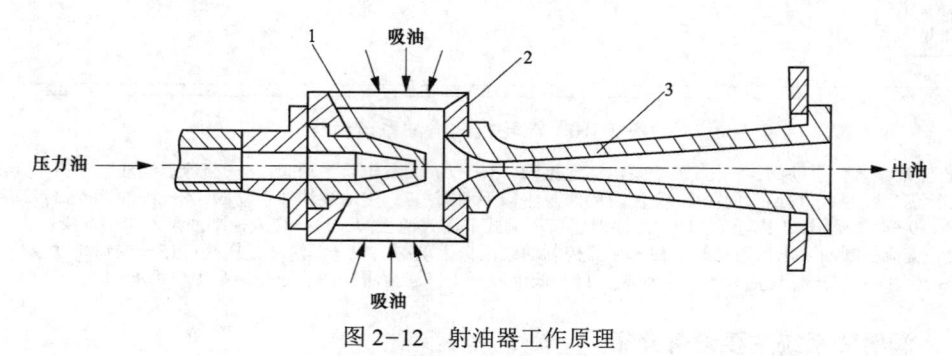

资源 52

图 2-12　射油器工作原理

1—喷嘴；2—混合室；3—扩压管

4. 辅助油泵

辅助油泵包括交流润滑油泵和直流事故油泵，一般均安装在主油箱盖板上。在机组启动和停机工况时，由交流润滑油泵给系统供油；当机组发生厂用电中断时，为保证机组安全停运，由直流事故油泵给机组提供必要的润滑油，但直流事故油泵不能用于机组启动或正常运行。

5. 交流控制油泵

交流控制油泵主要向汽轮机调节系统提供动力油。调节油供油管路中设置有蓄能器，其作用是稳定系统油压。

6. 冷油器

润滑油从轴承摩擦和转子传导中吸收大量的热量，为保持油温合适，需用冷油器来将润滑油进行冷却，带走油中的热量。冷油器以循环水作为冷却介质，保证进入轴承的润滑油温为40~46℃。对冷油器的基本要求如下：

不允许冷却水泄漏到油中。冷油器采用表面式换热器，冷却水在管内流动，油在管外流动，油侧压力应高于水侧压力，以防止管内的冷却水通过密封不严处泄漏到管外的油中。在最不利的冷却条件下（夏季水温最高的期间），仍能将油冷却到规定的温度范围，此外，还应有备用冷却水源。应有备用冷油器，若发生故障或需清洗时可及时切换。

7. 电加热装置

在油箱顶部安装有浸没式电加热器，由油温调节触点和三位开关控制。开关位于接通位置时加热器通电。当油温低于27℃时，投入电加热器运行；当油温高于38℃时，退出电加热器运行。为安全起见，电加热器通常与低油位开关连锁，以便在加热器部件露出水面之前切断加热器的电源。

8. 排烟风机

在运行中因轴承的摩擦耗功和转动部件的鼓风作用，而使其中一部分油受热分解为油烟，同时由于轴承座挡油环处会漏入部分水蒸气和空气，而使汽轮机油中含有水分和气体。为了保证油的品质，油箱顶部装有排烟风机。它的作用是维持主油箱在微负压状态，将主油箱中的油气经管道排到主厂房外，防止危及人员和设备的安全。

9. 盘车装置

汽轮机冲动转子前或停机后，进入或积存在汽缸内的蒸汽使上缸温度比下缸温度高，从而使转子不均匀受热或冷却，产生弯曲变形。因而在冲转前和停机后，必须使转子以一定的速度持续转动，以保证其均匀受热或冷却。换句话说，冲转前和停机后由盘车装置带动转子缓慢转动可以消除转子热弯曲，同时减小上下汽缸的温差和减少冲转力矩，还可在启动前检查汽轮机动静之间是否有摩擦及润滑系统工作是否正常。

◆任务实施

填写"投入汽轮机润滑油及盘车装置"操作票，并在仿真机上完成上述任务，维持汽轮机润滑油及盘车装置的主要参数在正常范围内。

一、实训准备

（1）查阅机组运行规程，以运行小组为单位填写"投入汽轮机润滑油及盘车装置"任务操作票。

（2）明确职责权限。

1）汽轮机润滑油及盘车装置投入启动方案、工作票编写由组长负责。

2）汽轮机润滑油及盘车装置投入启动操作由运行值班员负责，并做好记录，确保记录真实、准确、工整。

3）组长对操作过程进行安全监护。

(3) 熟悉 600t/d 垃圾焚烧炉发电机组系统平台的操作和控制方法。

(4) 调取"投入汽轮机润滑油及盘车装置"工况，熟悉机组运行状态。

二、任务实施

根据投入汽轮机润滑油及盘车装置操作票，完成主机润滑油及盘车装置投入工作任务。

◆**任务评价**

登录垃圾焚烧发电运行与维护×证书考评系统，严格按照汽轮机润滑油及盘车装置投入操作票进行技能操作。根据工作任务的完成情况和技术标准规范，考评系统会自动给出任务完成情况的评价表。依据评价结果，可以确定学员的技能水平和改进的要求。

操作票技能操作视频（资源57）

工作任务五　投入给水除氧系统

◆**任务描述**

在锅炉点火之前，为防止干烧，必须先进行锅炉上水，而水质必须要满足锅炉进水要求。本任务是在全面了解给水除氧系统功能、流程的基础上，利用仿真系统完成给水除氧系统的检查及系统启动操作，以满足锅炉上水要求。

◆**任务目标**

知识目标：掌握给水除氧系统的作用、系统流程、系统设备组成、除氧器的工作原理、系统运行参数及控制范围。

能力目标：能识读给水除氧系统图，能利用仿真系统进行给水除氧系统启动前的检查及投运操作。

素养目标：遵守安全操作规程，培养责任意识；树立规范操作意识，强化岗位职业精神；培养良好的表达和沟通能力。

◆**相关知识**

给水除氧系统是指除氧器及除氧器与锅炉省煤器之间的设备、管路及附件等。

一、给水除氧系统流程

给水除氧系统的流程：除氧器水箱 ⟶ 低压给水母管 ⟶ 给水泵 ⟶ 高压给水母管 ⟶ 各炉给水调节门 ⟶ 省煤器进口水箱，如图 2-13 所示。

给水除氧系统为母管制，配置了四台除氧器、五台电动给水泵，其中两台为变频控制。给水泵出口均设置独立的再循环管，其作用是保证给水泵低负荷时有一定的工作流量，防止给水泵汽蚀。给水泵的出口管道上依次装有止回阀、电动闸阀。给水泵出口设置止回阀的作用是，防止压力水倒流，引起给水泵倒转。除氧器水侧和汽侧分别设有水平衡管和汽平衡管，用来平衡各除氧器的水位。

二、给水除氧系统主要设备

1. 除氧器

由于水中溶解氧气，会腐蚀热力设备及汽水管道，影响其可靠性和寿命，而水中二氧化碳会加速氧的腐蚀，不凝结气体在换热设备中均会使热阻增加、传热效果恶化，从而降低机组的热经济性，因此应对给水系统进行除氧。除氧器的作

资源 58

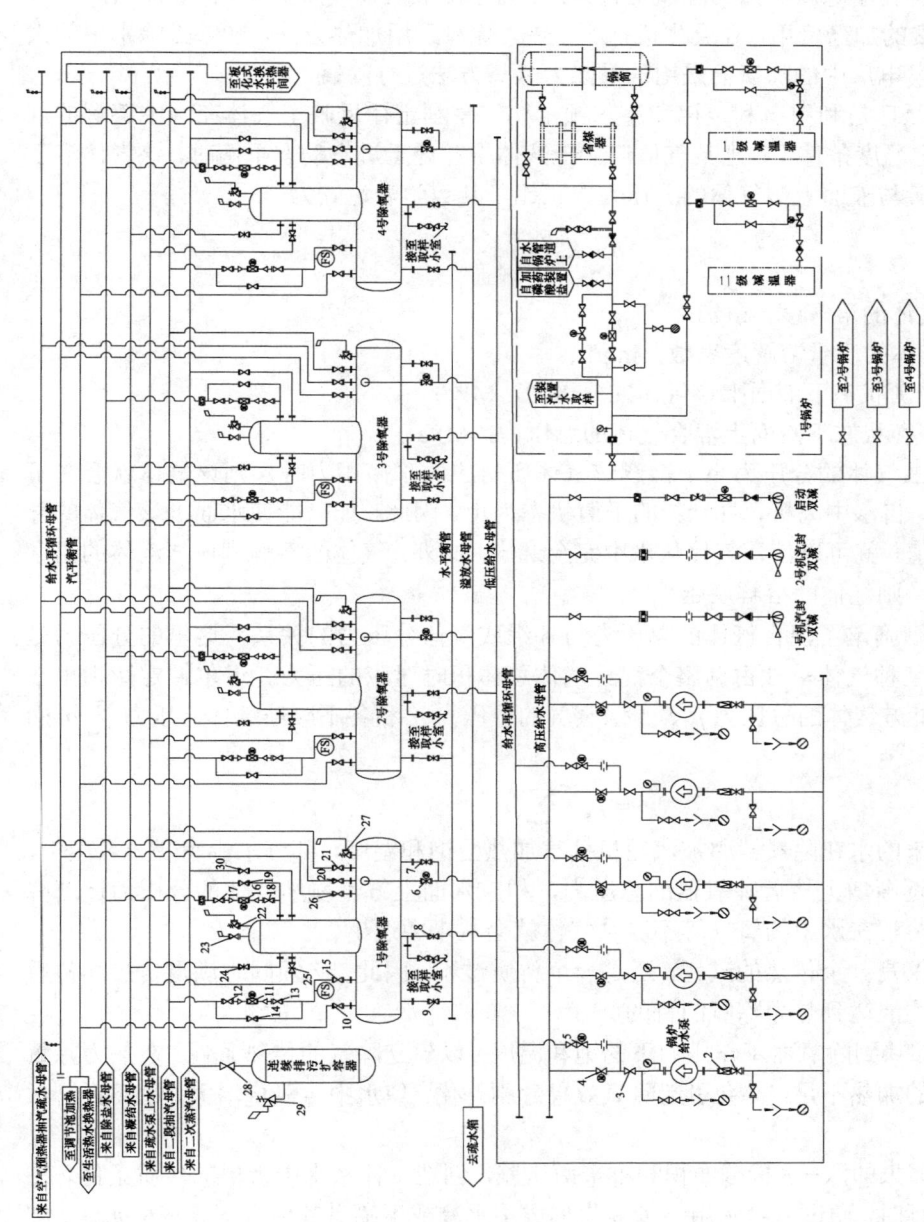

项目二 垃圾焚烧发电机组冷态启动

图2-13 给水除氧系统流程

1—给水泵进口手动阀；2—给水泵进口滤网；3—给水泵出口逆止阀；4—给水泵出口电动阀；5—给水泵至给水再循环母管电动阀；6—除氧器溢流放水电动阀；7—除氧器事故放水手动阀；8—除氧器至低压给水母管手动阀；9—除氧器至汽水平衡管手动阀；10—除氧器二段抽汽平衡管手动阀；11—除氧器二段抽汽总阀；12—除氧器调节阀；13—除氧器二段抽汽调节阀前手动阀；14—除氧器二段抽汽调节阀后手动阀；15—除氧器调节阀旁路手动阀；16—除盐水母管至除氧器调节阀；17—除氧器至除氧器母管手动阀；18—除盐水母管至除氧器手动阀；19—除盐水母管至除氧器旁路手动阀；20—空预器至除氧器手动阀；21—除氧器手动阀；22—除氧头排手动阀；23—除盐水母管至除氧器手动阀；24—凝结水头排空阀；25—疏水至二次蒸汽母管手动阀；26—给水再循环母管至除氧器手动阀；27—除氧器再沸腾手动阀；28—连排扩容器至二次蒸汽母管手动阀；29—除氧水箱安全阀；30—连排扩容器安全阀

用是除去给水中的不凝结气体,以防止或减轻这些气体对设备和管道系统的腐蚀,同时还防止这些气体在加热器析出后,附在加热器管束表面,影响传热效果。除氧器配有一定水容积的水箱,它还兼有补偿锅炉给水和汽轮机凝结水流量之间不平衡的作用。

除氧器除氧有化学除氧和热力除氧两种方法。化学除氧可以彻底除氧,但只能去除一种气体,且需要昂贵的加药费用,还会生成盐类;热力除氧采用加热方法,能够去除水中的大部分气体,目前发电厂中的除氧器采用的是热力除氧方法进行除氧。

热力除氧的原理是利用亨利定律和道尔顿定律。亨利定律反映了气体在水中溶解的规律,它指出在一定温度条件下,当某气体溶解于液体中并处于进出动态平衡时,该气体溶于单位体积中的质量与液面上该气体的分压力成正比,其数学表达式为

$$b = K\frac{p_i}{p}$$

式中 b——该气体的溶解度,mg/L;

K——该气体的质量溶解度系数,mg/L;

p_i——在平衡状态下液面上该气体的分压力,MPa;

p——在平衡状态下液面上混合气体的总压力,MPa。

可见当水面上气体的分压力小于溶解该气体所对应的平衡压力时,则该气体就会在不平衡压差作用下,自水中离析,直到新的平衡状态为止。因此,如果能使水面上该气体的分压力一直维持零值,就可以使该气体从水中完全逸出。此外,气体的溶解度还与液体的温度有关,温度越高,则气体的溶解度越小。

道尔顿定律则确定了混合气体的总压力与各组成气体分压力的关系,这里的分压力是指混合气体中的某种气体单独占据整个混合气体总体积时对应的压力。道尔顿定律指出在除氧器中,水面上方气体的总压力 p 等于水蒸气的分压力 p_s 和各不凝结气体分压力 $\sum p_i$ 的和,即

$$p = p_s + \sum p_i$$

凝结水系统来的水在除氧器中被汽轮机抽气加热至饱和温度,部分水沸腾变成水蒸气,使水蒸气分压力逐渐增大接近除氧器的总压力,相应水面上方不凝结气体的分压力逐渐降低趋于零,于是溶解在水中的氧气等不凝结气体就会从水中逸出。

热力除氧不仅是一个传热的过程,还是一个传质过程,因此,必须同时满足传热和传质两个方面的条件才能达到热力除氧的目的。

(1)给水应加热到除氧器工作压力下的饱和温度,以建立除气的传热条件。在热力除氧中即使出现少许的加热不足,都会引起除氧效果急剧恶化,使水中溶氧量增大,达不到给水除氧要求的指标。

(2)要有足够大的汽-水接触面积和不平衡压差,创造气体从水中析出的传质条件。在除氧器设计和运行时,通过将给水用喷嘴雾化形成小水滴或用筛盘等使水下落形成水滴、细流、水膜等,增大汽-水接触面积,增加传质面积和传热面积。此外还要保证水和加热蒸汽的逆向流动,及时排走自水中逸出的气体,保证水面上各不凝结气体的分压力趋于零,以保持较大的不平衡压差。

在传质过程中,气体从水中离析出来的过程可分为以下两个阶段:

第一个阶段为初期除氧阶段。此时由于水中溶解的气体较多，不平衡压差Δp较大，气体以小气泡的形式克服水的黏滞力和表面张力逸出，此阶段可以除去水中80%～90%的气体。

第二个阶段为深度除氧阶段。这时，水中还残留少量气体，相应的不平衡压差很小，气体已经没有足够的动力克服水的黏滞力和表面张力逸出，只有靠单个分子的扩散作用慢慢离析出。为提高气体的离析速度，可以加大汽水的接触面积，如制造出水膜或细水流，减小其表面张力，从而使气体容易扩散出来；或制造蒸汽在水中的鼓泡作用，使气体分子附着在气泡上从水中逸出。

2. 给水泵

给水泵的主要作用是将来自除氧水箱的给水，提高压力后送到锅炉。给水泵属于高温高压离心水泵，给水泵必须能连续不断地工作，并能根据锅炉负荷要求，相应地改变给水量，还要能维持在最小流量下稳定运行。

机组给水系统为母管制，电动给水泵入口接低压给水母管，通过电动给水泵增压，出口接入高压给水母管，进而给锅炉汽包上水；每台电动给水泵出口设有再循环手动阀和电动阀，接给水再循环母管。

三、除氧器上水工艺流程

除氧器上水有两种上水方式：一种是启动除盐水泵，通过除盐水母管向除氧器补水，通过调节除氧器补水调节阀控制上水速度和除氧器水位；另一种是启动凝结水泵运行，先向凝汽器热井进行补水，通过凝结水泵向除氧器上水，通过调节除氧器补水调节阀控制上水速度和除氧器水位，如图2-14所示。

◆任务实施

填写"除氧器上水""电动给水泵启动"和"投除氧器加热"操作票，并利用仿真系统完成上述任务，维持给水除氧系统的主要参数在正常范围内。

一、实训准备

（1）查阅机组运行规程，以运行小组为单位填写"除氧器上水""启动电动给水泵"和"投除氧器加热"任务操作票。

（2）明确职责权限

1）给水除氧系统启动方案、工作票编写由组长负责。

2）给水除氧系统启动操作由运行值班员负责，并做好记录，确保记录真实、准确、工整。

3）组长对操作过程进行安全监护。

（3）熟悉600t/d垃圾焚烧炉发电机组系统平台的操作和控制方法。

（4）调取"除氧器上水""启动电动给水泵"和"投除氧器加热"工况，熟悉机组运行状态。

二、任务实施

根据"除氧器上水""启动电动给水泵"和"投除氧器加热"操作票，完成给水除氧系统投入工作任务。

◆任务评价

登录垃圾焚烧发电运行与维护X证书考评系统，严格按照除氧器上水和电动给水泵启

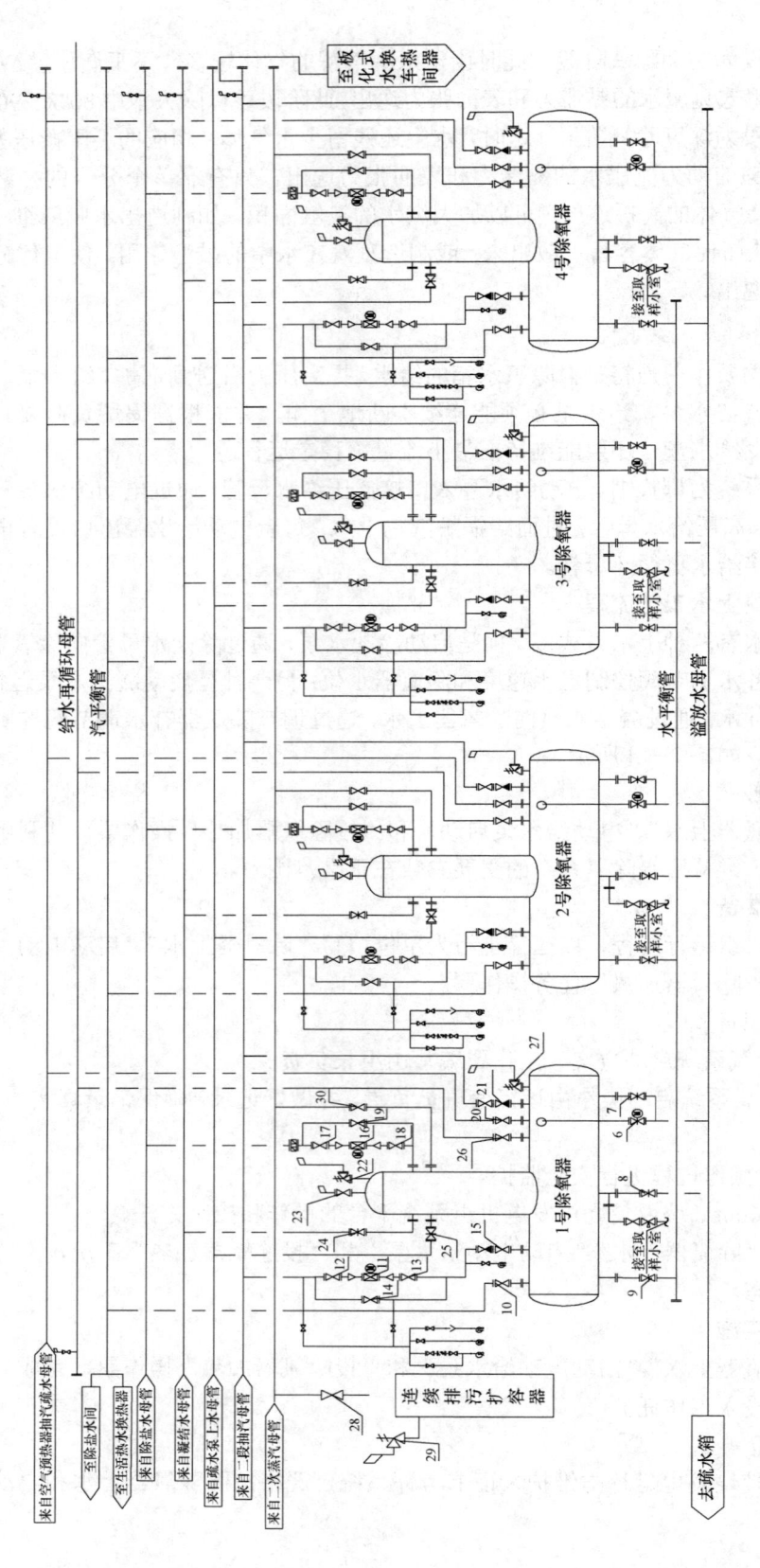

图 2-14 除氧器上水流程

动操作票进行技能操作。根据工作任务的完成情况和技术标准规范，考评系统会自动给出任务完成情况的评价表。依据评价结果，可以确定学员的技能水平和改进的要求。

工作任务六　锅　炉　上　水

◆**任务描述**

为防止干烧，锅炉点火之前，必须先进行锅炉上水。本任务是在全面了解垃圾焚烧发电机组汽水系统流程的基础上，利用仿真系统完成锅炉上水前的检查及锅炉上水操作，使汽包水位在正常值，满足锅炉点火要求。

◆**任务目标**

知识目标：掌握汽水系统流程、锅炉上水注意事项、系统运行参数及控制范围。

能力目标：能识读汽水系统流程图，能利用仿真系统进行锅炉上水前的检查及锅炉上水操作。

素养目标：遵守安全操作规程，培养责任意识；树立规范操作意识，强化岗位职业精神；培养良好的表达和沟通能力。

◆**相关知识**

一、锅炉上水流程

锅炉给水经除氧器由给水泵经过主给水管道，送至省煤器预热后送至汽包，经下降管至水冷壁下联箱，然后经水冷壁蒸发受热面进一步加热，产生出汽水混合物进入汽包。饱和蒸汽在汽包内被分离出来，经过过热器进一步加热，最后产生出过热蒸汽，送往汽轮机。锅炉上水的速度和汽包水位，通过主给水调节阀进行控制，如图 2-15 所示。

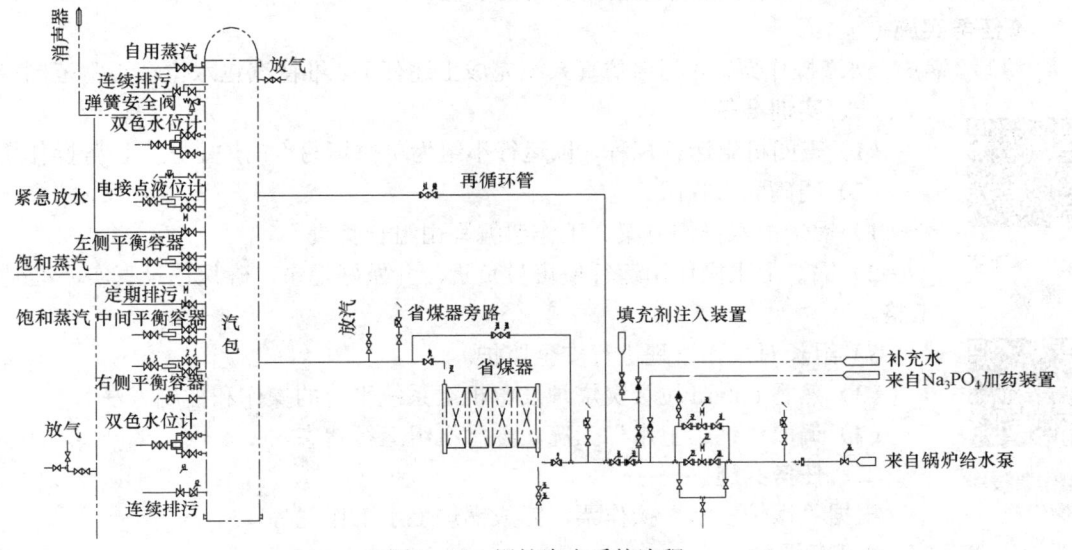

图 2-15　锅炉汽水系统流程

二、锅炉上水操作

（1）通知化学人员做好相关送水准备，检查确认锅炉排污系统各阀门、锅炉紧急放水门、下降管、省煤器放水门关闭严密；汽包、省煤器、过热器放空气门、过热器向空排汽门开启位置,并炉门前放水门,过热器放水门开启。

(2)上水温度一般不超过100℃,机组冷态启动时为常温水上水。

(3)开启给水调节门向锅炉进水。注意:开启时缓慢,保持给水母管压力稳定,控制汽包、省煤器与给水的温差不大于40℃。

(4)锅炉进水速度不宜过快,从无水进到汽包点火水位所需进水时间夏季不少于2h,冬季应不少于4h,但不得影响运行锅炉的正常给水。

(5)如果锅炉内有水,应通知化学人员化验合格,若不合格应全部放光,重新进水。

(6)进水过程中,应检查锅炉受热面各联箱、法兰、管道、放水门等处无泄漏现象,发现泄漏立即停止进水,通知检修人员处理正常后,方可继续进水。

(7)省煤器放空气门有水出来后关闭。当汽包出现水位后对水位计进行冲洗。

(8)当汽包水位升至-75mm时应停止进水,关闭给水调节门,此时汽包内水位应维持不变,如水位逐渐下降或上升,应查明原因,予以消除。

(9)汽包停止进水后,开启省煤器再循环门,汽包事故放水阀连锁投入自动方式。

三、锅炉上水注意事项

(1)上水应缓慢进行,锅炉从无水上到汽包正常水位-75mm处,一般需两个小时左右。周围气温应高于5℃,当环境温度很低时,进水时间应予以延长,这种情况进水温度应尽可能降低到40~50℃。

(2)上水过程中,管道上排空气阀有连续水流出后,将其关闭,同时检查汽包及各阀门是否有漏水现象,如有漏水应停止上水,联系检修人员处理,处理好之后再继续上水。

(3)当汽包水位达到低水位时,停止上水,观察水位是否有变化。如有变化应查明原因,予以清除,然后继续上水到正常水位。

(4)上水完成后,记录各部件膨胀指示器指示值。

◆任务实施

填写"锅炉上水"操作票,并利用仿真系统完成上述任务,维持汽包水位在正常范围内。

一、实训准备

(1)查阅机组运行规程,以运行小组为单位填写"锅炉上水"任务操作票。

(2)明确职责权限。

1)锅炉上水操作方案、工作票编写由组长负责。

2)锅炉上水操作由运行值班员负责,并做好记录,确保记录真实、准确、工整。

操作票(资源66)

3)组长对操作过程进行安全监护。

(3)熟悉600t/d垃圾焚烧炉发电机组系统平台的操作和控制方法。

(4)调取"锅炉上水"工况,熟悉机组运行状态。

操作票技能操作视频(资源67)

二、任务实施

根据"锅炉上水"操作票,完成锅炉上水工作任务。

◆任务评价

登录垃圾焚烧发电运行与维护×证书考评系统,严格按照锅炉上水操作票进行技能操作。根据工作任务的完成情况和技术标准规范,考评系统会自动给出任务完成情况的评价表。依据评价结果,可以确定学员的技能水平和改进的要求。

工作任务七　投入炉排液压系统

◆**任务描述**

炉排、排渣机、推料器及剪切刀的运动是通过液压系统进行驱动的。本任务是在全面了解垃圾焚烧炉炉排液压系统作用、流程及设备组成的基础上，利用仿真系统完成炉排液压系统启动操作，满足炉排、排渣机、推料器及剪切刀的启动要求。

◆**任务目标**

知识目标：掌握炉排液压系统流程、系统运行参数及控制范围。

能力目标：能识读炉排液压系统流程图，能利用仿真系统进行炉排液压系统启动前的检查及启动操作。

素养目标：遵守安全操作规程，培养责任意识；树立规范操作意识，强化岗位职业精神；培养良好的表达和沟通能力。

◆**相关知识**

一、炉排液压系统组成及作用

液压系统由液压泵站、液压阀站、电气控制柜以及液压管路等组成。液压泵站是液压阀站和排渣机液压驱动站的油源设备，由液压泵、油箱、液压油冷却器等组成。液压阀站集成了控制给料炉排、焚烧炉排、给料斗盖板和排渣机的液压阀件，给料炉排和焚烧炉排的所有动作均是通过对液压阀站上的阀件进行控制来实现，以控制焚烧炉排的运动方向和速度。电气控制柜提供液压系统各设备的电源，液压管路是液压油流动的管道。

二、炉排液压系统流程

机组液压系统设置2台液压泵，型式为叶片泵，其中1台运行，1台备用。液压泵把液压油升压后，向各被驱动装置供油。机组正常运行时液压油油压为12MPa。在运行中液压泵出故障，在自动模式下，备用泵应自动启动；液压泵既可以遥控，也可以在就地现场启动/停止。油箱是为了储存液压动作油而设置的。液压油在通过油箱出口的过滤器后，被液压泵送到各驱动装置。工作回油通过冷却器和入口过滤器后回到油箱；液压油冷却器是为了冷却液压动作油的回油而设置的，为壳管式热交换器。液压系统流程如图2-16所示。

◆**任务实施**

填写"投入炉排液压系统"操作票，并利用仿真系统完成上述任务，维持炉排液压系统的主要运行参数在正常范围内。

一、实训准备

（1）查阅机组运行规程，以运行小组为单位填写"投入炉排液压系统"任务操作票。

（2）明确职责权限。

1）炉排液压系统启动方案、工作票编写由组长负责。

2）炉排液压系统启动操作由运行值班员负责，并做好记录，确保记录真实、准确、工整。

操作票（资源68）

3）组长对操作过程进行安全监护。

（3）熟悉600t/d垃圾焚烧炉发电机组系统平台的操作和控制方法。

（4）调取"投入炉排液压系统"工况，熟悉机组运行状态。

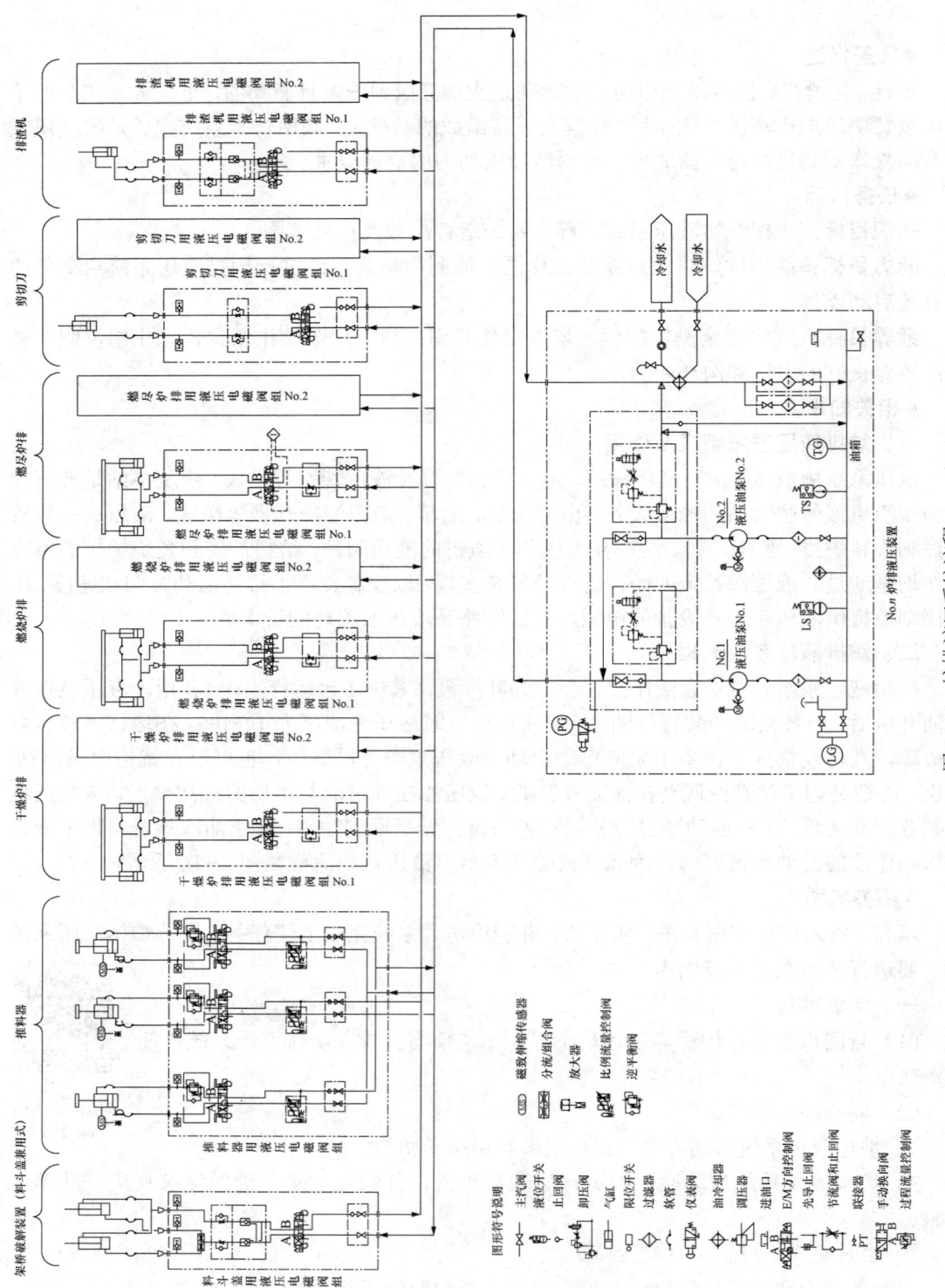

图 2-16 炉排液压系统流程

二、任务实施

根据"投入炉排液压系统"操作票，完成炉排液压系统启动工作任务。

◆ **任务评价**

登录垃圾焚烧发电运行与维护×证书考评系统，严格按照炉排液压系统启动操作票进行技能操作。根据工作任务的完成情况和技术标准规范，考评系统会自动给出任务完成情况的评价表。依据评价结果，可以确定学员的技能水平和改进的要求。

操作票技能操作视频（资源69）

工作任务八 投入灰渣处理系统

◆ **任务描述**

垃圾燃烧后产生的灰渣由灰渣处理系统进行处理。通过任务的学习，使学生掌握灰渣处理系统的处理流程及设备组成，能利用仿真系统进行灰渣处理系统启动操作。

◆ **任务目标**

知识目标：掌握灰渣处理系统流程、系统运行参数及控制范围。

能力目标：能识读灰渣处理系统流程图，能利用仿真系统进行灰渣处理系统启动前的检查及启动操作。

素养目标：遵守安全操作规程，培养责任意识；树立规范操作意识，强化岗位职业精神；培养良好的表达和沟通能力。

◆ **相关知识**

一、灰渣处理系统

垃圾焚烧后灰分中的90%变为炉渣，10%变为飞灰，飞灰中还包括活性炭、反应产物和未参与反应的 $Ca(OH)_2$，灰渣由灰渣处理系统进行处理。灰渣处理系统可分为除底渣系统和除飞灰系统，分别处理焚烧炉排出的底渣、炉排缝隙中泄漏垃圾、降温塔排灰、锅炉尾部烟道飞灰和除尘器收集的飞灰。

二、除底渣系统设备组成

除渣系统采用湿式机械除渣，焚烧炉排出的底渣落入排渣机水槽中冷却后，由出渣机转入直线振动输送机，经除铁后被排入渣坑中，经灰渣吊车抓斗装入自卸汽车运送至综合利用用户。从炉排缝隙中泄漏下来的较细的垃圾通过刮板输送机被送入出渣通道内，落入排渣机，与炉渣一起被送至渣坑。渣坑体积约 $200m^3$，可储存机组满负荷运行约3天炉渣量，渣坑中的炉渣通过汽车送至综合利用用户。

除渣系统由液压除渣机，直线振动输送机和渣吊组成。液压除渣机采用液压驱动方式，如图2-17所示，采用水封结构，使炉底有较好的密封性能，有利于提高锅炉效率。另外还具有省水、运行安全可靠、维护检修方便等优点。按环保的要求，炉渣属于一般固体废物，可作为建材原料加以综合利用。

资源70

三、除飞灰系统设备组成

飞灰由三部分组成，即锅炉尾部烟道排灰、脱酸反应塔排灰和除尘器排灰。锅炉尾部排灰采用螺旋输送机加以集中后排至焚烧炉尾部，与底渣混合后排到渣坑。反应塔和布袋除尘

图 2-17　液压除渣机结构

器灰斗收集的飞灰，采用机械输灰设备（二级埋刮板输送机+斗式提升机）送至布置于飞灰固化车间的灰库内，进行固化处理。飞灰固化达标后运至生活垃圾填埋场进行填埋处理。

除飞灰系统设备组成如下。

1. 布袋埋刮板输送机

布袋除尘器的飞灰输送采用埋刮板输送机，因袋式除尘器的 6 个灰斗分成两排，故每台布袋除尘器设置 2 台埋刮板输送机。

2. 反应塔埋刮板输送机

反应塔的飞灰输送采用埋刮板输送机，飞灰经破碎机研磨破碎后进入埋刮板输送机，每台反应塔设置 1 台埋刮板输送机。

3. 公用刮板输送机

公用刮板输送机共两条线，一用一备。通过双向螺旋与各布袋和反应塔埋刮板输送机相连。

4. 斗式提升机

为将灰渣送至灰渣储仓内，设置 2 台斗式提升机。斗式提升机为密闭式，输送能力与埋刮板输送机相匹配，提升高度按灰渣储仓高度加上相应的输送装置所需高度来确定。

资源 71

5. 灰渣储仓

灰渣储仓按最终烟气净化线的灰渣量（3d 存量）考虑。储仓底部设仓泵，储仓顶部设过滤及排风装置。

6. 飞灰固化系统

由于水泥-稳定剂固化技术成熟、工艺简单、成本较低，飞灰固化后性质稳定，能满足 GB 16889—2024《生活垃圾填埋场污染控制标准》的要求，故选用水泥-稳定剂固化技术工艺进行飞灰固化处理。处理后可进入生活垃圾填埋场填埋。

飞灰固化车间里设有钢灰库、水泥库、螯合剂原液罐、溶液制备罐、溶液储存罐、溶液计量罐、溶液输送泵、溶液计量泵、原液计量泵、溶液喷射泵以及各种水泵。飞灰输送至固化车间内钢灰库存放，水泥由汽车送至飞灰固化车间水泥库存放。钢灰库和水泥库下设带刮板输送机及称重计量罐，飞灰和水泥按设定比例称量后送至双轴混炼机。双轴混炼机对物料搅拌混合，水泥、螯合剂和加湿水的添加率分别接近飞灰质量的 12%、2% 和 25%。操作中按比例均匀各种物料，同时在运行过程中可根据飞灰性质调整水泥、螯合剂和水的比例。飞灰通过添加固化剂、水泥、黏结剂、水等使飞灰混合后形成固化体。飞灰中的重金属（Hg，Cd，Pb，Cu，Zn）和有害有机物通过螯合剂的螯合反应固定化，从而避免粉尘污染，减少重金属的溶出和有害有机物的渗出。

为了使固后的飞灰达到足够的强度，防止重金属类的溶出，混合成形后的物料压制成型后送至养护场进行 48h 的养护。固后的飞灰满足 GB 16889—2024《生活垃圾填埋污染控制标准》的浸出毒性标准要求后，送至垃圾填埋场指定区域进行安全填埋。

飞灰固化处理流程如图 2-18 所示。

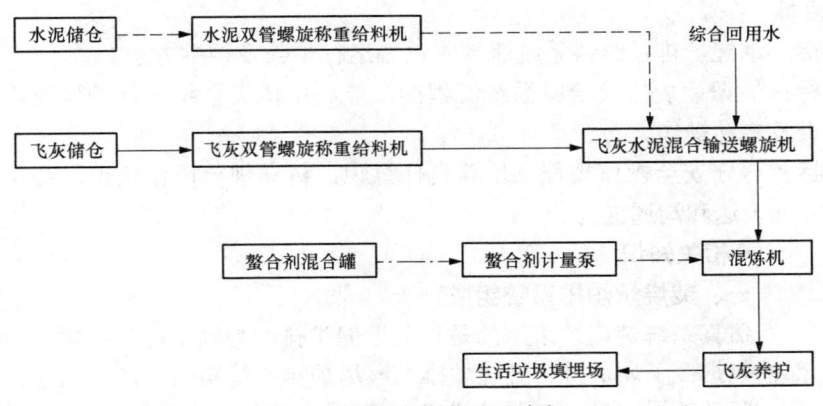

图 2-18 飞灰固化处理流程

◆**任务实施**

填写"投入输灰系统"和"投入灰渣输送系统"操作票，并利用仿真系统完成上述任务，维持灰渣处理系统的主要参数在正常范围内。

一、实训准备

（1）查阅机组运行规程，以运行小组为单位填写"投入输灰系统"和"投入灰渣输送系统"任务操作票。

（2）明确职责权限。

1）灰渣处理系统投入方案、工作票编写由组长负责。

2）灰渣处理系统投入操作由运行值班员负责，并做好记录，确保记录真实、准确、工整。

3）组长对操作过程进行安全监护。

（3）熟悉 600t/d 垃圾焚烧炉发电机组系统平台的操作和控制方法。

（4）调取"投入输灰系统"和"投入灰渣输送系统"工况，熟悉机组运行状态。

二、任务实施

根据"投入输灰系统"和"投入灰渣输送系统"操作票，完成灰渣处理系统启动工作任务。

◆**任务评价**

登录垃圾焚烧发电运行与维护X证书考评系统，严格按照输灰系统投入和灰渣输送系统投入操作票进行技能操作。根据工作任务的完成情况和技术标准规范，考评系统会自动给出任务完成情况的评价表。依据评价结果，可以确定

操作票（资源 72、73）

操作票技能操作视频（资源 74、75）

工作任务九 炉排及推料器启动

◆ **任务描述**

垃圾的焚烧是在炉排上进行的,通过任务的学习,使学生掌握炉排及给料系统的组成、控制方法,能利用仿真系统进行炉排及推料器启动操作。

◆ **任务目标**

知识目标:掌握炉排及给料系统流程、系统运行参数及控制方法。

能力目标:能识读炉排及给料系统流程图,能利用仿真系统进行炉排及给料系统流程启动前的检查及启动操作。

素养目标:遵守安全操作规程,培养责任意识;树立规范操作意识,强化岗位职业精神;培养良好的表达和沟通能力。

◆ **相关知识**

一、焚烧炉炉排系统组成

仿真系统焚烧炉采用的是日立造船炉排,为顺推往复炉排。炉排系统主要部件包括:干燥炉排、燃烧炉排、燃尽炉排、剪切刀、液压系统、炉排冷却装置、驱动装置与润滑装置等组成,其结构如图 2-19 所示。炉排为纵列布置,固定炉排列与活动炉排列交错布置。垃圾依靠自身重力、活动炉排的往返运行下垃圾层中产生的纵向推力及剪力向前推进,各段炉排间设置了较大落差以增强燃烧效果,在燃烧段固定炉排设置剪切刀,该装置可松动垃圾块,使垃圾层均匀,一次风分布均匀,避免垃圾在炉排上结团而影响透气性,提高燃尽程度,避免在垃圾层产生风洞。

资源 76

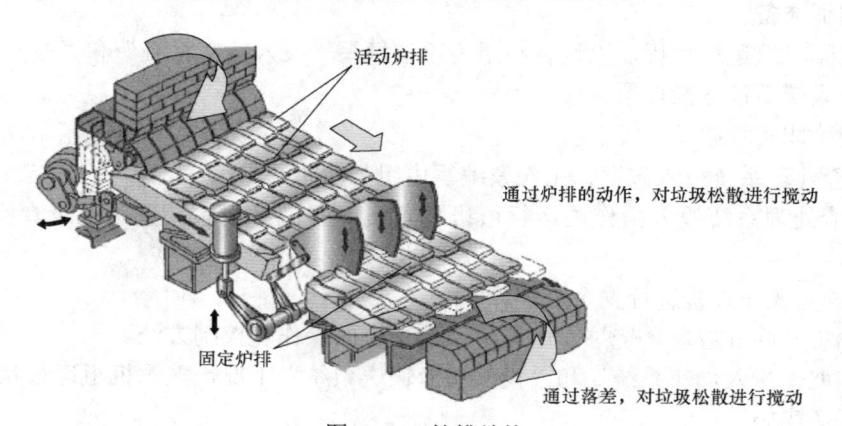

图 2-19 炉排结构

各炉排的运动由液压系统驱动,各炉排由 2 列构成,每列通过 2 个油缸,按 ACC(自动燃烧控制系统)控制的间隔定速驱动。下面介绍炉排系统各设备的作用及流程。

1. 干燥炉排、燃烧炉排及燃尽炉排

各炉排的作用不同,但驱动原理完全是一样的,各炉排可以遥控和就地运行。遥控运行时,在自动模式下,各炉排按重复前进、后退动作;在手动模式下,仅作 1 个循环的动作。

在就地运行时（通过操作燃烧装置控制盘），可以按下前进、停止、后退各按钮，进行微动。

为了维修，在各炉排阀门组的进出配管上设置手动停止阀；为了调节油缸速度，在进和出配管上设置速度控制器。为了切换前进、后退的动作，使用3位电磁阀。各炉排由ACC的间歇定时功能控制，炉排速度为定速。定时的循环时间由自动燃烧控制系统决定。

2. 剪切刀

剪切刀设置在燃烧炉排处，使用剪切刀可以破碎块状垃圾和搅动垃圾，使垃圾层均匀，防止形成一次风的漏风孔，剪切效果如图2-20所示。一列燃烧炉排的剪切刀用一个液压缸驱动，一台焚烧炉有两个液压缸。剪切刀的液压回路与炉排的液压相同，定速前进和后退。油量由速度控制器调整。剪切刀可以遥控和就地现场操作，遥控启动时，在自动模式下按照设定的运行周期进行往复动作；在手动模式下，剪切刀只进行一个运动周期。

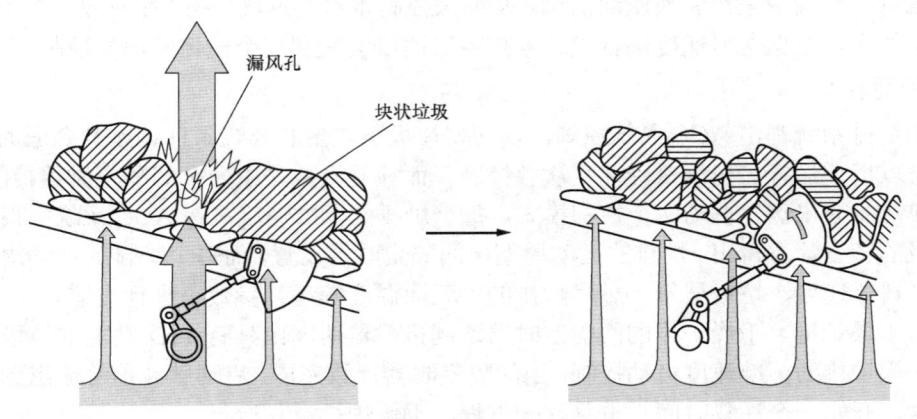

图2-20 剪切刀剪切效果

3. 炉排冷却装置

炉排被通过设置在炉排下面的渣斗的一次风冷却。为了提高炉排的冷却效果，炉排上有散热片。一次风从活动炉排和固定炉排之间以及设置在炉排上的通风孔均匀地吹出，因此炉排很少烧损。炉排表面温度探测器设置在燃烧炉排上，其状态由DCS监视。如果有温度高警报，运行值班员应调节该炉排一次风风量来控制炉排温度在正常范围内。

4. 驱动装置润滑装置

驱动装置润滑装置是采用手动泵的方式向炉排系统的轴承部位提供润滑。通过操作手柄，向润滑油配管中注入润滑油，经分流阀向所需处提供润滑油。

二、推料器和炉排系统的基本控制

1. 推料器控制

推料器是由自动燃烧控制系统（ACC系统）控制，以便将垃圾焚烧量和燃烧条件调节到合适的程度。推料器的标准速度是在ACC系统中根据垃圾量和垃圾的密度计算得到的。垃圾量可以在ACC系统中按蒸汽流量SV和垃圾LHV（低位热值）计算得到，而密度由操作人员作为ACC参数输入。

蒸汽流量的SV应由操作员根据自动燃烧控制系统使用说明书和垃圾料仓等情况作决定，而垃圾LHV则应根据垃圾性质和燃烧条件，并参考DCS计算得出的LHV再行输入。

推料器有位置控制和速度控制两种模式。这两种模式可使用 DCS 上的"推料器控制位置−速度选择器"进行选择。

（1）位置控制。推料器位置控制采用串级控制模式。在"串级控制"模式中，推料器位置由垃圾层厚控制器根据推料器标准速度自动控制。位置控制器通过 PID、根据推料器实际位置，调节推料器液压油阀门组上的比例流量控制阀的开度来调节液压油的油量，从而控制推料器的位置。推料器的实际位置由安装在推料器液压缸上的磁应变传感器测量。

（2）速度控制。推料器速度控制有串级、自动、手动三个模式。

在"串级控制"模式中，推料器速度与干燥炉排速度一起由垃圾层厚控制器根据推料器标准速度自动控制。在"自动模式"中，推料器速度与设置值相对应的数值进行恒速控制。操作信号由燃烧系统控制盘内的放大器提供，操作信号输入到装在推料器液压油阀门组上的比例流量控制阀中来控制液压油油量，从而来控制推料器速度。在"手动模式"中，操作数值由操作人员根据送料速度进行设置，推料器速度就受到这个恒定的信号控制。

2. 炉排控制

每个炉排系统都由 ACC 系统控制，以便将垃圾焚烧量和燃烧条件调整到合适的程度。每个炉排以恒速运行，垃圾量受往复次数控制，而往复次数是由一个间隔定时器控制。

炉排控制有串级、自动两个控制模式。每个炉排的标准速度是在 ACC 系统中根据垃圾量和垃圾的密度计算得出。炉排的运动周期由间隔定时器设置，而每个炉排的运动周期要综合考虑推料器速度、垃圾层厚、燃尽炉排的上表面温度等运行参数来进行设置。

（1）干燥炉排。干燥炉排的间隔定时器连同推料器速度由具有 PID 功能的垃圾层控制器根据干燥炉排的标准速度自动控制。当间隔定时器计数完毕，启动脉冲信号输出到燃烧系统控制盘，开始一个往复时间，重复这一过程，干燥炉排反复运行。

（2）燃烧炉排/燃尽炉排。燃烧炉排和燃尽炉排的间隔定时器是根据串级模式的标准间隔定时器由垃圾层厚和燃尽炉排上的温度进行自动控制。当间隔定时器计数完毕，启动脉冲信号输出到燃烧系统控制盘，开始一个往复时间。重复这一输出信号，燃烧炉排和燃尽炉排反复运行。

3. 炉排剪切刀控制

选择"自动模式"时，炉排剪切刀的间隔定时器是在 ACC 操作站设置的。在"串级模式"下，炉排剪切刀的运行基本上依据垃圾 LHV 进行。然而，如果蒸汽流量的实时反馈值 PV 相比于蒸汽流量设定值 SV 降低时，炉排剪切刀的运行由自动转为与燃烧炉排同步，以便通过打碎大块垃圾来恢复燃烧条件。

◆任务实施

填写"炉排及推料器启动、低速运行"操作票，并利用仿真系统完成上述任务，维持炉排及推料器运行参数在正常范围内。

一、实训准备

（1）查阅机组运行规程，以运行小组为单位填写"炉排及推料器启动、低速运行"任务操作票。

（2）明确职责权限。

1）炉排及推料器启动方案、工作票编写由组长负责。

操作票
（资源 77）

2）炉排及推料器启动操作由运行值班员负责，并做好记录，确保记录真实、准确、工整。

3）组长对操作过程进行安全监护。

（3）熟悉600t/d垃圾焚烧炉发电机组系统平台的操作和控制方法。

（4）调取"炉排及推料器启动、低速运行"工况，熟悉机组运行状态。

二、任务实施

根据"炉排及推料器启动、低速运行"操作票，完成炉排及推料器启动工作任务。

◆任务评价

登录垃圾焚烧发电运行与维护×证书考评系统，严格按照炉排及推料器启动、低速运行操作票进行技能操作。根据工作任务的完成情况和技术标准规范，考评系统会自动给出任务完成情况的评价表。依据评价结果，可以确定学员的技能水平和改进的要求。

操作票技能
操作视频
（资源78）

工作任务十　投入风烟系统

◆任务描述

燃料燃烧需要氧气进行助燃，燃烧的烟气也要及时引入烟囱排向大气，所以，在进行锅炉点火操作之前必须投入风烟系统运行。通过任务的学习，掌握风烟系统流程及设备组成，能利用仿真系统进行风烟系统投入操作。

◆任务目标

知识目标：掌握风烟系统流程及设备组成、系统运行参数及控制方法。

能力目标：能识读风烟系统流程图，能利用仿真系统进行风烟系统启动前的检查及启动操作。

素养目标：遵守安全操作规程，培养责任意识；树立规范操作意识，强化岗位职业精神；培养良好的表达和沟通能力。

◆相关知识

一、风烟系统作用

锅炉风烟系统包括助燃空气系统和烟气系统，其任务是连续不断地给锅炉燃料燃烧提供所需要的空气，同时使燃烧生成的含尘烟气流经各受热面和烟气净化装置后，最终由烟囱及时地排至大气。电厂锅炉一般采用平衡通风，送风机负责把风送进炉膛，引风机负责把燃烧产生的烟气排出炉外，并使炉膛内保持一定负压。平衡通风不仅使炉膛和风道的漏风量不会太大，保证了较高的经济性，又能防止炉内高温烟气外冒，对运行人员的安全和锅炉房的环境均有一定的好处。系统流程如图2-21所示。

二、助燃空气系统流程及设备组成

1. 助燃空气系统流程

助燃空气系统包括一次风、二次风以及炉墙冷却风、密封风。一、二次风系统分别由风机、蒸汽-空气预热器、烟气-空气预热器、风管及支架组成。一次风空气系统的空气取自于垃圾储坑，由一次风机从焚烧炉底部风室进入焚烧炉。抽取口设置一过滤网，以防止垃圾

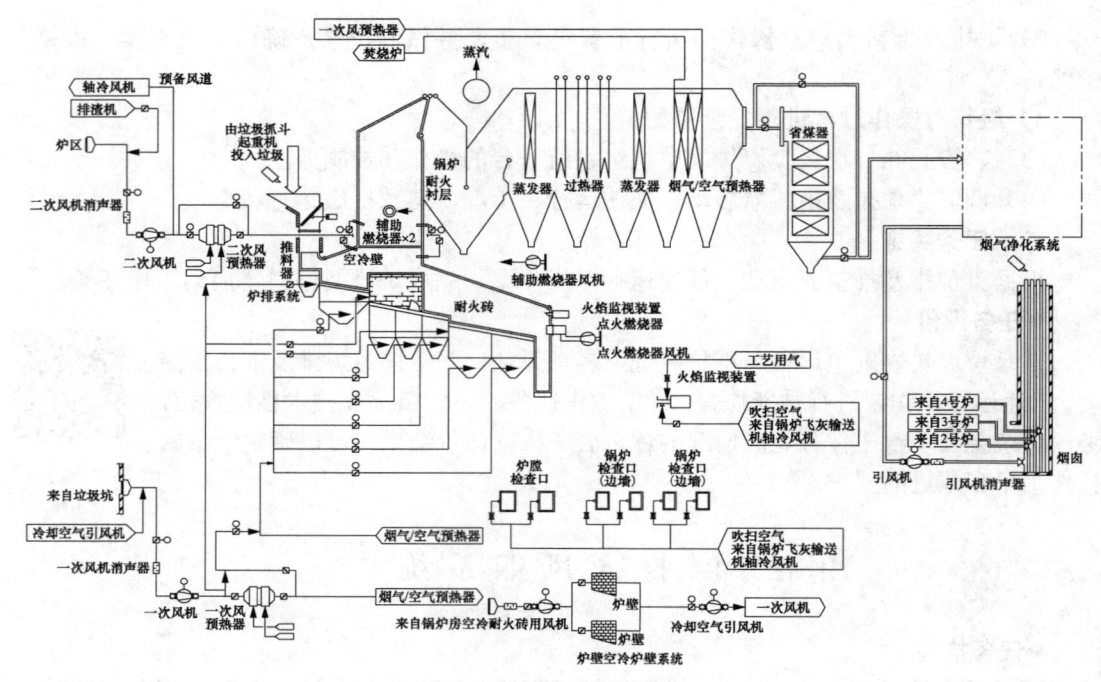

图 2-21 风烟系统流程

随空气被吸入空气管道及进入一次风机,影响风机的正常运行。为了对垃圾起到良好的干燥及助燃效果,一次风空气进入焚烧炉之前,应先通过一次风蒸汽-空气预热器加热到 220℃后,送入焚烧炉底部风室内,后从炉排下部分段送风,对垃圾进行干燥和预热,同时也起到对炉排片的冷却作用。二次风空气从锅炉房上方、液压平台封闭区和渣池内抽取,经变频二次风机加压送入二次风蒸汽-空气预热器加热到 166℃后送入燃烧室第一烟道的前后墙,加强扰动,延长烟气的燃烧行程,使空气与烟气充分混合,保证垃圾焚烧过程中产生的气体完全燃烧,并使烟气在 850℃环境下停留 2s 以上,以确保二噁英完全分解。

2. 系统主要设备介绍

(1) 一、二次风机。风机是电厂锅炉设备中重要辅机之一,在锅炉上的应用主要是二次风机、引风机和一次风机等。风机根据工作原理可以分为离心式风机和轴流式风机。一、二次风机是变频控制的单侧吸入涡轮式风机,为防止振动传递到一次风风道和建筑物,采用防振垫和膨胀节。为了降低吸入空气时的噪声水平,在一、二次风机吸风口的风道上设置消声器。

(2) 蒸汽-空气预热器。为了预热一、二次风风温,设置蒸汽-空气预热器。该预热器为 2 段式,分别使用高压蒸汽和中压蒸汽作加热媒介。由于从垃圾坑吸入的空气可能比较脏,预热器受热管采用光管。因采用光管,即使堆积了颗粒物、污染物也能方便地去除,从而可以防止受热性能的恶化、防腐、防磨。蒸汽-空气预热器能把燃烧空气加热到 230℃。

(3) 烟气-空气预热器。烟气-空气预热器是把事先由一次风蒸汽-空气预热器预热好的空气加热到所要求的温度而设置的,其工作原理是受热面的一侧通过热源工质(如:烟气、蒸汽或者热水),另一侧通过空气,进行热交换,使空气得到加热,提高温度。烟气-空气预热器具有将被一次风预热器加热后的燃烧空气再加热至 250℃的能力。对于低热值垃圾,燃烧所需要加热的空气温度比高压蒸汽的饱和温度高,所以采用高温烟气作为加热媒介。烟气-空气预热器设置在锅炉省煤器受热管上游侧,烟气-空气预热器受热管的表面,用固定式蒸汽吹灰器及激波吹灰器进行清扫。

烟气-空气预热器具有如下作用:① 改善并强化燃烧。当经过预热器后的热空气进入炉内后,加速了燃料的干燥、着火和燃烧过程,保证炉内稳定燃烧,起到改善、强化燃烧的作用。② 强化传热。由于炉内燃烧得到改善和强化,加上进入炉内的热风温度提高,炉内平均温度水平也有所提高,从而可强化炉内辐射传热。③ 减小炉内损失,降低排烟温度,提高锅炉热效率。

(4)一次风风温控制挡板。为了控制一次风温度,设置一次风预热器主挡板 A、一次风预热器旁路挡板 B 和燃烧空气温度控制挡板 C。挡板 A 设置在一次风预热器入口风道、挡板 B 设置在一次风空气预热器的旁路风道。在热风和常温风混合的下游测量预热空气的温度。通过 A 或 B 挡板调节开度,由一次风预热器出口温度控制器控制热空气温度,在联动模式时根据垃圾热值的函数进行控制,在自动模式时自动控制热空气温度为一定值。挡板 C 设置在一次风预热器和烟气-空气预热器的旁路风道上。在烟气-空气预热器加热的空气和常温空气混合地点的下游测量燃烧空气的温度。该温度由燃烧空气温度控制器根据本挡板的开度和改变设定值进行控制,在联动模式时根据垃圾热值的函数控制;在自动模式时自动控制热空气温度为一定值。

(5)二次风风温控制挡板。为了控制二次风的温度,设置了二次风预热器挡板 A 和二次风预热器旁路挡板 B。挡板 A 设置在二次风预热器入口风道,挡板 B 设置在二次风预热器的旁路风道。在热风和常温空气混合点的下游处测量预热的空气温度。通过 A 或 B 挡板由二次风温度控制器调节开度,在联动模式时根据垃圾热值的函数控制这个温度,在自动模式时自动控制成恒温。

三、烟气系统流程及设备组成

1. 烟气系统流程

排烟系统包括烟气净化设备(半干式反应塔、布袋除尘器等)、引风机、烟道等。垃圾经燃烧后产生的高温烟气在余热锅炉中将热量传递给水,烟气温度经余热锅炉后降到 190~220℃,进入烟气净化设备。净化后的烟气温度降到约 150℃,经引风机和烟囱排入大气。密封风用于焚烧炉驱动部件和炉排前部框架间隙的密封。

2. 系统主要设备

(1)引风机。引风机采用双侧吸入式涡轮风机,轴承由独立的底盘支撑,引风机由高压变频电动机驱动,转速采用变频控制。风机设计最大的容量(即焚烧炉的 MCR110%)按烟气量的 125%以上为风机的额定风量,风机设计的最大焚烧炉-锅炉-烟气净化系统/脱硝系统的压力损失的 135%以上为引风机的压头。

(2)烟道。烟道包括从锅炉出口、经烟气净化设备连接到烟囱各设备之间的所有附件。设置膨胀节的目的是防止烟道管道热膨胀引起风管错位,或施加给支撑件或设备额外作用力。烟道内的烟气流速设计在 MCR 时 15m/s 以下。另外,烟道的外径、壁厚参考 DL/T 5121—2020《火力发电厂烟风煤粉管道设计规范》设计。

设计烟道管路时,在避免急转弯、不增加压力损失的基础上,尽可能地节省空间。为了使运行中不堆积粉尘，采取事先预设合适的倾斜，在膨胀节处采用套筒结构，并在适当位置配置清扫用人孔。

四、炉墙冷却风系统

1. 炉墙冷却风作用及流程

炉墙冷却风系统是指焚烧炉部分炉墙将被循环的新风冷却，防止在炉墙结焦。焚烧炉两侧墙设计冷却风，侧墙由耐火砖砌成中空结构，炉墙外部安装保温层。

冷却风从侧墙下部进入，流经耐火砖墙，达到冷却炉墙的目的。锅炉间的空气通过风机被注入空冷墙内，在离开炉墙被预热，与一次风混合后，喷入干燥炉进风口。炉墙冷却风系统包括炉墙冷却送风机、冷却空气引风机、冷却空气控制挡板等组成。

2. 系统主要设备

（1）炉墙冷却送风机。炉墙冷却送风机采用单侧吸入式涡轮风机。炉墙冷却送风机从锅炉房吸入空气，作为炉墙冷却空气供应给炉墙。为了防止使设备受损的异物进入，在吸入口设置金属网。为了降低从锅炉房吸入空气时产生的噪声，在吸入风管部设置炉墙冷却送风机消音器。

（2）冷却空气引风机。冷却空气引风机的形式是单侧吸入式涡轮风机。冷却风引风机从空冷耐火砖墙吸入作为冷却空气而被加热的空气，为了能量的再利用，把该空气再送到一次风机吸入风管。

（3）冷却空气控制挡板。为了防止从炉墙漏出烟气，需要在炉墙冷却送风机和冷却空气引风机之间保持正压。为此，为了控制炉墙冷却空气的压力，在冷却空气引风机入口风管上设置冷却空气控制挡板。炉墙冷却空气的压力测点在冷却空气控制挡板上游，通过调节冷却空气控制挡板开度，来控制炉墙冷却空气的压力在正常范围内。

◆**任务实施**

填写"启动引风机""启动一次风机""启动二次风机""投入空冷炉壁系统"和"投入蒸汽预热器"操作票，并利用仿真系统完成上述任务，维持风烟系统的主要参数在正常范围内。

操作票（资源83～87）

一、实训准备

（1）查阅机组运行规程，填写"启动引风机""启动一次风机""启动二次风机""投入空冷炉壁系统"和"投入蒸汽预热器"任务操作票。

（2）明确职责权限。

1）风烟系统启动方案、工作票编写由组长负责。

2）风烟系统启动操作由运行值班员负责，并做好记录，确保记录真实、准确、工整。

3）组长对操作过程进行安全监护。

（3）熟悉600t/d垃圾焚烧炉发电机组系统平台的操作和控制方法。

（4）调取"启动引风机""启动一次风机""启动二次风机""投入空冷炉壁系统"和"投入蒸汽预热器"工况，熟悉机组运行状态。

二、任务实施

根据"启动引风机""启动一次风机""启动二次风机""投入空冷炉壁系统"和"投入蒸汽预热器"操作票，完成风烟系统启动工作任务。

◆**任务评价**

登录垃圾焚烧发电运行与维护×证书考评系统，严格按照引风机启动、一次风机启动及二次风机启动操作票进行技能操作。根据工作任务的完成情况和技术标准规范，考评系统会自动给出任务完成情况的评价表。依据评价结果，可以确定学员的技能水平和改进的要求。

操作票技能操作视频（资源88～92）

工作任务十一　锅炉点火、升温升压

◆**任务描述**

燃料燃烧需要氧气进行助燃，燃烧的烟气也要及时引入烟囱排向大气，所以，在进行锅炉点火操作之前必须投入风烟系统运行。通过任务的学习，掌握锅炉点火、升温升压操作方法及注意事项，能利用仿真系统进行锅炉点火及升温升压操作。

◆**任务目标**

知识目标：掌握炉膛吹扫目的、锅炉点火方式、锅炉升温升压过程中热应力的控制方法。

能力目标：能利用仿真系统进行锅炉点火及升温升压操作。

素养目标：遵守安全操作规程，培养责任意识；树立规范操作意识，强化岗位职业精神；培养良好的表达和沟通能力。

◆**相关知识**

一、炉膛吹扫

锅炉在点火之前，炉膛要进行吹扫，以清除所有积存在炉膛内的可燃气及可燃物，防止炉膛爆燃。吹扫时通风容积流量通常为25%～40%额定风量，通风时间应不少于5min，以保证炉膛内吹扫效果。对于煤粉炉的一次风粉管也应吹扫3～5min。油枪应用蒸汽进行吹扫，以保证一次风管与油枪内无残留的燃料，保证点火安全。

根据 DLGJ 116—1993《火力发电厂锅炉炉膛安全监控系统设计技术规定》，锅炉点火前炉膛吹扫的条件：空气预热器运行；至少有一台引、送风机运行；风量大于25%额定风量；所有燃料全部切断；所有燃烧器风门处于吹扫位置；炉膛内无火焰；锅炉无跳闸条件等。炉膛吹扫条件满足后，"吹扫准备好"灯亮，运行人员按下"吹扫启动"按钮，"正在吹扫"灯亮，吹扫指令发出。炉膛吹扫5min后，发出"吹扫完成"信号，MFT自动复位，锅炉可以进入点火程序。在吹扫计时期内，若吹扫条件中任一条件不满足，则认为吹扫失败，再次启动吹扫时需重新计时。

二、辅助燃烧器

每台焚烧炉配1台点火燃烧器和2台辅助燃烧器，燃烧器采用天然气、沼气作为燃料。

点火燃烧器的作用在焚烧炉启动时提高炉温。它由点火燃烧器、燃烧空气风机、天然气阀门组、点火器、引燃枪及管理控制盘等组成，如图2-22所示。

辅助燃烧器在焚烧炉启动时提升炉内温度或当炉内温度降低时保持适当的温度以遏制

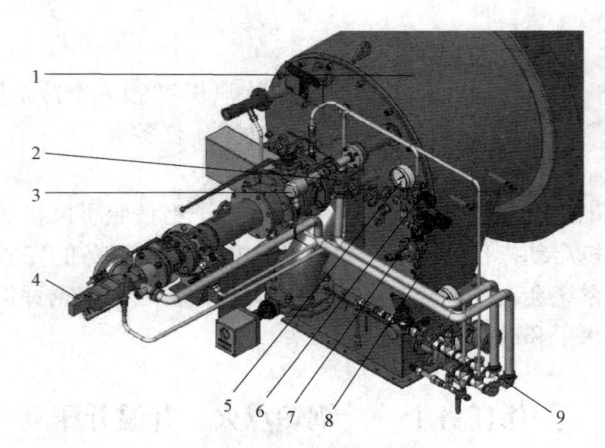

图 2-22 辅助燃烧器结构

1—枪式燃烧器；2—空气调节器；3—火焰检测装置；4—电子点火器；5—点火气压表；
6、7—点火器电磁阀；8—天然气调节阀；9—压缩空气

二噁英的产生。它由辅助燃烧器、燃烧空气风机、天然气阀门组、沼气阀门组、燃烧器风管、旋流装置、点火器、引燃枪、沼气枪及管理控制盘等组成。

当炉内温度低于 850℃，辅助燃烧器控制方式和天然气流量控制阀在自动方式时，辅助燃烧器接到点火指令，将自动投入运行，天然气流量控制阀置于最小燃烧状态下点火。辅助燃烧器控制方式和天然气流量控制阀在手动方式时，运行人员根据炉内压力和温度的变化，手动投入辅助燃烧器运行，并手动开大天然气流量控制阀开度，使炉内燃烧加强，炉温升高。当炉内温度稳定在 850℃以上时，手动关小天然气流量控制阀开度，观察炉内燃烧及炉温变化，稳定之后手动停止辅助燃烧器运行。

三、机组升温升压

锅炉点火后，各部分温度逐渐升高，锅水温度也相应升高。锅水汽化后，汽压逐渐升高。锅炉从点火到汽压升至工作压力的过程，称为升压过程。

由于水和蒸汽在饱和状态下，其温度与压力存在一定的对应关系，所以升压过程也就是升温过程。升温升压速度受到汽包水冷壁、省煤器及过热器应力的限制，同时汽轮机的暖机、升速和接带负荷也限制了锅炉的升压速度。锅炉启动过程中的升温升压速度主要是通过调整燃烧率来控制的。为了加快启动速度，减少启动损失，对不同的单元制发电机组应根据具体条件，通过启动试验，绘制出最佳的升温升压曲线，以指导发电机组的优化启动。

物体温度变化时，将引起物体的热变形，当热变形受到其他物体约束或物体内部各部分之间的相互约束时，所产生的应力称为热应力。即使没有外界的约束，由于物体存在温差，也将产生热应力，并且温度高的一侧产生热压应力，温度低的一侧产生热拉应力，即"热压冷拉"。启动过程中锅炉温差与热应力控制要求如下：

1. 汽包

（1）上水过程中汽包的温差热应力。汽包上水前，汽包壁温度接近于环境温度。一定温度的给水进入汽包后，内壁温度升高，因汽包壁较厚（约 100mm），外壁温升较内壁温升慢，从而形成内、外壁温差。机组冷态启动时，汽包进水为饱和水，只有汽包水位以下部分内壁受热。此时，汽包下半壁温高于上半壁

温。汽包内、外壁和上、下壁存在着温差，温度高的部位金属膨胀量大，温度低的部位金属膨胀量小，而汽包是一个整体，其各部位间无相对位移，因而汽包内壁和下半部受到压缩热应力，外侧和上半部受到拉伸热应力，且温差越大，所产生的热应力也越大。最大温差与壁厚的平方及温升率成正比。因此，为了减小最大温差，减小热应力，在设计时应设法减小壁厚；在运行中控制温升率，严格控制汽包任意两点间的壁温差不大于33.50℃。

（2）升压过程中汽包的温差热应力。汽包上半部接触的是饱和蒸汽，其传热方式为凝结放热，表面传热系数要比下半部缓慢的对流传热系数大几倍，因此上半部壁温升高较快。当压力升高时，上半部壁温很快达到对应压力下的饱和温度，这样就使汽包上半部壁温高于下半部壁温，上半部受到压应力，下半部受到拉应力，使汽包产生拱背变形。上、下壁温差与升压速度有关。升压速度越快，上、下壁温差越大，且压力越低时越明显。主要是由于在低压时，压力升高对应的饱和温度上升较快的缘故。因此，在升压过程中严格控制升压速度，是防止汽包温差过大的根本措施。

2. 水冷壁及省煤器

锅炉正常运行时，水冷壁管外壁受到高温火焰的辐射，内壁被汽水混合物冷却。水冷壁管内、外壁温差与壁厚成正比。壁越厚，温差越大，热应力越大。一般水冷壁壁厚不宜超过6mm。当压力较高时，一般不采用增加壁厚的方法而采用强度更高的材料制造水冷壁管。

资源95、96

自然循环汽包锅炉在启动初期间断上水。停止给水时，省煤器内局部可能有水汽化，如蒸汽不流动，可能使局部管壁超温，在继续给水时，该处温度迅速下降，使管壁产生交变热应力。为保护省煤器，在启动初期应注意省煤器再循环的运行。自然循环锅炉绝大多数采用汽包与省煤器进口联箱连通的再循环管，形成经过再循环的自然循环回路，起着当省煤器上部蛇形管中的水因蒸发产生气泡而连续补充省煤器进水量的作用，通过再循环管在点火期间保护省煤器。但当锅炉进水时，省煤器内水的温度波动较大，特别是点火的后期，由于锅水温度大大高于给水温度，因而波动更大。这种波动将在省煤器管壁内引起交变热应力，对省煤器焊缝产生有害影响。再循环门要根据锅炉是否进水来进行开、关操作，即在锅炉进水时，再循环门应关闭，否则给水将经再循环管路进入汽包，省煤器又会因失去水的流动而得不到冷却。上水完毕后，关闭给水门的同时，应打开再循环门。

3. 过热器

过热器是锅炉主要部件之一，过热器内工质温度和管壁金属温度都是锅炉中最高的，在启动过程中过热器安全工作十分重要。它应满足如下要求：

（1）过热蒸汽温度应符合汽轮机冲转、升速、并网、升负荷等要求。

（2）过热器管壁不应超过其使用材料的许用温度，联箱、管子等不应产生过大的周期性热应力，以增加过热器使用寿命。

锅炉正常运行时，过热器被高速蒸汽冷却，管壁金属温度与蒸汽温度相差无几。但在启动过程中，部分立式过热器管内一般都有凝结水或水压试验后留下的积水，点火以后，积水将逐渐被蒸发，或被蒸汽流所排除。但在积水全部被蒸发或排除以前，某些管内没有蒸汽流过，管壁金属温度接近烟气温度。即使过热器内已完全没有积水，若蒸汽流量很小，管壁金属温度仍比较接近烟气温度。

为了对过热器进行暖管疏通，在启动开始时，过热器出口集汽联箱疏水阀开启，压力升至一定值时开主汽门前疏水，关过热器出口集汽联箱的疏水，以对主蒸汽管进行暖管。

四、蒸汽温度及其调节方法

蒸汽温度的调节方法分为蒸汽侧调节和烟气侧调节。过热蒸汽温度主要利用喷水减温器进行温度调节。

喷水减温是对蒸汽侧单向降温调节。喷水减温器的减温幅度是 30℃（额定负荷时为两级减温器的减温幅度之和），减温水量是额定蒸发量的 5%～8%。通常过热器系统用二级减温系统。第一级喷水减温器布置在后屏过热器的入口，减温水量超过总减温水量的一半，保护屏式过热器，用于整个过热蒸汽温度的粗调。第二级喷水减温器布置在最后一级过热器入口，用于过热蒸汽温度的细调。

喷水减温器的结构各种各样，其主要部件有水喷口（单个的、三个的、竖直管的）、保护套管（带或不带文丘里管保护套筒的）。亚临界机组常用的喷水减温器一般为带保护套管式的喷水减温器，如图 2-23 所示。

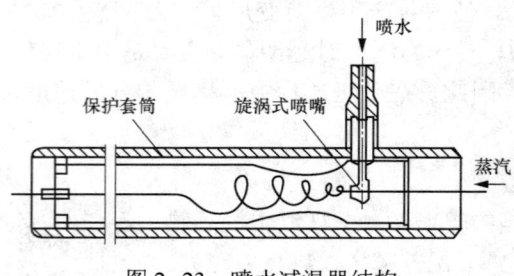

图 2-23 喷水减温器结构

◆**任务实施**

填写"锅炉点火""锅炉升温升压""投入辅助燃烧器"和"投入锅炉减温水系统"操作票，并利用仿真系统完成上述任务，维持点火及升温升压速率等主要参数在正常范围内。

一、实训准备

（1）查阅机组运行规程，以运行小组为单位填写"锅炉点火""锅炉升温升压""投入辅助燃烧器"和"投入锅炉减温水系统"任务操作票。

（2）明确职责权限。

1）锅炉点火操作方案、工作票编写由组长负责。

2）锅炉点火操作由运行值班员负责，并做好记录，确保记录真实、准确、工整。

操作票（资源 97～100）

3）组长对操作过程进行安全监护。

（3）熟悉 600t/d 垃圾焚烧炉发电机组系统平台的操作和控制方法。

（4）调取"锅炉点火""锅炉升温升压""投入辅助燃烧器"和"投入锅炉减温水系统"工况，熟悉机组运行状态。

二、任务实施

根据"锅炉点火""锅炉升温升压""投入辅助燃烧器"和"投入锅炉减温水系统"操作票，完成锅炉点火及升温升压工作任务。

◆**任务评价**

操作票技能操作视频（资源 101～104）

登录垃圾焚烧发电运行与维护×证书考评系统，严格按照锅炉点火、锅炉升温升压操作票进行技能操作。根据工作任务的完成情况和技术标准规范，考评系统会自动给出任务完成情况的评价表。依据评价结果，可以确定学员的技能水平和改进的要求。

工作任务十二　投入布袋除尘器

◆**任务描述**

垃圾燃烧后产生的粉尘是通过布袋除尘器进行收集的。通过任务的学习，掌握布袋除尘器的工作原理及基本结构，能利用仿真系统进行布袋除尘器投入操作。

◆**任务目标**

知识目标：掌握布袋除尘器的结构及除尘系统流程、除尘器运行参数及控制方法。

能力目标：能识读布袋除尘器的流程图，能利用仿真系统进行布袋除尘器启动前的检查及启动操作。

素养目标：遵守安全操作规程，培养责任意识；树立规范操作意识，强化岗位职业精神；培养良好的表达和沟通能力。

◆**相关知识**

一、除尘系统作用

除尘系统的作用是对来自烟冷塔烟气进行净化处理，将烟气里的固体颗粒（灰尘）除去，使烟气排放含尘量达到国家环保排放要求。除尘设备主要有静电除尘器、布袋除尘器、电袋除尘器，垃圾焚烧发电机组大多采用布袋除尘器，它适用于捕集细小、干燥、非纤维性粉尘。

二、布袋除尘器工作原理

含尘烟气进入中箱体下部，在挡风板形成的预分离室内，大颗粒粉尘因惯性作用落入灰斗，烟气沿挡风板向上到达滤袋，粉尘被阻留在滤袋外侧，干净烟气进入袋内侧，并经袋口和上箱体由排风口排出，布袋除尘器结构如图 2-24 所示。

资源 105、106

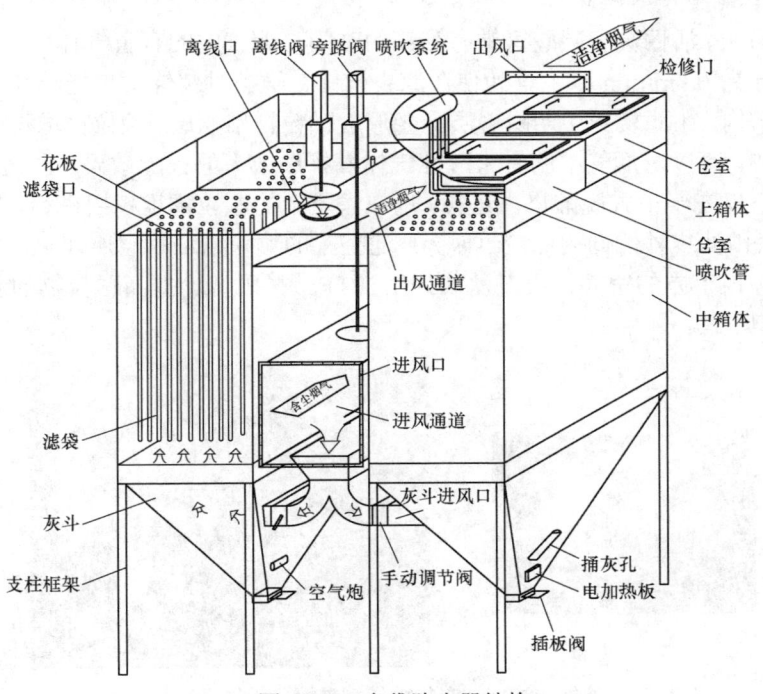

图 2-24　布袋除尘器结构

滤袋表面的粉尘不断增加，导致压力降的不断增加。在压力降增加到设定值时，自动控制系统发出信号，控制喷吹系统开始工作。压缩空气从稳压气包经脉冲阀和喷吹管上的喷嘴向滤袋内喷射，滤袋因此而急骤膨胀，在加速度和反向气流的作用下，附于袋外的粉尘脱离并落入灰斗，粉尘由卸灰阀排出。布袋除尘器除尘和清灰过程如图2-25所示。

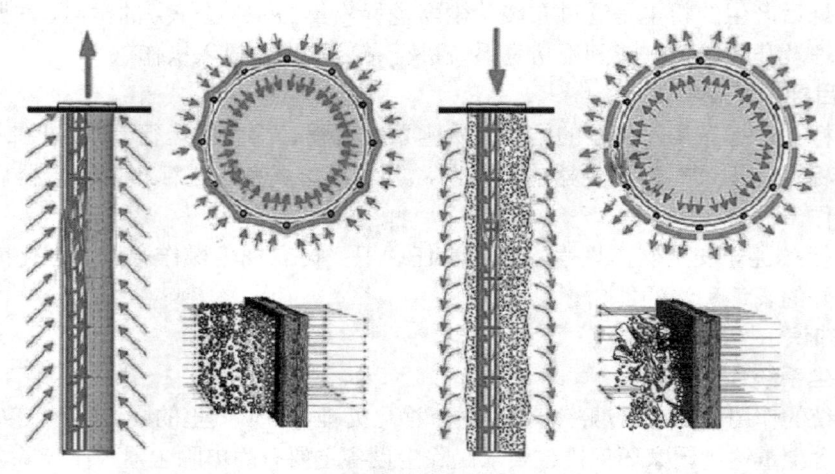

图2-25　布袋除尘器除尘和清灰过程

三、除尘系统设备组成

除尘系统由袋式除尘器本体、滤袋、脉冲清灰装置、飞灰排出设备、热风循环设备和灰斗用电加热器等组成。

1. 袋式除尘器本体及滤袋

为确保消石灰、活性炭和碳酸氢钠有足够的时间与烟气中的有害气体反应，袋式除尘器的过滤风速设计为0.8m/min以下。为使在滤袋检修、维护时焚烧炉也能继续运行，袋式除尘器采用6仓结构。在滤袋的初期附着层上会形成颗粒物堆积层。颗粒物堆积层中含有大量的未反应消石灰，可以对烟气中的有害酸性气体发挥高效率的去除效果。也就是说，酸性气体的去除反应不仅在半干式脱酸塔内进行，也在滤袋上的颗粒物堆积层进行，从而达到较高的去除率。烟气由滤袋外侧向内侧流过时，被滤袋上的颗粒物堆积层所净化，净化后的烟气则通过滤袋支撑板上方的空间排出。滤袋采用PTFE材质，以提高颗粒物的剥离性和捕获性，如图2-26所示。

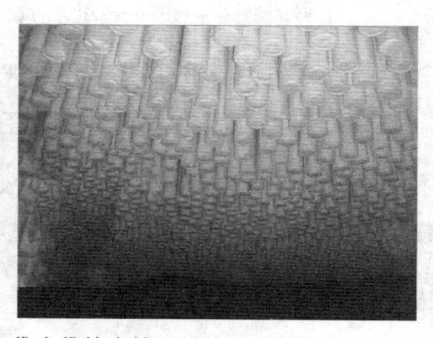

图2-26　滤笼和滤袋（布袋由袋笼支撑，悬挂于花孔板上）

2. 脉冲清灰装置

滤袋的清灰是利用脉冲空气将粉尘抖落来达到清扫的目的。脉冲清灰装置由压缩空气分管道和电磁阀等组成,如图 2-27 所示。滤袋在清灰过程中,在维持烟气净化系统的功能基础上,按一次一仓进行清扫。

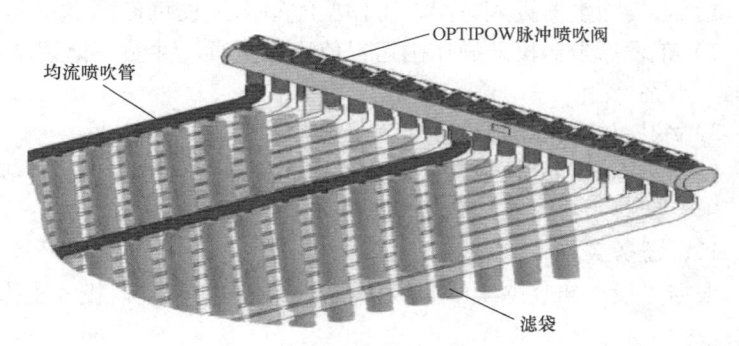

图 2-27 脉冲清灰装置

脉冲清灰装置设有在线脉冲清扫和离线脉冲清扫两种方式,装置能实时监视袋式除尘器的压差,清扫周期可以根据压差或时差两种方式进行设置。在正常运行时,采用在线脉冲方式运行,当除尘器压差大于设置值时,脉冲喷气清扫系统自动启动,对滤袋进行清扫;当在设定的时差间隔内,除尘器压差没有达到设定值,脉冲喷气清扫系统也将自动启动,对滤袋进行清扫。

在滤袋破损时,设置在烟囱出口的 CEMS 系统的颗粒物浓度计的数值上升,系统报警。在滤袋堵塞时,袋式除尘器压差计的数值上升,系统报警。这时可以关闭发生异常的仓室,继续运行焚烧炉。

3. 袋式除尘器飞灰排出设备

被清灰的颗粒物由设置在灰斗下部的旋转阀排出,导入设置在下游的袋式除尘器飞灰输送机。每台输送机运送 3 个灰斗的飞灰,1 台袋式除尘器设置 2 台输送机。灰斗中可以储存 12h 连续运行的飞灰量。另外,为了维持飞灰的稳定排出,设置袋式除尘器下部灰斗用振动器和电伴热。灰斗发生架桥时,可以通过灰斗料位计检测。同时因飞灰堆积会引起温度上升,因此可以由灰斗电伴热器的温度控制器或就地温度计确认温度的异常升高,由此预测架桥。在灰斗的旋转出灰阀的上面设置维修用气动插板阀。

4. 热风循环设备和灰斗用电加热器

为了防止因结露而引起的布袋除尘器本体和管道的腐蚀,在焚烧炉启动和停机期间,袋式除尘器用热风循环加热暖机。热风管线中一直由吹扫风机吹入经吹扫空气加热器加热的热风。此时,调整热风循环风管内的压力,使之高于主烟道的压力,使主烟道的烟气不能进入热风循环管线。通过喷入热风,挡板就不会因烟气中的水分结露而引起腐蚀。另外,设置在灰斗部的电加热器也对提高袋式除尘器暖机效果有帮助。

◆任务实施

填写"投入布袋除尘器"操作票,并利用仿真系统完成上述任务,维持布袋除尘器的主要参数在正常范围内。

一、实训准备

（1）查阅机组运行规程，以运行小组为单位填写"投入布袋除尘器"任务操作票。

（2）明确职责权限。

1）布袋除尘器投入方案、工作票编写由组长负责。

2）布袋除尘器投入操作由运行值班员负责，并做好记录，确保记录真实、准确、工整。

3）组长对操作过程进行安全监护。

（3）熟悉 600t/d 垃圾焚烧炉发电机组系统平台的操作和控制方法。

（4）调取"投入布袋除尘器"工况，熟悉机组运行状态。

二、任务实施

根据"投入布袋除尘器"操作票，完成布袋除尘器投入工作任务。

◆任务评价

登录垃圾焚烧发电运行与维护×证书考评系统，严格按照布袋除尘器投入操作票进行技能操作。根据工作任务的完成情况和技术标准规范，考评系统会自动给出任务完成情况的评价表。依据评价结果，可以确定学员的技能水平和改进的要求。

工作任务十三　投入脱酸系统

◆任务描述

垃圾焚烧过程中会产生二氧化硫、HCL 等酸性有害物质，直接排向大气会对环境造成危害，脱酸系统就是将烟气中的酸性气体脱除。通过任务的学习，掌握脱酸系统流程及设备组成，能利用仿真系统进行脱酸系统投入操作。

◆任务目标

知识目标：掌握脱酸系统流程及设备组成、脱酸过程及影响因素，运行参数及其控制方法。

能力目标：能识读脱酸系统流程图，能利用仿真系统进行脱酸系统启动的检查及启动操作，能进行根据机组运行工况调节脱酸效率使酸性气体排放满足国家环保要求。

素养目标：遵守安全操作规程，培养责任意识；树立规范操作意识，强化岗位职业精神；培养良好的表达和沟通能力。

◆相关知识

一、脱酸系统作用

脱酸系统的主要作用是吸收和去除烟气中含有的二氧化硫、HCL 等酸性有害物质。机组脱酸系统采用半干法烟气脱硫工艺。

二、半干法烟气脱硫工艺流程及反应过程

半干法烟气脱硫是将生石灰制成消石灰浆液后喷入反应塔中与烟气接触达到脱除二氧化硫目的的一种工艺。工艺主要流程：烟气从塔顶切向进入烟气分配器。生石灰经破碎后储存于石灰粉仓，生石灰经消化后进入配浆池，与再循环脱硫副产物和部分粉煤灰混合制成浆液，经高位料箱流入离心雾化机雾化后作为吸收剂在脱酸塔内与热烟气接触，吸收剂蒸发干

燥的同时与烟气中的二氧化硫发生反应,生成亚硫酸钙达到脱硫目的。固体反应产物大部分从反应塔底部排出,脱硫后的烟气经除尘器、增压风机进入烟囱进行排放。反应塔底部排出的灰渣和除尘器收集的灰渣一部分送入再循环配浆池循环使用,大部分输送至灰场。

半干法烟气脱硫在脱酸塔内主要可分为四个阶段:① 雾化(采用旋转雾化机雾化或压力喷嘴雾化);② 吸收剂与烟气接触(混合流动);③ 反应与干燥(气态污染物与吸收剂反应,同时蒸发干燥);④ 干态物质从烟气中分离(包括塔内分离和塔外分离)。半干法烟气脱硫工艺流程如图 2-28 所示。

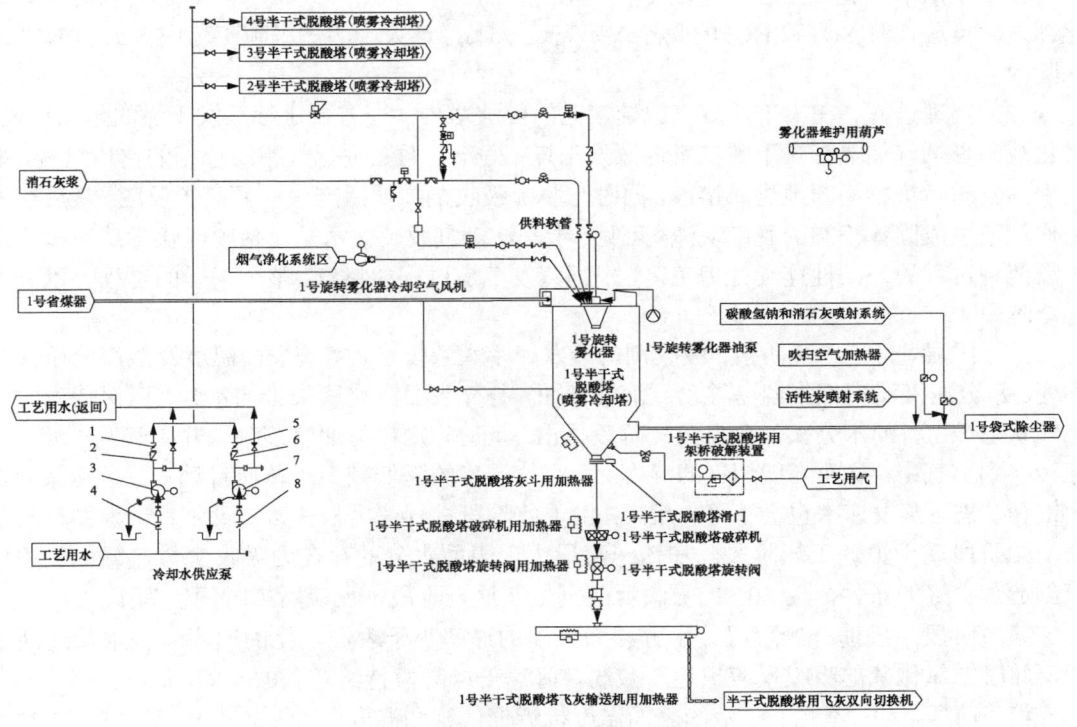

图 2-28 半干法烟气脱硫工艺流程

（1）化学过程。半干法烟气脱硫以生石灰为吸收剂,将生石灰制备成氢氧化钙浆液。然后将氢氧化钙浆液喷入脱酸塔,同时喷入调温增湿水。在脱酸塔内吸收剂与烟气混合接触,发生强烈的化学反应,一方面与烟气中二氧化硫反应生成亚硫酸钙,另一方面烟气冷却,吸收剂水分蒸发干燥,达到脱除二氧化硫的目的,同时获得固体粉状脱硫副产物。

半干法脱硫主要的化学反应如下:

1）生石灰消化。

$$CaO(S) + H_2O \rightarrow Ca(OH)_2 \text{ 或 } Ca(OH)_2(S) \rightarrow Ca(OH)_2$$

2）二氧化硫被液滴吸收。

$$SO_2(g) + H_2O \rightarrow H_2SO_3$$

3）吸收剂与亚硫酸反应。

$$Ca(OH)_2 + H_2SO_3 \rightarrow CaSO_3 + H_2O$$

4）液滴中亚硫酸钙过饱和和沉淀析出。
$$CaSO_3 \rightarrow CaSO_3(g)$$
5）被氧气所氧化生成硫酸钙。
$$CaSO_3 + \frac{1}{2}O_2 \rightarrow CaSO_4$$
6）硫酸钙难溶于水，便会迅速沉淀析出固态硫酸钙。
$$CaSO_4 \rightarrow CaSO_4(g)$$

在半干法烟气脱硫工艺中，烟气中的其他酸性气体为 SO_3、HCl、HF 等也会同时与氢氧化钙发生反应，且 SO_3 和 HCl 的脱除效率高达 95%，远大于湿法脱硫工艺中 SO_3 和 HCl 的脱除效率。

（2）物理过程。在半干法烟气脱硫工艺的脱酸塔内，一方面进行蒸发干燥的传热过程，雾化液滴受烟气加热影响不断在塔内蒸发干燥；另一方面还进行气相向液相的传质过程，烟气中的气态污染物不断地进入溶液，同时与脱硫吸收剂离解后产生的钙离子反应，最后在干燥作用下生成固体干态的脱硫灰渣。可见，半干法烟气脱硫技术是包括脱硫化学反应和蒸发干燥两种过程的一次性连续处理工艺。根据蒸发干燥过程的特点，整个干燥的过程可以分为三个阶段。

第一阶段，恒速干燥阶段。吸收剂的蒸发速率大致恒定，雾滴表面温度及蒸汽分压保持不变。水分由液滴内部很容易移动到液滴表面，补充表面汽化所失去的水分，以保持表面的饱和状态。物料的水分大部分在第一阶段排出。此时，物料与烟气接触就开始蒸发，水分快速转移到空气中，从而降低烟气的湿度。而空气湿度的降低减少了传质推动力，尽管保持表面饱和状态，蒸发速率也会下降。然而，由于此阶段进行速度极快，一般还是认为物料的干燥初始阶段属于恒速干燥阶段。在这一阶段由于表面水分的存在为吸收剂与二氧化硫的反应创造了良好的条件，约 50%的吸收反应发生在这一阶段，反应所需时间仅为 1~2s。

第二阶段，降速干燥阶段。水分移向表面的速率小于表面汽化的速率，含水量逐渐下降，此时二氧化硫的吸收反应也逐渐减弱，降速干燥阶段持续较长的时间。

第三阶段，动平衡阶段。液滴表面温度接近烟气饱和温度，烟气饱和温度与塔内瞬时烟气平均温度之差决定雾粒的蒸发推动力，较高的烟气温度驱使液滴的快速蒸发。

（3）半干法烟气脱硫工艺化学反应控制步骤。对于二氧化硫吸收反应，由于干燥的三个过程中（即恒速干燥、降速干燥、动平衡阶段）物料中水分向表面迁移而减少，导致三个阶段水分含量成分结构特点不同，因此，二氧化硫的吸收反应也可以分为三个对应阶段。另外，在气液反应完成后还会继续进行气固反应（反应主要是在除尘器中发生），化学反应总共有四个反应阶段。每个阶段脱硫反应的控制步骤：在恒速干燥阶段，液滴含水分充足，液滴为 $Ca(OH)_2$ 饱和液，有较高的 pH 值，反应速度主要是受二氧化硫的气液相传质的影响，由于反应物的分子在液体中的扩散系数比在空气中小得多，因此主要受二氧化硫液相传质的控制；到了降速干燥平衡阶段，液滴表面开始干燥，此时 pH 值下降，$Ca(OH)_2$ 的溶解即成为限制反应速度的因素；在动平衡阶段，蒸发基本停止，干燥过的颗粒内部带有少量剩余水分（动平衡时的剩余水分是反应的临界值），$Ca(OH)_2$ 继续溶解受到液滴中此部分剩余含水量的限制，在气固反应阶段，气相扩散不是整个反应的控制环节，液滴干燥后其表面已经不是新鲜的石灰而是亚硫酸钙和硫酸钙的混合物，因亚硫酸钙和硫酸钙的摩尔体积要比

$Ca(OH)_2$ 大，$Ca(OH)_2$ 通过亚硫酸钙和硫酸钙灰层的扩散速率才是控制反应的关键步骤。

化学反应过程中，各个反应阶段很难截然分开，尤其是动平衡阶段和气固反应阶段。动平衡阶段主要是指温度不再下降时，此时固体含水率很低，约为 3%，溶解于水中的 $Ca(OH)_2$ 继续参加反应，而气固反应是因为气流作用，$Ca(OH)_2$ 扩散到固体颗粒表面后与烟气中的二氧化硫反应，两个反应有可能同时进行。

对于干燥过程的三个阶段，反应起控制作用的是液相传质：第一阶段为气相二氧化硫被悬浮液滴吸收；第二和第三阶段为 $Ca(OH)_2$ 在悬浮液滴中和喷雾干燥过的固体颗粒（含微量水分）中的溶解；对于气固反应阶段，反应主要受 $Ca(OH)_2$ 在固相中的扩散速率控制。

三、脱酸系统设备组成

1. 机械式旋转雾化器

机械式旋转雾化器是半干法烟气脱硫系统核心部件。它安装在脱酸塔上部分散器的支撑管上。机械式旋转雾化器以 13 500r/min 的高速旋转，在机械式旋转雾化器高速旋转作用下，消石灰浆液与冷却水雾化成 40～50μm 粒径的微粒，其工作原理如图 2-29 所示。机械式旋转雾化器最大喷雾量为 10t/h。

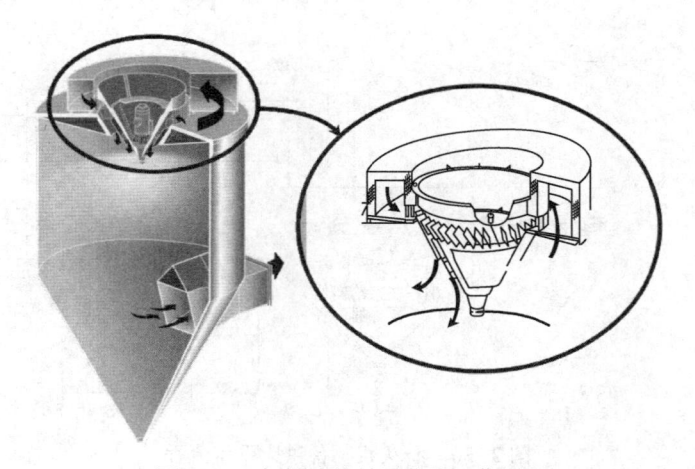

图 2-29 机械式旋转雾化器工作原理

为了监视运行中的异常，在机械式旋转雾化器上装有振动计、油温计。当检测到异常振动时，将水洗消石灰管线；在油温高报警时，用冷却空气自动吹扫。因分散器的整流作用，在各种运行条件下，均可使脱酸塔内部的流体流动为最优流动，能有限防止脱酸塔内壁飞灰的附着。

2. 石灰浆供应系统

为了去除有害气体，在消石灰料仓内储存消石灰，配制消石灰浆，向脱酸塔供应石灰浆。为了确保设备的冗余性，设有 2 个石灰浆调整罐。1 套消石灰浆液供应装置，能够满足 4 台焚烧炉在 110%MCR 时的烟气净化所必要的消石灰使用量。石灰浆供应系统由消石灰料仓、消石灰浆调整罐、振动格栅、消石灰供应罐和消石灰浆供应泵组成，系统流程如图 2-30 所示。

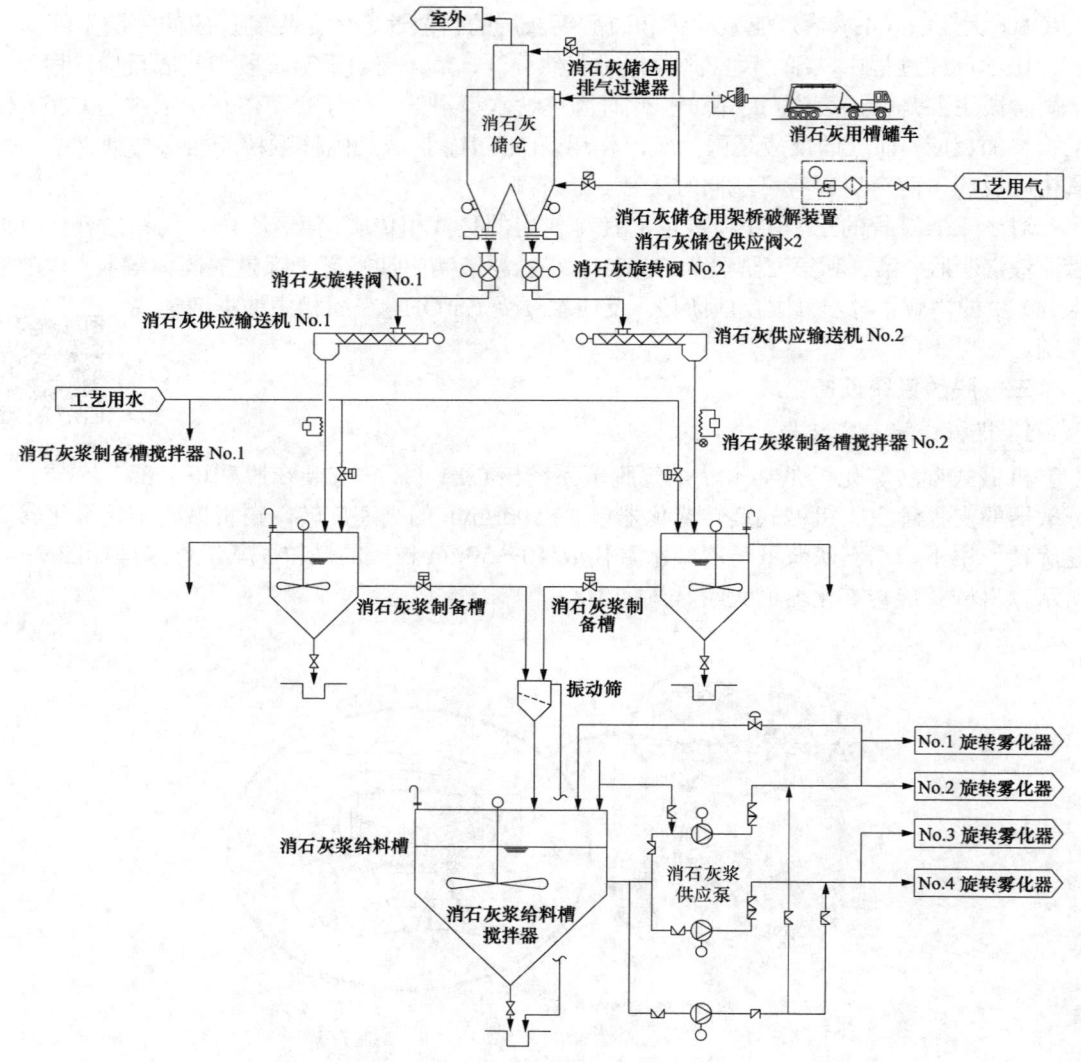

图 2-30　石灰浆制备供应系统流程

（1）消石灰料仓。系统设置 1 座消石灰料仓。料仓容量为 4 台锅炉 7d 连续运行的消石灰消耗量。消石灰槽罐车运来的消石灰经过管道储存在料仓内。在消石灰接收场地设有与槽罐车连接的软管。

在料仓的上方装有通风过滤器。在装填消石灰时，为了防止消石灰料仓内的空气压力升高，仓内空气通过装有过滤袋的排气管排到室外。消石灰经设置在料仓的底部的消石灰供应旋转阀输送至螺旋输送机。

（2）消石灰浆调整罐。消石灰一边被重量传感器计量，一边向消石灰浆调整罐供应满足半干法烟气脱硫装置所需量的消石灰。根据消石灰的供应量，向消石灰浆调整罐输送一定比例的水。消石灰和水的供应设备及阀门由设置在消石灰浆调整罐的重量检测器控制启动和停止。在消石灰浆调整罐中调整好的消石灰浆，从罐的底部通过振动格栅送到消石灰供应罐。

(3) 振动格栅。在消石灰调整罐中可能含有没被溶化的消石灰块,在振动格栅处设置振动格栅,可使没有被溶化的消石灰块分离出来,防止其进入消石灰供应罐,造成消石灰供应罐或消石灰浆泵发生堵塞异常事故。

(4) 消石灰供应罐。系统设置 1 台带搅拌器的消石灰供应罐。消石灰供应罐的液位由 DCS 监视,其容量为 4 台锅炉 8h 的消耗量。

(5) 消石灰浆供应泵。消石灰浆由消石灰供应泵送到消石灰供应线,喷入半干式脱酸塔。未消耗的消石灰浆通过循环管道回到供应罐。系统设置 2 台消石灰浆供应泵(其中 1 台备用)。泵的启动/停止可由就地或远程操作,装有被供应罐的液位限制的连锁回路。在运行中的消石灰浆供应泵异常停止时,将自动启动备用泵。

四、影响 SO_2 脱除的主要因素

SO_2 的吸收是一个复杂的物理化学反应过程,影响喷雾干燥过程的热量传递和质量传递的参数都会影响 SO_2 的吸收效果。对于干燥过程,影响雾滴干燥时间的主要因素为烟气温度、雾滴含水量、雾滴粒径和脱硫反应后的温度趋近绝热饱和温度。从化学反应角度,吸收剂反应特性及比表面积、反应时间、钙硫比等因素对反应过程均有重要影响。

1. 雾滴粒径

雾滴粒径是一个重要的过程参数,对干燥时间和 SO_2 吸收反应有关键影响。良好的雾化效果和极细的雾滴粒径可保证 SO_2 吸收效率和雾滴的迅速干燥。但是,雾滴的粒径越小,干燥时间也就越短,脱硫吸收剂在完全反应之前已经干燥,气液反应变成气固反应,而脱硫过程主要是离子反应,取决于是否存在水分,若水分下降,气固反应将使脱硫效率大大降低,达不到预期效果。因此,在脱硫反应完成之前应确保雾滴还是湿态。

2. 反应时间

烟气和脱硫剂的反应时间对脱硫效果有很大影响,反应物间的充分接触有利于提高脱硫效率。在半干法烟气脱硫技术中,以烟气在塔内停留时间来衡量烟气与脱硫剂的接触时间,烟气在塔内停留时间主要取决于消石灰浆液滴的蒸发干燥时间,一般为 10~12s;对应的烟气流速称为空塔流速,在实际设计脱硫塔时,烟气空塔流速是一个重要参数,降低烟气空塔流速即延长烟气在塔内的停留时间,有利于提高脱硫效率。

在脱硫塔内,通过控制进入脱硫塔水量,确定了烟气饱和温度差后,当烟气温度与烟气饱和温度之差达到了热饱和温度差时,继续延长烟气停留时间只是增加了雾滴干燥后的气固反应,这一阶段脱硫塔内的反应本来就对脱硫效率贡献较小,而停留时间越长,脱硫塔的尺寸就越大,建设成本就越高。可见,从控制工程造价的角度出发,烟气在塔内的停留时间应有一个最佳值。

3. 钙硫比

钙硫比是影响脱硫效率的一个重要因素。在脱硫反应过程中,脱硫剂不可能百分之百和二氧化硫发生反应,因此钙硫比一般都大于 1。通常钙硫比越大,脱硫效率越高。对于半干法而言,文献中的钙硫比范围在 1.2~2.0。

4. 脱硫吸收剂的反应特性

石灰浆的反应特性在很大程度上取决于石灰石产地、研磨细度和熟石灰的消化特性。一般而言,研磨细度越细,在同样的入口烟气二氧化硫浓度和钙硫比条件下,脱硫效率越高。

5. 脱硫塔出口烟气温度

脱硫塔出口烟气温度对脱硫效率的影响，又可表示为饱和温度差对脱硫效率的影响。饱和温度差为脱硫塔出口烟气温度与烟气饱和温度之差，用来衡量烟气饱和温度的程度。饱和温度差越小，烟气湿度越大，剩余脱硫剂内部所含的水分越高，脱硫效果越好。饱和温度不能太低，否则会造成堵塞和腐蚀严重。因此在选取运行的饱和温度差必须综合考虑。一般情况下，饱和温度差为 10~25℃。

6. 入口二氧化硫浓度

在其他条件不变情况下，脱硫塔入口烟气二氧化硫浓度增加，系统脱硫效率将会有所提高。

7. 烟气入口温度

入口烟气温度提高，需要喷入水量增加，若雾滴粒径不变，则雾滴的个数增加，因而反应表面积增加，脱硫效率提高。但是，入口烟气温度也不能过高，尤其是当烟气中二氧化硫浓度较大、石灰浆液浓度较高时，过高的烟气温度会使水分快速蒸发，雾滴表面很快形成干燥层，干燥层严重阻碍了水分的传输，使水分停留在雾滴内部，气液反应就变成了气固反应，降低了反应速率，对二氧化硫去除不利。

◆**任务实施**

填写"石灰浆制备系统"和"投入脱酸系统"操作票，并在仿真机完成上述任务，维持脱酸系统的主要参数在正常范围内。

一、实训准备

（1）查阅机组运行规程，以运行小组为单位填写"石灰浆制备系统"和"投入脱酸系统"任务操作票。

（2）明确职责权限。

1）脱酸系统启动方案、工作票编写由组长负责。

2）脱酸系统操作由运行值班员负责，并做好记录，确保记录真实、准确、工整。

3）组长对操作过程进行安全监护。

（3）熟悉 600t/d 垃圾焚烧炉发电机组系统平台的操作和控制方法。

（4）调取"石灰浆制备系统"和"投入脱酸系统"工况，熟悉机组运行状态。

二、任务实施

根据"石灰浆制备系统"和"投入脱酸系统"操作票，利用仿真系统完成脱酸系统投入操作工作任务。

◆**任务评价**

登录垃圾焚烧发电运行与维护×证书考评系统，严格按照脱酸系统投入操作票进行技能操作。根据工作任务的完成情况和技术标准规范，考评系统会自动给出任务完成情况的评价表。依据评价结果，可以确定学员的技能水平和改进的要求。

工作任务十四　投入循环水系统

◆**任务描述**

水蒸气在汽轮机内做完功后排入凝汽器。为了将排汽冷凝并维持凝汽器真空，需要向凝汽器提供循环水，以吸收排汽冷凝时释放的热量。通过任务的学习，掌握循环水系统流程及设备组成，能利用仿真系统进行循环水系统投入操作。

◆**任务目标**

知识目标：掌握循环水系统流程及设备组成、系统运行参数及控制方法。

能力目标：能识读循环水系统流程图，能利用仿真系统进行循环水系统启动前的检查及启动操作。

素养目标：遵守安全操作规程，培养责任意识；树立规范操作意识，强化岗位职业精神；培养良好的表达和沟通能力。

◆**相关知识**

一、循环水系统作用

汽轮机运行时，汽轮机排汽所携带的大量热量需要带走，机组设计了循环水系统以冷却汽轮机的排汽。在凝汽器中冷却汽轮机排汽的供水系统称为循环水系统，循环水系统的主要功能是向汽轮机凝汽器提供冷却水，以带走凝汽器的热量，将汽轮机排汽冷却并凝结成凝结水。循环水系统除了提供汽轮机凝汽器的冷却水用水外，还向发电机空气冷却器、汽轮机冷油器、闭式循环冷却水系统提供冷却水。

二、循环水系统组成及流程

1. 循环水系统流程

循环水系统采用闭式循环水系统，系统流程如图 2-31 所示。

2. 系统主要设备

循环水系统主要由循环水泵、凝汽器换热系统、凝汽器循环水进出口阀门、冷却塔、胶球清洗装置等组成。

（1）循环水泵。循环水泵是循环水系统的主要设备，它的作用是向凝汽器提供冷却水，以带走凝汽器内的热量，将汽轮机的排汽冷却成凝结水。小容量机组多采用卧室离心泵，大容量机组多采用立式轴流泵和混流泵。

（2）冷却塔。机组冷却塔为机力通风冷却塔，如图 2-32 所示。冷却水进入凝汽器吸热后，沿压力管道送至冷却塔内的配水槽中，冷却水沿着配水槽由冷却塔的中心流向四周，再由配水槽下部的喷淋装置溅成细小的水滴落入淋水装置，经散热后流入集水池。集水池中的冷却水再沿着供水管由循环水泵进入凝汽器中重复下一阶段的循环。水流在飞溅下落时，冷空气依靠塔身所形成的自拔力由冷却塔的下部吸入并与水流呈逆向流动，吸热后的空气由塔的顶部排入大气。

资源 114

常用的冷却塔由以下八部分组成：

1）淋水填料。淋水填料是淋水装置中，水、气、热交换的核心部件，如图 2-33 所示，是保证冷却塔冷却效率和经济运行的关键，其作用是将热水溅散成水滴或形成水膜，以增加

图 2-31 循环水系统流程

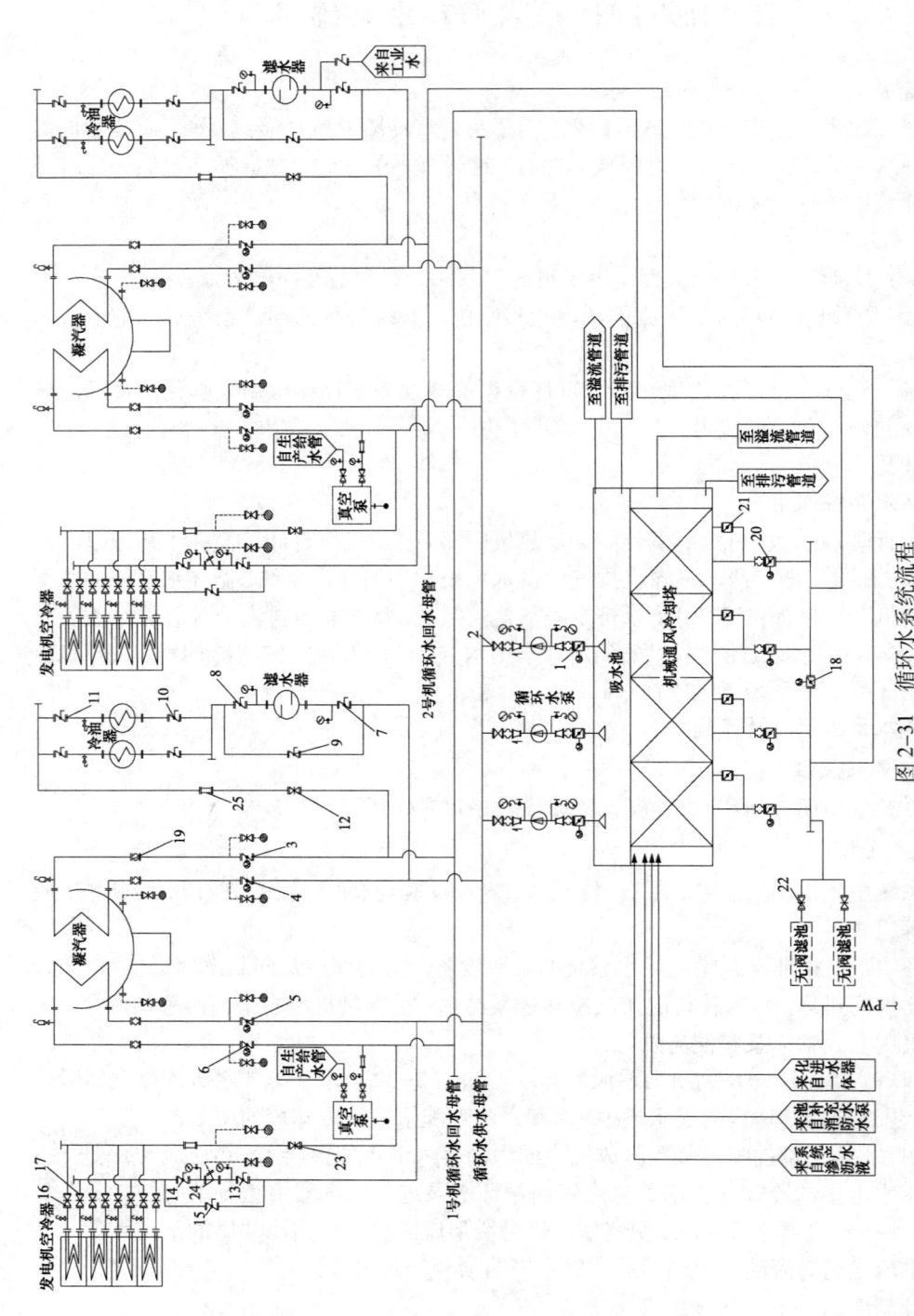

1—循环水泵入口电动阀；2—循环水泵出口蓄能罐式液控缓闭止回阀；3—凝汽器左侧循环水回水电动阀；4—凝汽器左侧循环水供水电动阀；5—凝汽器右侧循环水供水电动阀；6—凝汽器右侧循环水出口手动阀；7—冷油器循环水器入口手动阀；8—冷油器循环水器出口手动阀；9—冷油器循环水旁路手动阀；10—空冷器循环水滤网入口手动阀；11—空冷器出口手动阀；12—空冷器循环水旁路手动阀；13—空冷器循环水回水总阀；14—空冷器循环水滤网出口手动阀；15—空冷器循环水滤网；20—空冷器循环水至冷却塔旁路手动阀；16—空冷器循环水供水手动阀；17—空冷器循环水母管隔断一次电动门；19—可曲挠橡胶接头；20—空冷器循环水滤网；21—循环水至冷却塔旁路手动阀；22—无阀滤池；23—空冷器循环水回水总阀；24—空冷器循环水回水总阀；25—水流指示器

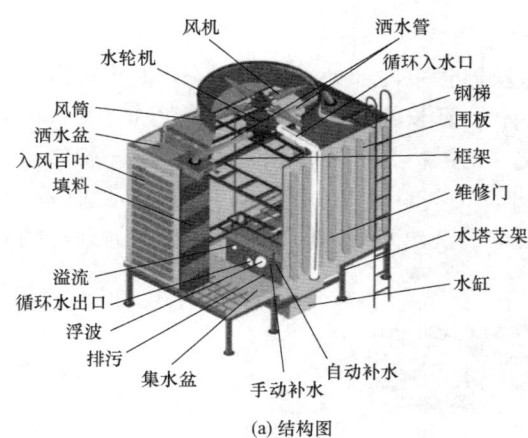

图 2-32 机力通风冷却塔

图 2-33 淋水填料

水和空气的接触面积和接触时间,即增加水和空气的热交换程度。水的冷却过程主要在淋水填料中进行。

2)配水系统。配水系统的作用是将热水经竖井升至配水高程,并通过主配水槽或配水池均匀地溅散到整个淋水填料上。配水系统性能的优劣,将直接影响空气分布的均匀性及填料发挥冷却作用的能力,配水不均,将降低冷却效果。

3)通风设备。通风设备的作用是利用通风机械在冷却塔中产生较高的空气流速和稳定的空气流量,以提高冷却效率,以保证达到的冷却效果。机力通风冷却塔所用的风机基本上是轴流式风机,其特点:通风量大、风压小、能耗低、耐水滴和雾气侵蚀。

4)通风筒。通风筒的作用是创造良好的空气动力条件,减小通风阻力,将湿热空气排入大气,减少湿热空气的回流。机力通风冷却塔的通风筒又称出风筒。

5)空气分配装置。空气分配装置的作用是利用进风口、百叶窗和导风板装置,引导空气均匀分布于冷却塔的整个断面上。

6)除水器。除水器的作用是将冷却塔气流中携带的水滴与空气分离并回收,减少循环水被空气带走的损失,满足环保要求。除水器应具有除水效率高、通风阻力小、耐腐蚀、抗老化等性能。除水器通常是按惯性撞击分离的原理设计的,一般由倾斜布置的板条或波形、弧形叶板组成。

7)塔体。塔体是冷却塔的外部围护结构。机力通风冷却塔一般用型钢做结构,用饰面水泥波纹板、玻璃钢或塑料板做围护。

8)集水池。集水池设于冷却塔下部,用来汇集淋水填料落下的冷却水,通常集水池具有储存和调节流量的作用。

(3) 胶球清洗装置。为了保持凝汽器管束内部处于清洁状态，提高机组运行的经济性，防止或减轻凝汽器管道腐蚀，延长其使用寿命及改善工作条件，机组运行时，需对凝汽器冷却水进行净化并对凝汽器的冷却水管进行清洗。胶球清洗装置是目前清洗管道广泛采用的一种设备，如图2-34所示。其优点是对凝汽器各侧可同时进行清洗，任何一侧的胶球清洗出现故障时，均不会影响另外一侧的正常运行。

资源115

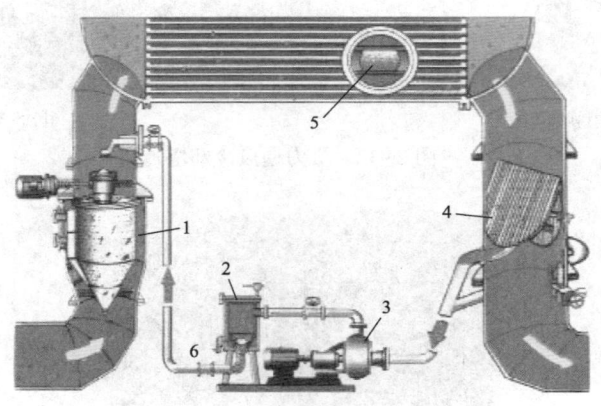

图 2-34 胶球清洗装置示意

1—二次滤网；2—装球室；3—胶球泵；4—收球网；5—胶球；6—分配器

◆**任务实施**

填写"投入循环水系统"操作票，并利用仿真系统完成上述任务，维持循环水系统的主要参数在正常范围内。

一、实训准备

(1) 查阅机组运行规程，填写"投入循环水系统"任务操作票。

(2) 明确职责权限。

1) 循环水系统启动方案、工作票编写由组长负责。

2) 循环水系统启动操作由运行值班员负责，并做好记录，确保记录真实、准确、工整。

操作票（资源116）

3) 组长对操作过程进行安全监护。

(3) 熟悉600t/d垃圾焚烧炉发电机组系统平台的操作和控制方法。

(4) 调取"投入循环水系统"工况，熟悉机组运行状态。

二、任务实施

根据"投入循环水系统"操作票，利用仿真系统循环水系统投入工作任务。

◆**任务评价**

登录垃圾焚烧发电运行与维护×证书考评系统，严格按照循环水系统投入操作票进行技能操作。根据工作任务的完成情况和技术标准规范，考评系统会自动给出任务完成情况的评价表。依据评价结果，可以确定学员的技能水平和改进的要求。

操作票技能操作视频（资源117）

工作任务十五　投入凝结水系统

◆**任务描述**

汽轮机的排汽在凝汽器中经过循环水冷却后变成凝结水,凝结水在凝汽器热井中进行收集,然后通过凝结水泵输送至除氧器。通过任务的学习,掌握凝结水系统流程及设备组成,能利用仿真系统进行凝结水系统投入操作。

◆**任务目标**

知识目标:掌握凝结水系统流程及设备组成、系统运行参数及控制方法。

能力目标:能识读凝结水系统流程图,能利用仿真系统进行凝结水系统启动前的检查及启动操作。

素养目标:遵守安全操作规程,培养责任意识;树立规范操作意识,强化岗位职业精神;培养良好的表达和沟通能力。

◆**相关知识**

一、凝结水系统作用

凝结水系统的主要作用是将凝汽器热井中的凝结水由凝结水泵送出,经除盐装置、轴封加热器、低压加热器输送至除氧器,其间还对凝结水进行加热、除氧、化学处理和除杂质,此外,凝结水系统还向各有关用户提供水源,如有关设备的密封水、减温器的减温水、各有关系统的补给水,以及汽轮机低压缸喷水等。

二、凝结水系统流程

凝结水系统主要包括凝汽器、凝结水泵、过冷器、轴封加热器(漏气冷凝器)、低压加热器。为保证系统在启动、停机、低负荷和设备故障时运行的安全可靠性,系统设置了众多的阀门和阀门组,凝结水系统流程如图 2-35 所示。凝结水泵将凝汽器热井中的凝结水依次送入轴封加热器、过冷器、低压加热器,最后进入除氧器。低压加热器水侧出口管道上引出一路排水管接至排地沟疏水管道,该管道在启动期间或凝结水水质不合格时使用,以排放水质不合格的凝结水,并对凝结水系统进行冲洗,当凝结水水质符合要求时,关闭排水阀,开启低压加热器出口阀门,凝结水进入除氧器。止回阀的作用是防止机组启动期间因某些原因引起的凝结水压力过低,循环水倒流进入凝结水系统。

三、凝结水系统主要设备

1. 凝汽器

凝汽器的作用是在汽轮机排汽部分建立低背压,并将汽轮机的排汽凝结为水进行回收。表面式凝汽器的结构简图如图 2-36 所示。冷却水由进水管 4 进入凝汽器的进水室;先通过下部的冷却水管流入回水室 5,再通过上部冷却水管进入凝汽器的出水室;并通过出水管 6 排出。冷却水管 2 安装在管板 3 上,蒸汽进入凝汽器后,在冷却水管外汽测空间冷凝,凝结下来的凝结水汇集在下部热井 7 中,由凝结水泵抽出送往除氧器。凝汽器的传热面分为主凝结区 10 和空气冷却区 8 两部分,这两部分之间用挡板 9 隔开,空气冷却区可使蒸汽进一步凝结,使被抽出的蒸汽和空气混合物中的蒸汽量含量大为减少,减少了工质的损失。同时,汽-气混合物被进一步冷却,使其容积流量减小,也减轻了抽气器的负担。

资源 118

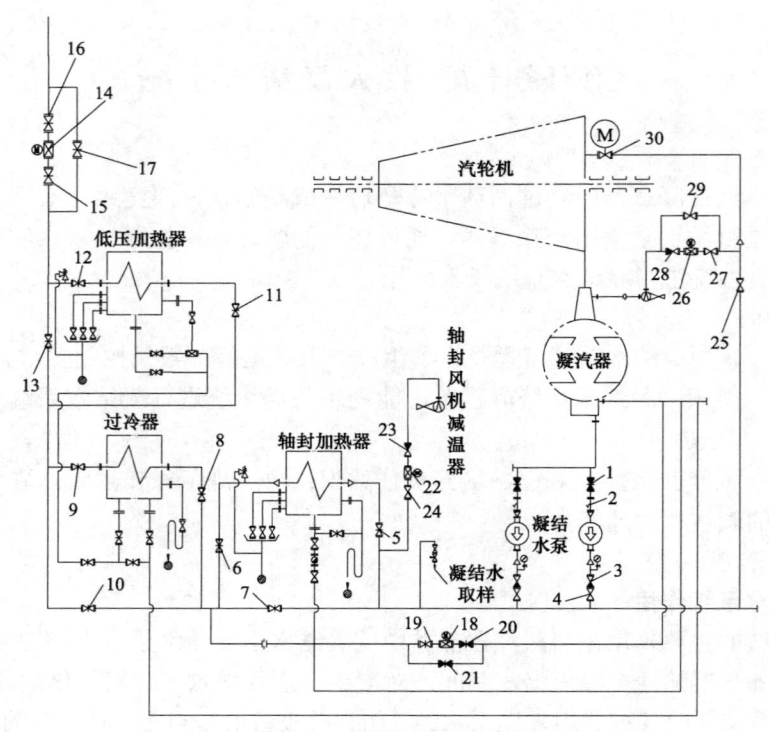

图 2-35 凝结水系统流程

1—凝泵进口手动阀；2—凝泵进口滤网；3—凝泵出口止回阀；4—凝泵出口手动阀；5—轴加进水手动阀；6—轴加出水手动阀；7—轴加水侧旁路手动阀；8—过冷器进水手动阀；9—过冷器出水手动阀；10—过冷器水侧旁路手动阀；11—低加进水手动阀；12—低加出水手动阀；13—低加水侧旁路手动阀；14—凝结水电动调节阀；15—凝结水电动调节阀前手动阀；16—凝结水电动调节阀后手动阀；17—凝结水电动调节阀旁路手动阀；18—凝结水再循环电动调节阀；19—凝结水再循环电动调节阀前手动阀；20—凝结水再循环电动调节阀后手动阀；21—凝结水再循环电动调节阀旁路手动阀；22—轴加风机减温器减温水电动调节阀；23—轴加风机减温器减温水电动调节阀前手动阀；24—轴加风机减温器减温水电动调节阀后手动阀；25—汽机本体减温水进水手动阀；26—凝汽器减温器减温水电动调节阀；27—凝汽器减温器减温水电动调节阀前手动阀；28—凝汽器减温器减温水电动调节阀后止回阀；29—凝汽器减温器减温水电动调节阀旁路手动阀；30—汽轮机后缸喷水电动阀

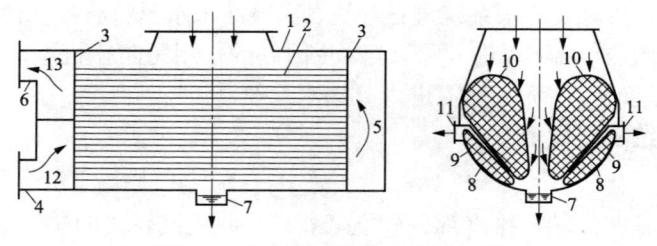

图 2-36 表面式凝汽器结构简图

1—外壳；2—冷却水管；3—管板；4—冷却水进水管；5—冷却水回水室；6—冷却水出水管；7—热井；8—空气冷却区；9—空气冷却区挡板；10—主凝结区；11—空气抽出口；12—冷却水进水室；13—冷却水出水室

2. 凝结水泵及其管道

凝结水泵主要是将凝汽器热井中的凝结水输送到除氧器水箱。系统设有两台100%容量的离心式水泵，一台正常运行，一台备用。每台凝结水泵进口管道上安装有闸阀和滤网，闸阀用于水泵检修时的隔离，在正常运行时应保持全开；滤网的功能是防止热井中可能积存的杂质进入凝结水泵内。每台凝结水泵出口管道上装有一止回阀和一电动闸阀，止回阀能够防止凝结水倒流入水泵。两台凝结水泵及其出口管道上均设置抽空气管，在泵启动时将空气抽至凝汽器，在泵运行时也要保持此管畅通，用以防止凝结水泵汽蚀。

3. 轴封加热器（漏汽冷凝器）

轴封加热器为表面式热交换器，用于凝结轴封回汽，回收热量。轴封加热器以及与之相连的汽轮机轴封回汽管靠凝结水经过轴封加热器，使轴封回汽由气态变为液态来建立真空。轴封加热器风机的作用是将空气及不凝结气体及时排出，使轴封加热器汽侧始终保持微负压状态，防止轴封蒸汽漏入汽轮机润滑油系统中。

4. 过冷器

由于低压加热器出口的凝结水温度可能超过100℃，如果把它直接排到主冷凝器，不但对热能利用不利，而且还会增加主冷凝器的热负荷。因此，在低压加热器的凝结水出口接冷凝器将解决上述问题。冷凝器是一表面管式换热器，管内是主凝结水，管外是低压加热器的凝结水。过冷器采用卧式布置。从过冷器出来的过冷凝结水将通过水位调节阀进入热井。

5. 凝结水最小流量再循环

在机组启动或低负荷时，主凝结水的流量远小于额定值，但如果凝结水泵的流量小于允许的最小流量，水泵有发生汽蚀的可能。同时，轴封加热器的蒸汽来自汽轮机轴封漏气，轴封系统运行时需要有足够的凝结水来使其凝结，因此为兼顾不同运行工况下机组、凝结水泵和轴封加热器等各自对凝结水量的需求，在轴封加热器之后，除氧器水位调节阀之前设置再循环管，使机组安全运行。

6. 补充水系统

凝结水补充水箱用来储存经化学处理后的除盐水，并用作凝结水系统的补给水。

◆任务实施

填写"投入凝结水系统"操作票，并在仿真机完成上述任务，维持凝结水系统的主要参数在正常范围内。

一、实训准备

（1）查阅机组运行规程，以运行小组为单位填写"投入凝结水系统"任务操作票。

（2）明确职责权限。

1）凝结水系统启动方案、工作票编写由组长负责。

2）凝结水系统启动操作由运行值班员负责，并做好记录，确保记录真实、准确、工整。

3）组长对操作过程进行安全监护。

操作票（资源119）

（3）熟悉600t/d垃圾焚烧炉发电机组系统平台的操作和控制方法。

（4）调取"投入凝结水系统"工况，熟悉机组运行状态。

二、任务实施

根据"投入凝结水系统"操作票，利用仿真系统完成凝结水系统投入工作任务。

操作票技能操作视频（资源120）

◆任务评价

登录垃圾焚烧发电运行与维护×证书考评系统，严格按照凝结水系统投入操作票进行技能操作。根据工作任务的完成情况和技术标准规范，考评系统会自动给出任务完成情况的评价表。依据评价结果，可以确定学员的技能水平和改进的要求。

工作任务十六 投 垃 圾 料

◆**任务描述**

当炉膛温度达到850℃就可以进行垃圾投料。通过任务的学习，掌握垃圾焚烧过程及影响因素，能熟练掌握炉排控制方法，并能利用仿真系统进行投垃圾料操作。

◆**任务目标**

知识目标：掌握给料系统流程及设备组成、垃圾焚烧过程及影响因素、运行参数及控制方法。

能力目标：能识读给料系统流程图，能利用仿真系统进行投垃圾料前的检查及启动操作，能进行垃圾厚度、温度控制等调整操作。

素养目标：遵守安全操作规程，培养责任意识；树立规范操作意识，强化岗位职业精神；培养良好的表达和沟通能力。

◆**相关知识**

一、垃圾焚烧及焚烧过程

1. 焚烧的概念

（1）燃烧。通常把具有强烈放热效应、有基态和电子激发态的自由基出现、并伴有光辐射的化学反应现象称为燃烧。燃烧可以产生火焰，而火焰又能在合适的可燃介质中自行传播。燃烧过程伴随着化学反应、流动、传热和传质等化学过程及物理过程，这些过程是相互影响、相互制约的。因此，燃烧过程是一个极为复杂的综合过程。

（2）着火和熄火。着火是燃料与氧化剂由缓慢放热反应发展到从量变到质变的临界现象。从无反应向稳定的强烈放热反应状态的过渡过程，即为着火过程；相反，从强烈的放热反应向无反应状况的过渡过程，就是熄火过程。

影响着火与熄火的因素很多，例如燃料性质、燃料与氧化剂的成分、过量空气系数、环境压力与温度、气流速度、燃烧室尺寸等。

（3）着火条件与着火温度。如果在一定的初始条件或边界条件之下，由于化学反应的剧烈加速，使反应系统在某个瞬间或空间的某部分达到高温反应态（即燃烧态），实现这个过渡的初始条件或边界条件成为"着火条件"。

容器内单位体积内混合气在单位时间内反应放出的热量，称为放热速度 $\frac{dQ_1}{dT}$；单位时间内按单位体积平均的混合气向外界环境散发的热量，称为散热速度 $\frac{dQ_2}{dT}$。着火温度取决于放热速度与散热速度的相互作用及其随温度增长的程度，放热速率与温度成指数关系，而散热速率与温度成线性关系。

要使燃料稳定着火，必须满足以下两个条件：

放热量和散热量达到平衡，放热量等于散热量。

$$Q_1 = Q_2$$

放热速度大于散热速度

$$\frac{dQ_1}{dT} \geq \frac{dQ_2}{dT}$$

如果不具备这两个条件,即使在高温状态下也不能稳定着火,燃烧过程将因火焰熄灭而中断,并不断向缓慢氧化的过程发展。

2. 垃圾焚烧过程

一般而言,生活垃圾的燃烧过程如下:① 固体表面的水分蒸发;② 固体内部的水分蒸发;③ 固体中的挥发性成分着火燃烧;④ 固体碳素的表面燃烧;⑤ 完成燃烧。上述①~②为干燥过程,③~⑤为燃烧过程。

垃圾的燃烧过程比较复杂,通常由热分解、熔融、蒸发和化学反应等传热、传质过程所组成。一般根据不同可燃物质的种类,有三种不同的燃烧方式:① 蒸发燃烧,垃圾受热熔化成液体,继而化成蒸汽,再与空气扩散混合而燃烧,如蜡的燃烧属这一类;② 分解燃烧,垃圾受热后首先分解,轻的碳氢化合物挥发,留下固定碳及惰性物,挥发分与空气扩散混合而燃烧,固定碳的表面与空气接触进行表面燃烧,如木材和纸的燃烧属这一类;③ 表面燃烧,如木炭、焦炭等固体受热后不发生融化、蒸发和分解等过程,而是在固体表面与空气反应进行燃烧。

生活垃圾中含有多种有机成分,其燃烧过程是蒸发燃烧、分解燃烧和表面燃烧的综合过程。同时,生活垃圾的含水率高于其他固体燃料,为了更好地认识生活垃圾的焚烧过程,在这里将其依次分为干燥、热分解和燃烧三个过程。然而,在垃圾的实际焚烧过程中,这三个阶段没有明显的界限,只不过总体上有时间的先后差别而已。

(1) 干燥。生活垃圾的干燥是利用热能使水分汽化,并排出生成的水蒸气的过程。按热量传递的方式,可将干燥分为传导干燥、对流干燥和辐射干燥三种方式。生活垃圾的含水率较高,在送入焚烧炉前其含水率一般为20%~40%甚至更高,因此,干燥过程中需要消耗较多的热能。生活垃圾的含水率越高,干燥阶段也就越长,从而使炉内温度降低,影响焚烧阶段,最后影响垃圾的整个焚烧过程。如果生活垃圾的水分过高,会导致炉温降低太大,着火燃烧就困难,此时需添加辅助燃料,以提高炉温,改善干燥着火条件。

(2) 热分解。生活垃圾的热分解是垃圾中多种有机可燃物在高温作用下的分解或聚合化学反应过程。反应的产物包括各种烃类、固定碳及不完全燃烧物等。生活垃圾中的可燃固体物质通常由 C、H、O、Cl、N、S 等元素组成。这些物质的热分解过程包括多种反应,这些反应可能是吸热的,也可能是放热的。

(3) 燃烧。生活垃圾的燃烧是在氧气存在条件下有机物质的快速、高温氧化。生活垃圾的实际焚烧过程是十分复杂的,经过干燥和热分解后,产生许多不同种类的气、固态可燃物,这些物质与空气混合,达到着火所需的必要条件时就会形成火焰而燃烧。因此,生活垃圾的燃烧是气相燃烧和非均相燃烧的混合过程,它比气态燃料和液态燃料的燃烧过程更复杂。同时,生活垃圾的燃烧还可以分为完全燃烧和不完全燃烧。最终产物为 CO_2 和 H_2O 的燃烧过程为完全燃烧;当反应产物为 CO 或其他可燃有机物(由氧气不足、温度较低等引起)则称之为不完全燃烧。燃烧过程中要尽量避免不完全燃烧现象,尽可能使垃圾燃烧完全。

3. 垃圾焚烧效果

在实际的燃烧过程中,由于操作条件不能达到理想效果,可能致使垃圾燃烧不完全。不完全燃烧的程度反映燃烧效果的好坏，评价焚烧效果的方法有多种，有时需要两种甚至两种以上的方法才能对焚烧效果进行全面的评价。评价焚烧效果的方法一般有目测法、热灼减量法及一氧化碳法等。

（1）目测法。目测法是通过肉眼观察垃圾焚烧产生的烟气的"黑度"来判断焚烧效果。烟气越黑，焚烧效果越差。

（2）热灼减量法。热灼减量法是根据焚烧炉渣中有机可燃物质的量（即未燃尽的固定碳）来评价焚烧效果的方法。它是指生活垃圾焚烧炉渣中的可燃物在高温、空气过量的条件下被充分氧化后，单位质量焚烧炉渣的减少量。热灼减量越大，焚烧反应越不完全，焚烧效果越差；反之，焚烧效果越好。

（3）一氧化碳法。一氧化碳是生活垃圾焚烧烟气中所含不完全燃烧产物之一。常用烟气中一氧化碳的含量来表示焚烧效果的好坏。烟气中一氧化碳含量越高，垃圾的焚烧效果越差；反之，焚烧反应进行得越彻底，焚烧效果越好。

二、炉ACC管理界面参数

1. 给料、炉排速度控制

给料、炉排速度控制的炉ACC管理界面1如图2-37所示。

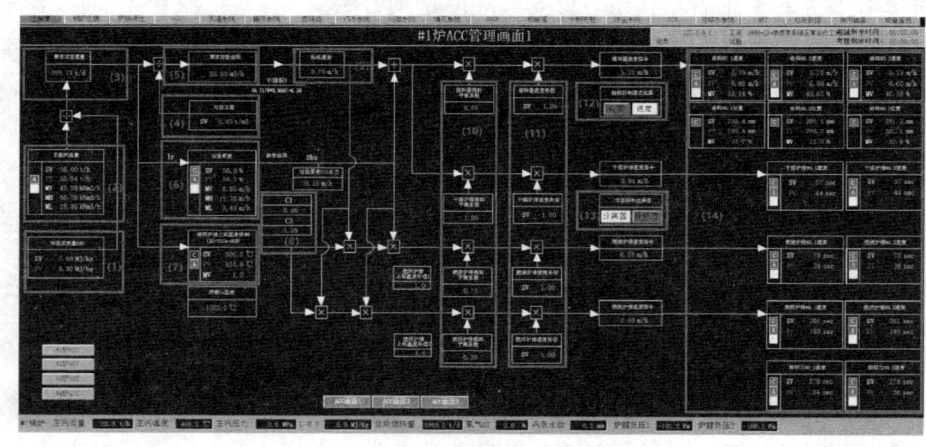

图2-37 炉ACC管理界面1

（1）垃圾发热值，单位LHV（低位发热量）MJ/kg。LHV的设定值（SV），根据垃圾成分进行调整，当和计算LHV(PV)相差2.00（MJ/h）时，需要进行调整，基础值：SV = 7.00[MJ/h]，SV基本不用操作。

（2）主蒸汽流量，单位t/h。根据机组负荷需求调整主蒸汽流量设定值SV。主蒸汽流量设定值SV的调整幅度为1h最大变化2t。若急速增大设定值，过剩空气供给到炉内，使其冷却，产生急速燃烧，可能使垃圾干燥。主蒸汽流量实时反馈值PV比设定值SV大幅度降低时，应立即在主蒸汽流量的设定值SV降到与主蒸汽流量反馈值PV一致，然后再缓缓提高主蒸汽流量设定值SV，恢复到原来的蒸汽量。SV = 56t/h时焚烧量 = 600t/d。

（3）需求垃圾重量，单位t/d。根据主蒸汽流量和垃圾LHV的设定值自动计算的垃圾焚烧量。

（4）垃圾密度，单位t/m³。根据垃圾质量的不同来调整设定值。如果垃圾含水分多或是较重的垃圾在投料时,就把垃圾密度设定值 SV 增大,如果投料是比较轻的垃圾,就把垃圾密度设定值 SV 减小。垃圾密度设定值 SV 在 0.40~0.50 的范围,单次的操作量最大到 0.01,操作后需观察 30min 以上,根据焚烧情况再做下一次调整。焚烧炉设计垃圾密度基础值 SV = 0.45t/m^3,垃圾密度设定值 SV 一般不用调整。

(5) 需求垃圾体积,单位 m^3/h。根据计算垃圾焚烧量和垃圾密度自动计算的需求垃圾体积。

(6) 垃圾厚度,单位%。根据垃圾成分和燃烧负荷调整垃圾厚度。在 A 模式下调整垃圾厚度设定值(SV)值时,SV 在 35%~50%的范围内,单次最大的操作量在 2%左右,操作后至少要观察 1h。垃圾成分差的时候,垃圾厚度变薄对增强燃烧具有良好的效果。

(7) 燃尽炉排上部温度控制,单位℃。燃尽炉排上部温度控制在 C 模式下运行,燃尽炉排上部温度高时,应减慢燃烧炉排和燃尽炉排的运动速度。

(8) 垃圾厚度系数。垃圾厚度系数无需人为进行调整。

(9) 标准速度,单位 m/h。根据垃圾移动量自动计算出的垃圾基准运行速度。

(10) 炉排推料平衡系数。该系数是推料器及各个炉排速度的平衡系数,用于保证垃圾均匀投入运行,是对垃圾基准速度的修正系数,无需人为进行调整。

(11) 炉排速度补偿。如果推料装置及炉排的速度补偿的设定值(SV)增大的话,速度就会变快,速度补偿的 SV 值减小,速度就会变慢。SV 值在 0.50~1.50 的范围,单次的操作量最大到 0.10,操作后要观察 30min 以上,根据燃烧情况再做下一次调整,炉排速度补偿基础值 SV = 1.00。

(12) 推料器速度。推料器速度通常选择位置控制。当推料器位置传感器故障时可选择速度控制。

(13) 垃圾控制选择器(分离器/剪切刀)。剪切刀模式:剪切刀模式为常用模式。当蒸汽量 PV 比设定值 SV 低太多的话,剪切刀和炉排运动周期不变。

分离器模式:当蒸汽量 PV 比设定值 SV 低太多、炉内温度在 880℃左右波动时,剪切刀保持 35s 连续运行;当垃圾层厚 PV 比设定值 SV 高太多时,干燥炉排会停止运行 120s。当垃圾的发热量比较低和垃圾厚度较大的时候会选择此模式。

(14) 给料器速度、位置,单位 m/h、mm。推料装置、各炉排及剪切刀的速度在 C 模式下运行。当燃烧状态不良需要切换至手动模式时,待燃烧稳定后,应切换至 C 模式下运行。

2. 炉排风量控制

炉排风量控制的炉 ACC 管理界面 2 如图 2-38 所示。

(1) 燃烧炉排风量系数。蒸发量控制系统内部计算调整用的界面,无需人为设置。

(2) 主蒸汽流量,单位 t/h。

(3) 理论空气需求量,单位 km^3/h(标准状态下)。根据蒸发量设定值和理论空气量自动计算出的理论空气需求量。

(4) 过量空气系数。过量空气系数的设定值 SV 为 1.15,禁止运行人员调整。

(5) 标准空气流量,单位 km^3/h(标准状态下)。根据理论空气量和过量空气系数自动计算垃圾燃烧所需的空气量。

(6) 氧量,单位%。此为焚烧炉出口的氧量设置,O$_2$ 浓度控制的设定值 SV 一般在 7.0%~

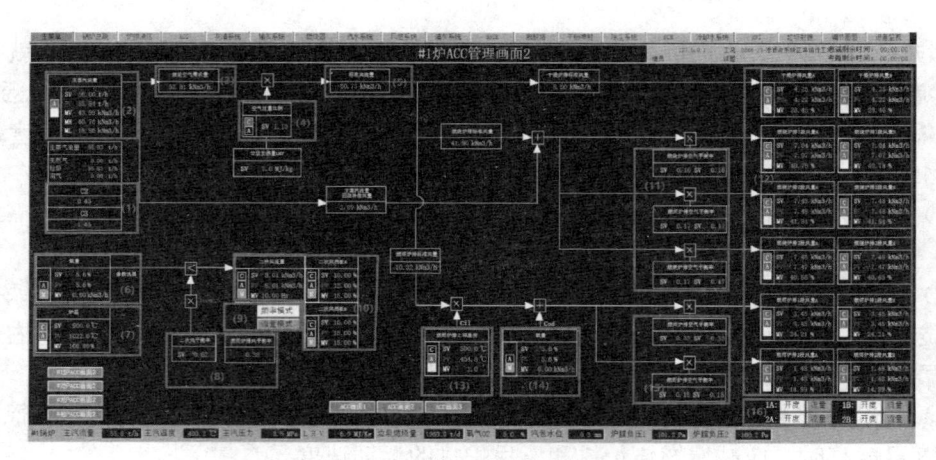

图 2-38 炉 ACC 管理界面 2

9.0%的范围进行设定，氧量的基础值：SV = 8.5%。

（7）炉温，单位℃。炉内温度控制在 C 模式下运行。

（8）二次风平衡率，燃尽炉排风平衡率。根据二次风和燃尽空气的分配率设定值 SV，把二次风流量的合计，可以对二次风和燃尽空气如何分配进行变更。1～4 号炉的设定值是不同的，不得随意变更。

（9）二次风流量模式。通常二次风流量显示不正常时，可以切换到由风机的转数计算流量的频率模式下运行。

（10）二次风流量，二次风挡板。用二次风风量来控制炉内温度，二次风挡板 A/B 在 C 模式下运行。根据燃烧状态，如果二次风挡板 A/B 在 A/M 模式下对二次风流量进行手动操作时，操作结束后请返回 C 模式下运行。

（11）燃烧炉排空气平衡率。根据空气分配系数设定值 SV 来调整主蒸汽流量与之对应的燃烧空气量，决定哪一个炉排按照什么比率进行燃烧空气量的分配。

（12）炉排风量，单位 km^3/h（标准状态下）。干燥炉排风量和焚烧炉排风量在 C 模式下运行。根据燃烧的状态，干燥空气，燃烧空气的流量由 A/M 模式进行调整。需要手动操作时，手动操作结束后还原到 C 模式下运行。

（13）燃尽炉排上部温度，单位℃。燃尽炉排上部温度的实际值 PV 比设定值 SV 高时，通过减慢燃尽炉排速度进行调整。

（14）燃尽炉排风量控制模式。当燃尽炉排风量在低流量区域不能正常表示，从流量模式切换到用挡板开度来计算流量的挡板模式。

三、焚烧炉总貌

焚烧炉总貌如图 2-39 所示。

（1）二次风机入口挡板。二次风机入口挡板在 100%M 模式下运行。

（2）一次风机入口挡板（燃烧空气入口挡板）。一次风机入口挡板在 100%M 模式下运行。

（3）一次风机变频调节（燃烧空气压力）。燃烧空气压力在 A 模式下运行，不要改变设定值 2.2kPa，否则垃圾差压通过空气必要的流速就会不够。如果想在短时间内减少焚烧炉燃烧空气量，即使改变了一次风机出口压力设定值，炉排下方挡板会自动打开或关小，空气量

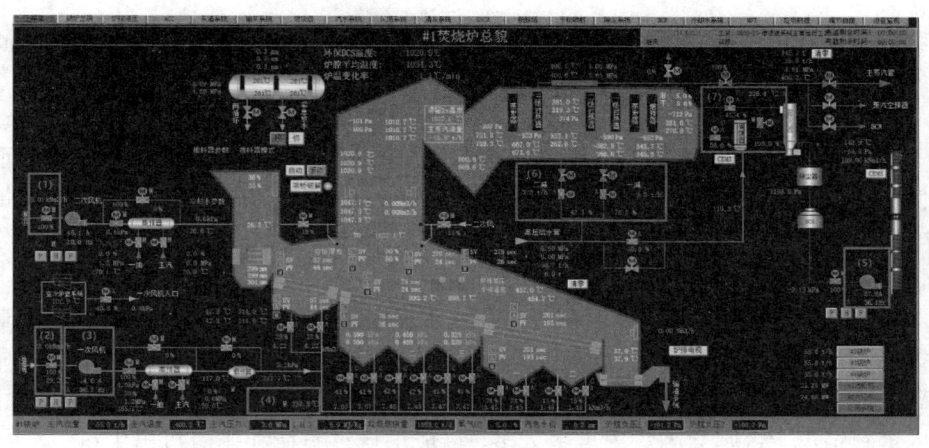

图 2-39 焚烧炉总貌

也是不会发生变化。

（4）一次风温度（燃烧空气温度）。在 C 模式下运行燃烧空气温度。C 模式下，当炉内温度降低时，其设定值会自动增加进行补偿。A 模式下操作时，在一次风温度设定值在 110～220℃的范围内进行操作。焚烧潮湿垃圾时提高一次风温度，有助于垃圾的焚烧完全。

（5）引风机变频调节（炉内压力）。炉内压力在 A 模式下运行，不得对炉内压力设定值-80Pa 进行变更，否则，会对锅炉燃烧状况产生扰动。

（6）锅炉蒸汽减温器。减温器在 A 模式下运行，无需手动操作。蒸汽温度急剧变化时，即使全开/全关调节阀，温度也不会马上有变化。由于减温水量的急剧变化导致蒸汽量也会急剧变化，会影响 ACC 自动调节功能，所以不得在手动模式下进行急剧调整操作。

（7）省煤器出口烟温控制。在 C 模式下运行省煤器出口烟温控制，不得在手动模式下进行急剧调整操作。

四、燃烧调整

1. 燃烧调整目标

焚烧炉燃烧调节的任务是使燃烧产生的热量适应负荷变化的需要，使锅炉出口汽压和温度稳定在一定范围内，并保证燃烧的经济性。燃烧调节是靠自动控制燃料量和风量协调变化，迅速适应负荷变化和保证燃烧的经济和安全，而在负荷不变时能及时清除燃料量和风量的自发性扰动，稳定锅炉负荷。调节系统中燃料量和风量是直接测量信号，为保证燃烧的经济性，在适当比例基础上再以烟气的含氧量来校正送风量，送风量必须高于燃料燃烧的最低量，确保燃料完全燃烧。焚烧炉正常运行时，燃烧室内的火焰应在燃烧炉排横向分布均匀，燃尽炉排应无明显红火，炉排上料层厚度呈阶梯逐渐分布，炉排运动均匀，锅炉两侧的烟气温度应均匀，过热器两侧的烟气温度差控制在 30～40℃，燃烧室负压 30～50Pa，微负压运行，含氧量 6%～12%，一次风温度 300℃，二次风温度 220℃（可调），炉膛烟气温度应保证在 850～950℃。

2. 燃烧调整的方法

（1）炉排和给料调整。

1）锅炉运行中，应注意观察焚烧炉干燥炉排、燃烧炉排、燃尽炉排上垃圾的堆放情况，在理想燃烧情况下，干燥炉排、燃烧炉排、燃尽炉排的料层应逐渐减薄，火焰在燃烧炉排上料层应分布均匀，垂直燃烧。

2）运行中可能会出现干燥炉排堆料太多，燃烧炉排料少或无料，燃尽炉排跑光；或干燥炉排无料，燃尽炉排和燃烧炉排堆料较多造成排渣机出生料；或炉排左侧有料而右侧无料，左侧无料而右侧有料会导致炉膛左右温度偏差较大。因此在运行中应对炉排的运动速度、炉排上料层和火焰分布、燃料热值情况进行综合分析，找出温差不均、燃烧不均、排渣机出生料、炉排负荷过重等原因，再作出相应调整。

3）在垃圾热值较高，燃烧速度快时，可采取两种方法进行调节。一是加快进料频率和降低炉排运动速度，二是不改变炉排运动速度的情况下提高料层厚度。前者增加的频率在原来的基础上应较后者较多（也就是加料频率大于降低炉排运动速度的频率）。此时，应严密观察炉内堆料情况，否则会因炉内堆料太多，造成炉排过负荷和排渣机出生料。若炉内堆料太多时，可采取减少进料频率和适当加快炉排运动速度，或不改变炉排运动速度的情况下降低料层厚度的方法进行调节，同样，前者减少的量在原来基础上应较后者多。在调整燃烧过程中，如出现料层偏薄，应加快进料速度或加快进料速度的同时调整炉排的运动速度。

4）在垃圾热值较低时，若燃烧速度较慢可以采取少进料、勤进料和适当减慢炉排运动速度的方法来增加料层，两者在量化的基础上前者应比后者多。此时应仔细观察炉排和料层的情况，防止出现进料太多造成炉排过负荷和火床中断的现象。

（2）风量调节。

1）一次风的主要作用在于为垃圾的燃烧提供所需的氧气，维持炉内过量空气系数，其另一个作用是冷却炉排；二次风的主要作用在于加强炉内的气流扰动，促进炉内未燃尽的可燃气体和可燃灰分完全燃烧。

2）增加一次风的条件是炉膛内过量空气系数过低或氧量过低。当炉内燃烧工况较好，一次风量较大或已达到最大，氧量值又明显偏低时，可增加二次风量，保证炉内燃烧工况的稳定和燃料的完全燃烧。

3）当炉内燃烧工况较差或氧量明显偏高、燃料较少、风温较低时，不宜增加一次风或二次风时，应结合炉内的燃烧情况、燃料热值情况、炉排运动情况进行综合分析，做出正确的判断来进行风量的加减。

4）炉膛负压是用来监视燃烧。当炉内燃烧工况发生变化时，必然迅速引起炉膛负压改变。因此，运行中必须监视好炉膛负压，根据不同的情况做出正确的判断，及时进行调整和处理，以使炉膛负压保持在-50~-30Pa。

5）当锅炉负荷发生变化，炉膛燃烧工况改变时，为了维持正常的负压对引风机进行调节，通过调节变频器的频率来实现引风量的调节。

◆任务实施

填写"投垃圾料"操作票，并在仿真机完成上述任务，维持机组的主要参数在正常范围内。

一、实训准备

（1）查阅机组运行规程，以运行小组为单位填写"投垃圾料"任务操作票。

（2）明确职责权限。

1）垃圾投料操作方案、工作票编写由组长负责。

2）垃圾投料操作由运行值班员负责，并做好记录，确保记录真实、准确、

操作票（资源121）

工整。

3）组长对操作过程进行安全监护。

（3）熟悉 600t/d 垃圾焚烧炉发电机组系统平台的操作和控制方法。

（4）调取"投垃圾料"工况，熟悉机组运行状态。

二、任务实施

根据"投垃圾料"操作票，利用仿真系统完成垃圾投料操作工作任务。

◆任务评价

登录垃圾焚烧发电运行与维护Ⅹ证书考评系统，严格按照垃圾投料操作票进行技能操作。根据工作任务的完成情况和技术标准规范，考评系统会自动给出任务完成情况的评价表。依据评价结果，可以确定学员的技能水平和改进的要求。

操作票技能操作视频（资源122）

工作任务十七 投入脱硝系统

◆任务描述

垃圾焚烧过程中会产生氮氧化物有害物质，直接排向大气会对环境造成危害，脱硝系统就是将烟气中的氮氧化物脱除，机组脱硝系统同时采用 SNCR+SCR 两种脱硝方式。通过任务的学习，掌握脱硝系统流程及设备组成，能利用仿真系统进行 SNCR 和 SCR 系统投入操作。

◆任务目标

知识目标：掌握 SNCR 和 SCR 系统流程及设备组成、脱硝过程及影响因素、运行参数及控制方法。

能力目标：能识读 SNCR 和 SCR 系统流程图，能利用仿真系统进行 SNCR 和 SCR 系统启动的检查及启动操作，能进行根据机组运行工况调节氮氧化物排放满足国家环保要求。

素养目标：遵守安全操作规程，培养责任意识；树立规范操作意识，强化岗位职业精神；培养良好的表达和沟通能力。

◆相关知识

机组脱硝系统同时采用 SNCR+SCR 两种脱硝工艺。SNCR 装置把 NO_x 从 $300mg/m^3$（标准状态下）降到 $200mg/m^3$（标准状态下），而 SCR 系统又把 NO_x 从 $200mg/m^3$（标准状态下）降到 $65mg/m^3$（标准状态下），SNCR 和 SCR 合计有 77% 以上的脱硝率。

一、SNCR 脱硝系统

1. SNCR 系统工作原理

SNCR（selective non-catalytic reduction）选择性非催化还原是指在无催化剂作用下，在适合脱硝反应的"温度窗口"内喷入还原剂，将烟气中的氮氧化物还原为无害的氮气和水，可有效减少垃圾焚烧厂氮氧化物的排放量。该工艺是以 35%尿素溶液为还原剂，将尿素溶液喷入焚烧炉燃烧产生的烟气中，在最佳的温度（850~1000℃）下与烟气中的氮氧化物反应，生成氮气和水。

总反应方程式：$2NO + CO(NH_2)_2 + O_2 \longrightarrow 2N_2 + CO_2 + 2H_2O$

资源123

2. SNCR系统组成

SNCR系统主要由反应物（还原剂和软水）储存和输送系统、还原剂-软水混合输送系统、喷射系统、控制和管理系统四部分组成，系统流程如图2-40所示。

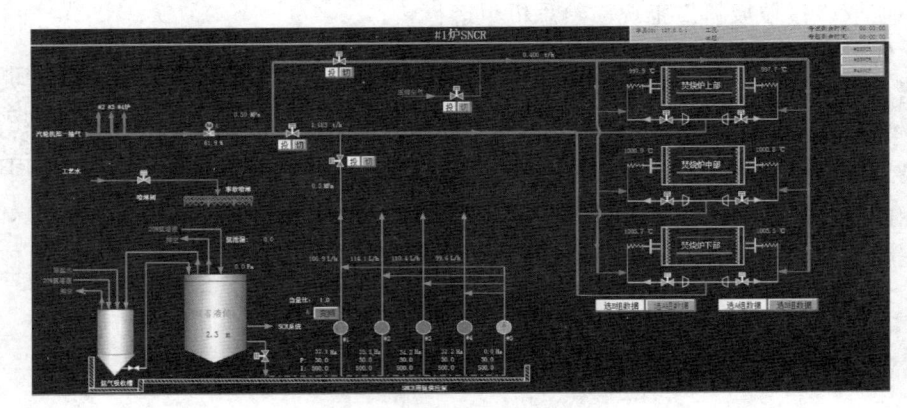

图2-40 SNCR系统流程

3. SNCR系统设备

（1）反应物（还原剂和软水）储存和输送系统。反应物（还原剂和软水）储存和输送系统包括还原剂储存单元、还原剂输送单元和软化水输送单元。

1）还原剂储存单元。四条线设置一套公用的尿素溶液储存罐，容量约为30m³。尿素溶液储存罐配备有必要的液位计和液位开关等相关仪表。储存罐设有检修人孔和排空口，内外装有扶梯和栏杆。储存罐安装在室内。尿素溶液由尿素和软化水制备，用搅拌器和循环泵将尿素溶解到软化水中，制成一定浓度的尿素溶液。

2）还原剂输送单元和软化水输送单元。还原剂输送单元用于输送储存罐中还原剂，采用一用一备的方式配置泵的数量。

软化水输送单元用于输送软化水处理系统中的软化水。软化水可用来稀释还原剂，并可冲洗整个管路。配置缓冲水箱，使得管路中的还原剂不会倒灌入软化水管路，采用一用一备的方式配置泵的数量。

还原剂输送单元和软化水输送单元可通过程序控制，还可以对泵进行手动操作。尿素混合罐的补水由总的流量变送器和开关阀来控制。供给的水是大约20℃的软化水和80℃的凝结水。标准情况下，热的凝结水和软化水被送入尿素混合罐，二者的比率由三通阀和在水流接近尿素混合罐上的温度控制器来控制。

（2）还原剂-软水混合输送系统。还原剂-软水混合输送系统用来混合输送还原剂、软水。混合和分配工作由还原剂-软水混合输送系统统一完成，系统由一个混合模块和数个喷射模块组成（每个喷射器对应一个）。每个系统最多可支持8个喷射器。

混合模块有还原剂管路和软水管路两根进液管路。系统还包括阀门、过滤器、流量计、调节阀和其他相应附件。还原剂-软水根据控制管理系统给出的配比进行混合。每个喷射模块向对应的喷射器提供混合的还原剂-软水液体。控制管理系统将决定哪个喷射器会处于工作状态，并监视其工作。

（3）喷射系统。还原剂-软水混合液体喷射系统安装于焚烧炉膛出口后的烟道上，根据实际情况布置一层或多层，并根据覆盖整个烟道喷射的原则决定每层喷射器的数量。

通常有三层喷射系统，两层工作、一层备用。在正常运行中，由于垃圾热值的变化炉膛温度也会随之发生变化，控制系统将会有规律地从一层切换到另一层，以保持在最适宜的温度框架内喷射。每层配有 6 支喷射器以覆盖整个第一烟道，机组运行中要保证喷射器不能将尿素溶液喷射至锅炉膜式水冷壁上。喷射器配备有压缩空气，用来雾化还原剂溶液，以提高脱硝反应效率，同时，当喷射器停止工作时，压缩空气还被当作冷却介质用于冷却喷射器。

（4）控制和管理系统。控制和管理系统用来调整，管理，监测脱硝系统运行状况。该系统配有一个 PLC 系统和一个就地操作面板。PLC 系统装入了全自动的控制程序，可以和整个系统的所有单元通过现场总线的方式进行数据通信。PLC 系统采集所有相关的数据信息，计算出实时的混合配比，给出工艺所要求的喷射量，并和操作面板进行连接，自动控制原理如图 2-41 所示。操作面板由一个工业计算机和一个触摸屏组成，配置了多幅操作界面，可进行就地的操作和监控，并将信号和指令传送至主操作系统。

二、SCR 脱硝系统

1. SCR 脱硝系统作用及工作原理

选择性催化剂还原 SCR 脱硝系统是利用氨水作为脱硝剂，在烟气温度 200～400℃范围内（取决于脱硝剂种类与烟气成分），在一定 O_2 含量条件下，烟气通过 TiO_2-WO_3-V_2O_5 等催化剂层，与喷入的氨水进行选择性反应，生成无害的氮气和水。SNCR 系统把 NO_x 从 300mg/m³（标态下）降到 200mg/m³，SCR 系统将

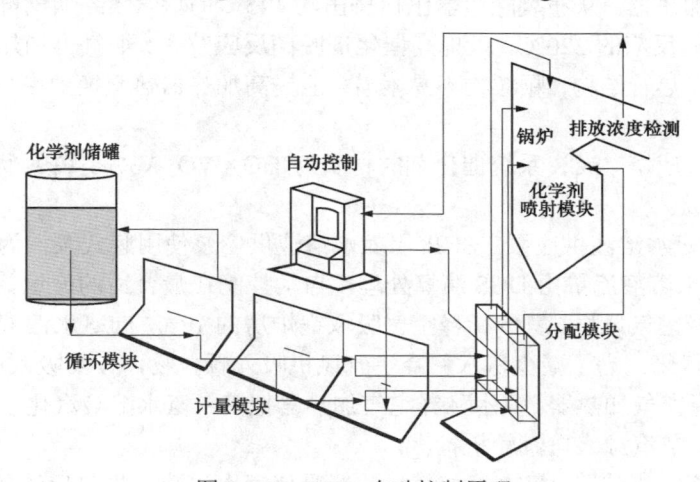

图 2-41 SNCR 自动控制原理

NO_x 从 200mg/m³ 降到 65mg/m³。因此，SNCR 和 SCR 合计有 77%以上的脱硝率。

采用半干法脱硫反应塔+布袋除尘器去除有害气体和颗粒物后，布袋除尘器出口的烟温约为 145℃，该温度不适合催化剂的活性化，需要升温到催化剂脱硝所需的合适温度（220℃以上）。烟气再加热系统把从布袋除尘器出口来的烟气加热到适合于下游的 SCR 系统的脱硝反应温度。采用高温蒸汽作为热源，把烟气加热到适合脱硝反应的温度。

SCR 脱硝系统的脱硝反应与 SNCR 系统相同：
$$4NO+4NH_3+O_2 \longrightarrow 4N_2+6H_2O$$

2. SCR系统流程及设备

SCR系统主要由烟气再加热器、催化剂反应塔、SCR用氨水溶液供应泵、氨水稀释空气风机、氨水稀释空气加热器、氨水溶液汽化装置等设备组成，SCR脱硝系统工艺流程如图2-42所示。

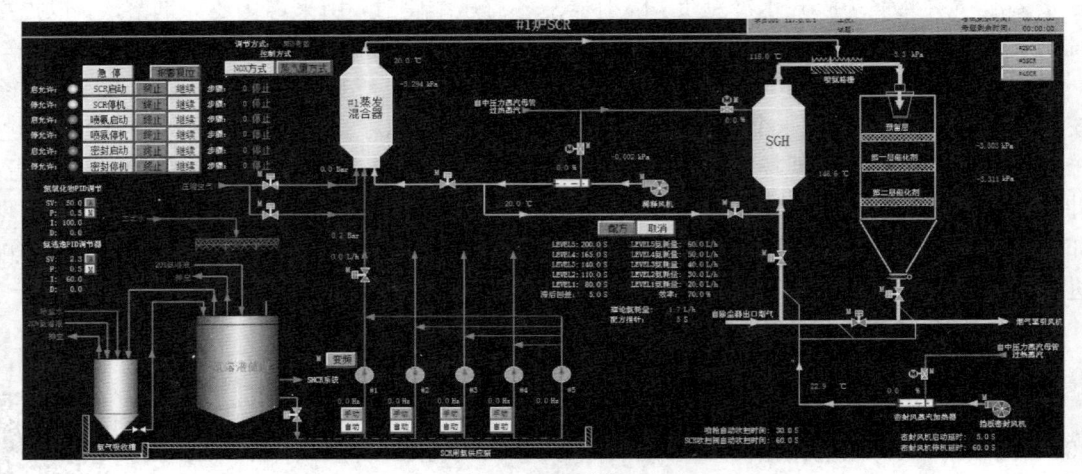

图2-42 SCR脱硝系统工艺流程

（1）烟气再加热器。从布袋除尘器出口排出约145℃的烟气，经烟气再加热器加热到最适合于催化剂脱硝反应的220℃，以提高催化剂脱硝反应效率。烟气再加热器是表面式加热器，采用裸管式受热管结构，颗粒物不易附着，能提高加热器热交换效率，其加热汽源来自汽轮机抽汽。

（2）催化剂反应塔。SCR系统催化剂的材质为TiO_2-WO_3-V_2O_5，蜂窝状结构。催化剂由2层+1层备用构成。

（3）SCR用氨水溶液供应泵。SCR用氨水溶液供应泵使用膜式泵。为了控制烟囱出口的NO_x浓度，氨水溶液流量由DCS演算处理，自动控制在最合适的流量。

（4）氨水稀释空气风机。氨气稀释空气吸取锅炉房的空气，向氨水溶液汽化装置供应空气，使氨水溶液汽化。为了减少氨水稀释空气风机吸入颗粒物，在其吸入口设置过滤器。

（5）氨水稀释空气加热器。氨水稀释空气加热器把喷入氨水溶液汽化装置的稀释空气加热到180℃，其加热汽源来自汽轮机抽汽。

（6）氨水溶液气化装置。氨水溶液气化装置是使氨水溶液与加热后的稀释空气混合，利用稀释空气的热量使氨水溶液中的水分蒸发而产生140℃的氨气，并把氨气喷入催化剂反应塔的容器。

3. SCR系统启动

SCR系统具有一键启动的自动操作功能，正常运行时可依靠PLC程序进行自动运行。启动顺序适用于开工调试、检修调试等过程。

（1）启动前确认。

1）确认锅炉系统已运行；

2）检查氨罐液位正常；

3）确认布袋除尘器出口温度大于 145℃。

(2) 系统启动。

1) 启动密封风机；

2) 开启密封风加热器蒸汽阀门，并投入温度控制；

3) 开启 SGH 蒸汽阀门，并投入温度控制；

4) 稀释风蒸汽加热器蒸汽阀门开启，并投入温度控制；

5) 开启 SCR 出口挡板门；

6) 开启 SCR 进口挡板门；

7) 关闭 SCR 旁路挡板门；

8) 启动稀释风机，开启风阀。

(3) 喷氨启动。

1) 当稀释风加热器出口温度大于等于设定值，反应器内温度达到设定值，并蒸发混合器出口温度达到设定值时，可以启动喷氨程序；

2) 打开喷射器雾化空气阀；

3) 当喷射器雾化空气压力大于等于设定值，开启喷射器氨水管路阀；

4) 启动氨水输送泵；

5) 投入氨水输送泵频率自动控制。

(4) 启动后检查。

1) 检查稀释风机运行情况，确保噪声和振动等不超标；

2) 确认稀释空气的压力；

3) 检查氨水计量泵运行情况，确保噪声和振动等不超标；

4) 检查氨管路是否有泄漏；

5) 检查氨蒸发系统的温度和压力；

6) 确认自动开关阀门的状态。

◆任务实施

填写"投入蒸汽烟气加热器""投入 SNCR 系统"与"投入 SCR 系统"操作票，并在仿真机完成上述任务，维持系统的主要参数在正常范围内。

一、实训准备

(1) 查阅机组运行规程，以运行小组为单位填写"投入蒸汽烟气加热器""投入 SNCR 系统"与"投入 SCR 系统"任务操作票。

(2) 明确职责权限。

1) 脱硝系统操作方案、工作票编写由组长负责。

2) 脱硝系统操作由运行值班员负责，并做好记录，确保记录真实、准确、工整。

3) 组长对操作过程进行安全监护。

(3) 熟悉 600t/d 垃圾焚烧炉发电机组系统平台的操作和控制方法。

(4) 分别调取"投入蒸汽烟气加热器""投入 SNCR 系统"与"投入 SCR 系统"工况，熟悉机组运行状态。

操作票（资源 125～127）

操作票技能操作视频（资源 128～130）

二、任务实施

根据"投入蒸汽烟气加热器""投入 SNCR 系统"与"投入 SCR 系统"操作票，利用仿真系统完成 SNCR 和 SCR 系统投入操作工作任务。

◆任务评价

登录垃圾焚烧发电运行与维护×证书考评系统，严格按照 SNCR 系统投入和 SCR 系统投入操作票进行技能操作。根据工作任务的完成情况和技术标准规范，考评系统会自动给出任务完成情况的评价表。依据评价结果，可以确定学员的技能水平和改进的要求。

工作任务十八　投入活性炭系统

◆任务描述

为满足重金属及有机物污染的排放要求，烟气在进入袋式除尘器前，喷入活性炭。通过任务的学习，掌握活性炭系统流程及设备组成，能利用仿真系统进行活性炭系统投入操作。

◆任务目标

知识目标：掌握活性炭系统流程及设备组成、运行参数及控制方法。

能力目标：能识读活性炭系统流程图，能利用仿真系统进行活性炭系统启动的检查及启动操作，能进行根据机组运行工况调节活性炭喷射量以满足国家环保要求。

素养目标：遵守安全操作规程，培养责任意识；树立规范操作意识，强化岗位职业精神；培养良好的表达和沟通能力。

◆相关知识

一、活性炭系统工作原理

为满足重金属及有机物污染的排放要求，烟气在进入布袋除尘器前，喷入活性炭。活性炭作为吸附剂可吸附汞等重金属及二噁英、呋喃等污染物。吸附后的活性炭在布袋除尘器中和其他粉尘一起被捕集下来，这样烟气中的有害物浓度就可得到严格的控制。

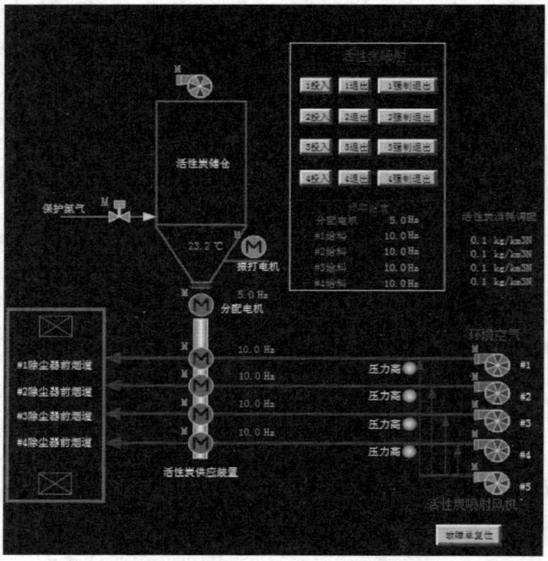

活性炭喷射装置有一个活性炭储仓，在仓底内装有搅拌装置，底部出口有出料螺旋，通过调节其转速来控制活性炭给料斗中料位。活性炭给料斗也装有搅拌装置，料斗出口对应出料螺旋，随后经过旋转出料阀，由喷射风机向布袋除尘器入口段喷射活性炭。随后，被引入布袋除尘器内，活性炭吸附作用主要在布袋除尘器滤袋上进行。

二、活性炭系统设备组成

活性炭系统主要由活性炭储仓、活性炭供应装置、活性炭喷射设备、活性炭流量测量用探测器等组成，系统流程如图 2-43 所示。

图 2-43　活性炭系统流程

三、活性炭系统设备

1. 活性炭储仓

活性炭系统设置 1 座活性炭储仓，储仓为 4 条线运行 7d 所需的容量。活性炭上料用氮气充填，在向活性炭储仓装入活性炭时，为防止活性炭的飞散，在活性炭储仓风机前设有过滤器，过滤后的排气被排放到大气。在活性炭储仓上设有料位开关，用来监视活性炭储仓储存容量，防止活性炭外溢。为监视活性炭储仓内的活性炭发热情况，在活性炭储仓设有温度测量装置，当温度升高到限值时，自动停止活性炭的供应。活性炭储仓还设置振动式架桥破解装置，用来破除储仓内的架桥。

2. 活性炭供应设备

在活性炭储仓底部设置有 4 个排出口的气压输送方式的活性炭供应装置。在每个排出口设置旋转给料的出料装置，通过低浓度气压连续地向活性炭喷射管道中定量输送。活性炭的供应量与烟气流量成比例，由 DCS 演算供应量（SV 值）和设置在喷射管道中的流量计的测量值（PV 值）的偏差，得出活性炭供应量，经 DCS 计算后，转变为活性炭供应装置的变频指令，通过活性炭供应装置旋转次数的增减来控制活性炭供应流量。

3. 活性炭喷射设备

活性炭喷射设备主要由活性炭供应风机、活性炭喷射器组成。活性炭储仓底部供应来的活性炭由活性炭供应风机提供空气运载，由活性炭喷射器喷入布袋除尘器入口前的烟道。在活性炭供应管道中设有压力开关，若输送管道堵塞时，可以实时检测出来。

4. 活性炭流量测量用探测器

在空气输送管道中设置活性炭流量测量用的特殊探测器（微波方式或静电感应式），以该探测器测量出的活性炭流量（kg/h）为基础，控制供应装置的变频器，进行合适的喷射。微波方式是高精度检测密度和流速的方式；静电感应式是非接触性检测出管道内移动的带电粒子的电荷移动的方式。

活性炭流量测量用探测器除用于消石灰、活性炭的喷射装置的喷射量监视、控制等之外，也可用于监视管道堵塞、布袋除尘器滤袋泄漏的早期发现，具有很高的可靠性。

◆任务实施

填写"投入活性炭系统"操作票，并在仿真机完成上述任务，维持活性炭系统的主要参数在正常范围内。

一、实训准备

（1）查阅机组运行规程，以运行小组为单位填写"投入活性炭系统"任务操作票。

（2）明确职责权限。

1）活性炭系统投入方案、工作票编写由组长负责。

2）活性炭系统投入操作由运行值班员负责，并做好记录，确保记录真实、准确、工整。

3）组长对操作过程进行安全监护。

（3）熟悉 600t/d 垃圾焚烧炉发电机组系统平台的操作和控制方法。

操作票（资源 131）

操作票技能操作视频（资源 132）

（4）调取"投入活性炭系统"工况，熟悉机组运行状态。

二、任务实施

根据"投入活性炭系统"操作票，利用仿真系统完成活性炭系统投入操作工作任务。

◆任务评价

登录垃圾焚烧发电运行与维护×证书考评系统，严格按照活性炭系统投入操作票进行技能操作。根据工作任务的完成情况和技术标准规范，考评系统会自动给出任务完成情况的评价表。依据评价结果，可以确定学员的技能水平和改进的要求。

工作任务十九　投 入 真 空 系 统

◆任务描述

垃圾焚烧发电机组是通过水蒸气的热力循环来实现连续热功转换的，通过水蒸气的热力循环，不断地在锅炉中吸热，在汽轮机中膨胀做功，在凝汽器中凝结放热。凝汽器真空越高，汽轮机排气压力就越低，汽轮发电机组的做功量就越大。通过任务的学习，掌握真空系统流程及设备组成，能利用仿真系统进行真空系统投入操作。

◆任务目标

知识目标：掌握真空系统流程及设备组成、影响真空的因素、运行参数及控制方法。

能力目标：能识读真空系统流程图，能利用仿真系统进行真空系统启动的检查及启动操作。

素养目标：遵守安全操作规程，培养责任意识；树立规范操作意识，强化岗位职业精神；培养良好的表达和沟通能力。

◆相关知识

一、真空系统作用

真空系统的作用是机组启动时在凝汽器内建立真空，在机组正常运行时，不断抽出漏入凝汽器的空气，以维持凝汽器的真空。

二、真空系统流程

常用的抽气设备有射气式抽气器、射水式抽气器和水环式真空泵三种。600t/d垃圾焚烧炉发电机组设置2台100%出力的水环式真空泵组，在机组启动时抽出凝汽器汽侧、热井、汽缸及给凝结水泵的空气，以便加快启动速度，在机组正常运行时，抽出漏入真空系统的空气及蒸汽中携带的不可凝结气体，以保证凝汽器必需的真空度和减少其腐蚀。水环式真空泵一台运行，一台备用，为了尽快建立真空，其真空系统流程如图2-44所示。

在凝汽器的壳体上开有两个抽空气的接口连接到抽空气管道上，并在管道上装有两个手动截止阀。在真空泵的入口处抽空气管道上装有手动截止阀、气动蝶阀和止回阀，其中手动截止阀可用以保证阀门的严密性，止回阀能防止外界空气经备用泵组倒流入凝汽器。此外，在凝汽器壳体上还装有真空破坏装置，在汽轮机事故，需要破坏真空紧急停机时，真空破坏阀开启，使凝汽器与大气接通，快速降低汽轮机转速，缩短汽轮机转子的惰走时间。

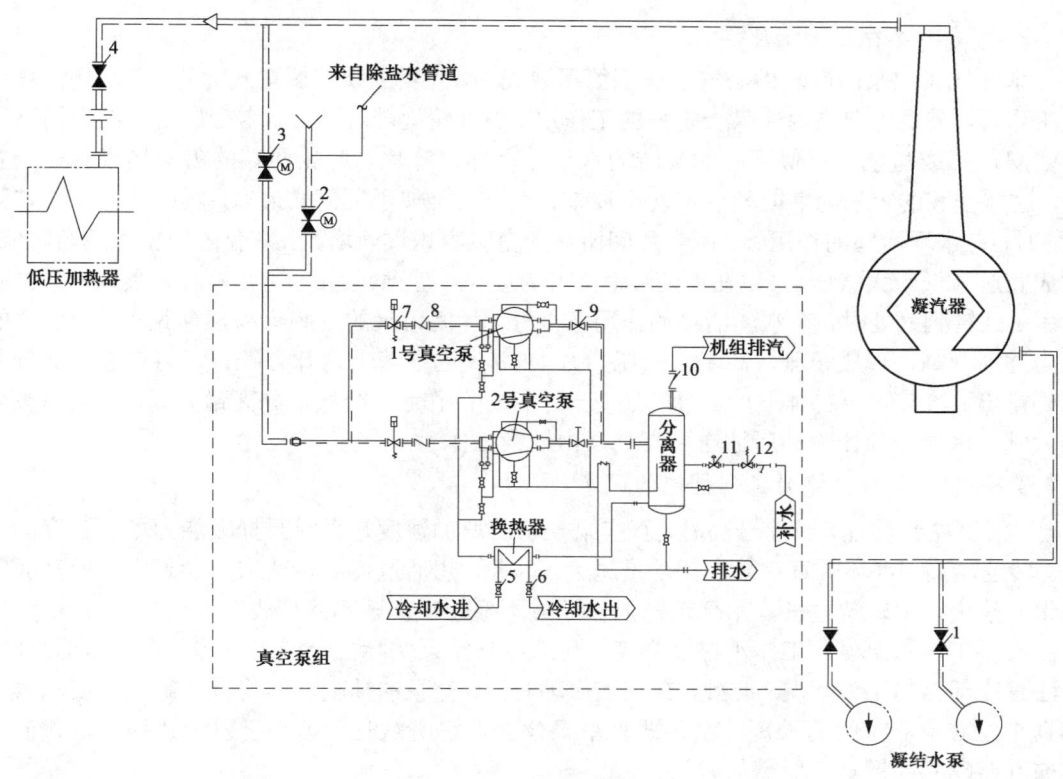

图 2-44 真空系统流程

1—凝泵抽空气手动阀；2—真空泵补水电动网；3—真空泵空气母管手动阀；4—低加抽空气手动网；5—真空泵冷却水进水手动阀；6—真空泵冷却水回水手动阀；7—真空泵进汽阀；8—真空泵进汽逆止阀；9—真空泵进汽逆止阀；10—机组排汽道止网；11—除盐水补水减压阀；12—除盐水补水电磁阀

三、水环式真空泵

1. 水环式真空泵结构

水环式真空泵广泛用于大型机组凝汽设备上，其性能稳定，效率较高，但结构复杂，维护费用较高，其结构如图 2-45 所示。

资源 133、134

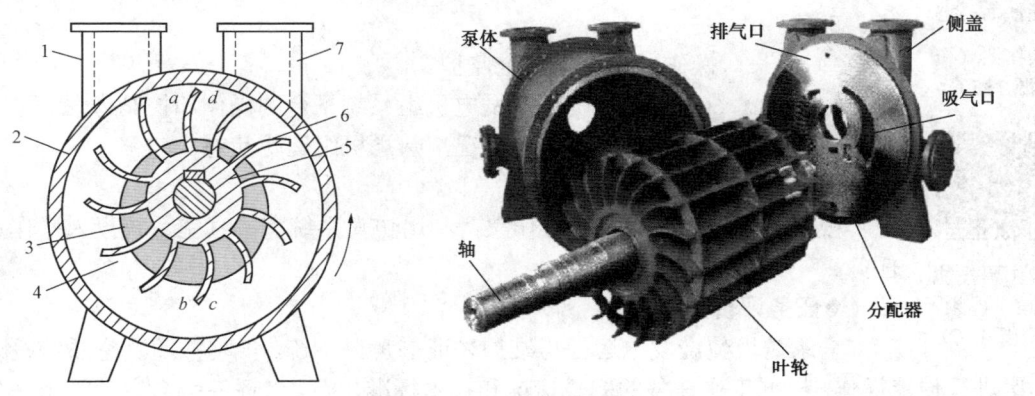

图 2-45 水环式真空泵结构

1—出气管；2—泵壳；3—空腔；4—水环；5—叶轮；6—叶片；7—吸气管

2. 水环式真空泵工作原理

水环式真空泵的叶轮偏心安装在圆筒形泵壳内，叶轮上装有后弯式叶片。在水环式真空泵工作前，需要先向泵内注入一定量的工作水。当叶轮旋转时，工作水在离心力的作用下甩向四周，形成与泵壳近似同心的旋转的水环，水环、叶片与叶轮两端的盖板构成若干个空腔，这些空腔的容积随着叶轮的旋转呈周期性变化，类似于往复式活塞。当叶片由 a 处转到 b 处时，在水环活塞的作用下，两叶片间所夹的空腔容积逐渐增大，空腔内的压力逐渐降低，形成负压（低于大气压力），在 b 处端盖上开有孔口，空气就由此处被吸入真空泵内。当叶片由 c 处转到 d 处时，在水环活塞的作用下，两叶片间所夹的空腔容积逐渐减小，空腔内的压力逐渐升高，形成正压（高于大气压力），在 d 处的端盖上也开有孔口，将空腔内的气体向外排出。随气体一起排出真空泵的还有一小部分工作水，经气水分离罐分离后，气体被排向大气，水经冷却器冷却后被送回真空泵内继续工作。

3. 影响水环式真空泵工作性能的因素

（1）真空泵转速。转速升高时，真空泵耗功的增加速度是真空泵抽吸能力增加速度的平方。转速越高，水环式真空泵的耗功量越大。因此，想通过提高转速来增加真空泵的抽吸能力得不偿失，但转速过低，水环活塞的作用就不理想，甚至不能形成。

（2）工作水温度。工作水温度升高，将造成真空泵实际抽吸能力下降。在机组运行时，应注意冷却器的工作状况。此外，在机组启动时，真空泵的抽吸能力将直接影响到凝汽器启动真空建立所需时间的长短。水环式真空泵建立真空所需时间远小于射水式抽气器或射气式抽气器建立同样真空所需的时间。

◆任务实施

填写"投入真空系统"操作票，并在仿真机完成上述任务，维持真空系统的主要参数在正常范围内。

一、实训准备

（1）查阅机组运行规程，以运行小组为单位填写"投入真空系统"任务操作票。

（2）明确职责权限。

1）真空系统启动方案、工作票编写由组长负责。

2）真空系统启动操作由运行值班员负责，并做好记录，确保记录真实、准确、工整。

3）组长对操作过程进行安全监护。

（3）熟悉 600t/d 垃圾焚烧炉发电机组系统平台的操作和控制方法。

（4）调取"投入真空系统"工况，熟悉机组运行状态。

二、任务实施

根据"投入真空系统"操作票，利用仿真系统完成真空系统投入操作工作任务。

◆任务评价

登录垃圾焚烧发电运行与维护X证书考评系统，严格按照真空系统投入操作票进行技能操作。根据工作任务的完成情况和技术标准规范，考评系统会自动给出任务完成情况的评价表。依据评价结果，可以确定学员的技能水平和改进的要求。

工作任务二十　汽轮机冲转

◆任务描述

汽轮机的冲转是指将汽轮机转子从静止或盘车状态加速至额定转速，然后并网带初始负荷，并将负荷逐步增加到额定值或某一预定值的过程。通过任务的学习，掌握冷态启动时汽轮机的冲转参数及相关启动条件的确定，并结合仿真系统进行汽轮机冷态启动过程中冲转升速至5500rpm。

◆任务目标

知识目标：掌握汽轮机数字电液调节系统操作界面、汽轮机启停过程的限制因素、运行参数及控制方法。

能力目标：能进行汽轮机启动参数的选择，能初步进行汽轮机启动过程热力特性分析，能利用仿真系统进行汽轮机冲转操作。

素养目标：遵守安全操作规程，培养责任意识；树立规范操作意识，强化岗位职业精神；培养良好的表达和沟通能力。

◆相关知识

高速汽轮机是相对于常规汽轮机而言，常规汽轮机转速一般为3000r/min或者1500r/min，高速汽轮机转速一般为5600r/min或者6000r/min。汽轮机转速提高后，相应尺寸变小，结构紧凑，经济性较常规汽轮机有3%～5%的提高，受发电机磁极制约，汽轮机传递到发电机的转速须为3000r/min或者1500r/min，因此汽轮机与发电机之间需要齿轮减速箱减速连接，汽轮发电机功率越大，齿轮减速箱传递的扭矩就越大。目前，一般30MW以下汽轮机采用高速汽轮机。

一、汽轮机冲转过程的限制因素

汽轮机的冲转过程对于汽轮机是一个加热过程，启动速度主要受部件的热应力、热变形、热膨胀和材料的低温脆性等因素限制。具体控制指标有汽缸内、外壁温差，调节级汽缸内壁温度，热膨胀及转子、汽缸的胀差等，启动过程中应该把这些参数限制在合理的范围之内。

资源137、138

1. 汽缸内、外壁温差

汽轮机冲转过程是对汽缸和转子的加热过程。由于金属壁存在热阻，汽缸被加热时，内壁温度高于外壁温度，内壁的热膨胀受到外壁的制约，因而内壁受到压缩，承受压应力；而外壁受到内壁膨胀的拉伸，承受拉应力。汽缸壁所产生的热应力与内外壁温差成正比，温差越大，热应力也就越大。内、外壁温差变化1℃，约能引起2MPa的热应力。为了限制热应力，应该限制汽缸内、外壁温差。一般汽缸内、外壁温差允许在70℃以内。

2. 调节级汽缸内壁温度

冲转过程中，随着进入汽轮机蒸汽温度的不断升高和流量的不断增加，汽轮机转子表面温度迅速上升，但其中心孔温度的上升要明显滞后。温差使得转子表面产生压缩应力，内孔受到拉伸应力。而转子热应力与转子温差成正比，导致转子表面热应力最大。运行中负荷大幅度变化也会造成很大的转子表面热应力。

在所有承受热应力的汽轮机部件中,工作条件最恶劣的是汽缸进汽部分、高压转子、汽缸法兰和螺栓、轴封套等处。随着机组容量的增大,转子的直径也随之加大,轴径厚度超过了汽缸壁厚。在机组运行时,转子面临恶劣的工作条件,热应力控制的重点已经由汽缸转移到转子上。运行中对转子的温度或热应力监视比较困难,试验证明,转子表面温度的变化率非常接近调节级汽缸内壁温度的变化,因此一般用监视和控制调节级汽缸内壁温度的方法来控制转子热应力。

3. 热膨胀及转子、汽缸的胀差

汽轮机冲转过程中,汽缸和转子虽然同样受到蒸汽的加热而产生热膨胀,但由于转子和汽缸的结构、尺寸、质量等不同,它们与蒸汽之间的换热面积、换热系数各不相同,并且转子容易膨胀而汽缸的膨胀要受管道、台板的影响,因而导致汽缸和转子的膨胀量不相等,形成胀差。如转子的膨胀快于汽缸膨胀将产生正胀差;反之,转子的收缩快于汽缸收缩将产生负胀差。

胀差的存在会改变汽轮机内部隔板和叶轮之间的轴向间隙,胀差限值是以汽缸与转子在工况温度下通流部分的轴向间隙为依据,胀差越限可能导致汽轮机设备损坏。

在汽轮机冲转时,转子的加热先于汽缸,则出现胀差正值增加。由于汽轮机各级动叶片的出汽侧轴向间隙大于进汽侧轴向间隙,所以允许的正胀差大于负胀差,启动过程中暖机不当、主蒸汽温度、轴封蒸汽温度、真空突变都会导致汽轮机胀差过大。在汽轮机冲转过程中,应保证主蒸汽温度稳定,防止因温度降低而出现负胀差。

4. 上、下汽缸温差

上、下汽缸温差的存在是引起汽缸热变形的根本原因。汽轮机下缸散热快、上缸散热慢,上缸温度较下缸温度高;因此上缸膨胀大、下缸膨胀小,这就引起汽缸向上拱起,下缸底部动静间隙减小,严重时会导致汽轮机动静部分发生摩擦。上、下汽缸最大温差通常出现在调节级处,而径向的动静间最小处也正好是调节级处。调节上、下汽缸温差每增加1℃,动静径向间隙变化 0.1~0.15mm,因此汽轮机启动时上、下汽缸温差一般要求控制在 35~50℃。

上、下汽缸温差的存在还是引起转子热弯曲的根本原因。当转子热弯曲大于动静部分间隙时,转子弯曲的高点就会与汽封梳齿发生摩擦,这不仅造成汽封梳齿和轴的磨损,还会使转轴表面局部产生高温,轴表面局部高温加大了转子的弯曲。转子的弯曲使转子的重心偏离旋转中心,机组发生振动,随着转速的升高,振动越来越大。这样,摩擦、弯曲、振动的恶性循环必然导致大轴永久性弯曲,使设备损坏。要防止大轴弯曲,除了冲转前转子偏心率不允许超过原始值 0.03mm 外,还要严格控制蒸汽流量和温度变化率。

5. 法兰内、外壁温差

机组在冲转过程中,法兰都处于单向加热状态。当法兰内壁温度高于外壁温度时,使法兰在水平面内产生热弯曲,造成汽缸中部横断面由原来的圆形变成立椭圆,该段法兰将出现内张口,使水平方向两侧的径向间隙变小;而汽缸前、后两端的横断面由原来的圆形变成横椭圆,该段法兰将出现外张口,上、下径向间隙也变小。如果法兰热弯曲过大,有可能造成动静部件摩擦。控制法兰内、外壁温差的目的就是限制热应力和热变形在允许范围之内。

6. 机组振动

汽轮机的异常振动是机械状态和热力状态变动的结果。机组的振动值,一般用轴承振动或轴颈振动的振幅大小来衡量。引起机组异常振动的原因有很多，冲转时应严密监视大轴弯曲不超过规定值，且各阶段的暖机要充分，并注意监视油膜自激振动的发生。

综上所示，汽轮机冲转过程中的热应力、热变形、热膨胀以及由此产生的振动等安全问题，大多与汽轮机主要部件上的温差有关，而温差又主要取决于温升率。因此，一定要制定合理的启动曲线，通过升速、暖机来严格控制蒸汽流量和温度变化率，使整个冲转过程安全、经济、快速。

二、汽轮机数字电液控制系统

汽轮机自动控制系统多采用数字式电液控制系统（DEH），包括 DEH 的硬件及软件。DEH 控制系统主要由控制器、电液转换器、油动机、独立油源、传感器等组成，多采用 WOODWARD505 型数字式调节器。

DEH 系统的主要技术性能指标：转速控制范围 20~5500r/min，精度±1r/min；负荷控制范围 0%~121%额定负荷，精度±0.5%；转速不等率 4.5%，有差、无差可调；额定工况甩负荷时，飞逸转速小于 7%；平均无故障时间大于 3000h；系统可用率 99.9%。

DEH 系统运行方式有程序自动和手动两种控制方式，并且能实现无扰动切换。结合在垃圾焚烧发电机组的应用需求 DEH 基本控制功能如下：

（1）转速控制。DEH 控制器可对汽轮机控制方式，启动条件，暖机、升速和转速的稳定，快速通过临界转速、保持等进行控制。DEH 控制器接收两路转速信号，高值选择后与转速设定值比较，经调节器计算输出控制指令，使油动机动作，控制汽轮机转速。当汽轮机转速升到额定转速 5500r/min 时，可做机械和电气超速实验，并可配合同期装置实现并网。

（2）并网及自动初负荷控制。机组定速后，可手动或自动同期装置及发出的增减信号，调整转速并网。机组并网后，DEH 自动使机组带上初负荷。

（3）负荷控制功能。机组并网后，负荷控制有以下三种方式：① 阀位控制方式，可通过操作来增减阀位的开度控制机组负荷变化；② 功率控制方式，可使机组在定负荷情况下运行。DEH 控制器采样发电机功率信号与负荷设定值相比较，经调节器计算后输出控制指令，控制机组负荷与设定值保持一致；③ 主蒸汽压力控制方式，可使机组按设定的主蒸汽压力工况运行。DEH 控制器采样主蒸汽压力与压力设定值比较，经调节器计算后输出控制指令，维持主蒸汽压力。

（4）进汽压力调节。在主蒸汽进汽管上的压力传感器、变送器给出的压力信号作为串级控制信号进入速度 PID 调节回路，经 DEH 输出的电流信号，给电液转换器转换为液压控制信号控制油动机，改变调节汽阀的阀位，将进汽压力控制在设定值。

（5）超速保护控制。机组转速超限时，DEH 迅速将调节汽阀关闭，然后再开启，转速保持 5500r/min。机组超速保护动作值可设定，当超过设定值时，可实现超速自动停机。

（6）其他功能。频率调节、功率设定、不等率设定、自动启动程序设定、自动同期、零转速投盘车、外部停机输入、显示、报警及运行操作、S232/RS422/RS485 通信接口等。DEH 控制器还可接收 DCS 控制信号在线调整控制参数，控制机组负荷。

三、汽轮机安全监测保护及紧急跳闸系统

1. 汽轮机安全监测保护系统（TSI）

汽轮机安全监测保护系统对机组的轴向位移、轴承振动、胀差、热膨胀、转速、真空等参数进行监测和报警指示，如果参数超限将发出报警或停机信号。

2. 汽轮机紧急跳闸系统（ETS）

当机组参数超限，会对机组设备产生危险时，将对机组进行跳闸处理。ETS基本停机保护功能：汽轮机轴向位移保护、汽轮机超速保护、凝汽器真空保护、汽轮机润滑油压低保护、汽轮机振动大等保护。

四、汽轮机冲转条件

（1）暖管至自动主汽门前，主蒸汽压力在3.13MPa以上，主蒸汽温度在320℃以上。

（2）冷凝器真空保持在-61kPa以上。

（3）汽轮机上下缸温差不大于50℃。

（4）润滑油压为0.12~0.15MPa，各轴承油流正常，油温在35℃以上。

（5）盘车运行正常，汽轮发电机组内部及轴封处无异响，盘车连续运行不少于2h。

（6）投入总保护开关、手动停机保护、轴承振动大保护、超速保护、润滑油压力低保护、轴向位移保护、轴瓦温度高保护等。

五、汽轮机冲转操作

（1）机组达到冲转条件，汇报值长，并做好冲转前各项记录，如汽温、汽压、真空、油温、油压、缸温、汽缸膨胀等。

（2）冲转前应启动交流控制油泵、交流润滑油泵，并投入各油泵连锁。

（3）接到值长冲转命令，汽轮机开始冲转。

（4）按"保护复归"，ETS保护复位，机组挂闸，自动主汽门全开，同时确认各油压建立正常，调速汽门关闭严密，注意汽轮机是否进汽。

（5）DCS上点"运行"按钮，"转速控制"栏变为红色，设定"转速目标"500r/min，并给定"升速率"200r/min。

（6）检查机组内部声音正常后，在2min内均匀升速到500r/min，并在此转速下暖机5min，当转速达500r/min时，向轴封供汽。

（7）检查机组无异常后，在5min内均匀升速至1400r/min，并在此转速下暖机30min，可根据情况延长暖机时间。

（8）转子冲转后盘车装置应自动脱开，电动机自动停止，否则应手动停止，冲转后如果盘车不能自动脱扣，应立即破坏真空紧急停机。

（9）暖机过程中检查机组真空、各轴承油流、油温、振动及机组内部声音应正常，排汽温度任何情况下不得超过100℃。

（10）调节热井水位在正常位置。

（11）低速暖机结束后，当冷油器出口油温达35℃以上时，检查机组无异常后，机组过临界，给定"升速率"200r/min，在临界转速区域DEH自动调整升速率为500r/min，（达到2450~2900r/min升速期间逻辑设定升速率为500r/min）；转速过临界区域后升速率自动降至200r/min，在8min内均匀升速至3400r/min，并在此转速下暖机20min，可根据情况延长暖机时间。机组在过临界区域时轴承座最大振动值不应超过0.10mm。

（12）检查机组各部轴承回油、油温及振动应正常，机组内部声响无异常。

（13）检查汽温、汽压、真空、排汽温度、机组膨胀、润滑油压等应正常。

（14）当冷油器进口油温升高到40℃时，适当调节工作冷油器进水门，维持冷油器出口油温在35~45℃。

(15) 中速暖机后，通知化水专业将凝结水取样化验。

(16) 中速暖机充分后，升速前将主汽压力调整到3.2～3.4MPa，主汽温度调整到320～350℃，保持50℃以上的过热度，同时应注意膨胀变化，以机头百分表为准。

(17) 在5min内升速至5000r/min，并在此转速下维持15min。

六、汽轮机冲转过程中注意事项

(1) 严格监视机组各部分的振动、声响、轴承回油及轴承温度。

(2) 升速时，真空应维持在-0.082MPa以上，当转速升至5500r/min时，真空应达到正常值。

(3) 轴承进油温度不应低于30℃。当进油温度达45℃时，投入冷油器（冷油器投入前应先放出油腔室内的空气），保持其出油温度为35～45℃。

(4) 升速过程中，机组振动不得超过0.03mm，一旦超过该值，则应降低转速至振动消除（延长暖机时间），维持此转速运行30min，再升速，如振动仍未消除，需再次降速运转120min，再升速，此项操作不得超过三次，如仍未消除，则必须停机检查（过临界转速时除外）。

(5) 当转速接近临界转速时，应使转子平稳迅速地通过这个危险转速，不得在此转速下停留，通过临界转速时，各轴承振动最大值不得超过0.10mm（记录好振动最大值）。否则应立即打闸停机，严禁硬闯临界转速或降速暖机。

(6) 在5min内均匀升速至5500r/min定速。

升速过程中应注意：

1) 在暖机和升速过程中，应严格按照暖机和升速过程中控制指标执行；

2) 当转速达5400r/min左右时，调速系统动作，注意主油泵工作情况，确认其工作正常；

3) 当调速系统投入工作后，转速升至5487r/min定速（达到5450r/min升速期间逻辑设定升速率为50r/min）；

4) 调整冷凝器水位，待凝结水合格后，将其打入除氧器；

5) 经常检查汽缸和各抽汽管道疏水是否畅通，如发现异常应及时汇报并处理；

6) 在升速过程中，要经常监视真空、主汽温度、主汽压力、轴向位移、机组膨胀、轴瓦振动、各段抽汽压力和发电机出入口风温、油温、油压和轴瓦回油等情况并及时调整；

7) 汽轮机定速后，进行有关试验，全面检查一切正常后，停止交流启动油泵投连锁，通知电气准备并列；

8) 暖机和升速中应及时监视并调整各参数在正常范围内，各项参数控制范围见表2-1。

表2-1　　　　　　　　汽轮机暖机和升速过程中各项参数控制范围

控制项目	单位	控制数据
主蒸汽升温率	℃/min	2～3
汽缸内外壁温差	℃	<50
汽缸上、下缸温差	℃	<50
轴承振动	mm	<0.03 ≤0.10（过临界）

续表

控制项目	单位	控制数据
各轴承回油温度	℃	<65
润滑油温	℃	35~45
轴向位移	mm	+1.0~-0.6
空负荷排汽温度	℃	≤100

七、汽轮机冲转升速风险预控

汽轮机冲转升速过程中要做好危险点分析及制定危险点预控措施,防止冲转过程中发生事故或事故扩大。汽轮机冲转过程中的危险点及控制措施见表2-2。

表2-2　　　　　　　　汽轮机冲转过程中危险点及控制措施

序号	危险点	控制措施
1	主要保护未投入或拒动	1. 冲转前试验机组各项保护动作正常; 2. 机组振动监测系统投入且工作正常,振动等各项主保护在冲转前必须可靠投入
2	冲转参数选择不当	1. 冲转前确认蒸汽参数等各主要测点准确; 2. 冲转参数确认润滑油温度、汽轮机真空,TSI参数符合规程规定,蒸汽温度与金属温度良好匹配; 3. 冲转过程中尽量保证蒸汽参数稳定; 4. 严防水击发生,运行人员应该明白低转速时发生水击对汽轮机的危害比高转速时更为严重
3	强行冲转	1. 严格执行规程及操作票制度; 2. 冲转前盘车必须连续运行,以减少冲转惯性; 3. 汽轮机冲不动时,应对系统进行全面检查,任何时候均不允许强行挂闸冲转
4	冲转后盘车不能脱扣	1. 冲转时盘车应处于"自动"控制方式; 2. 热工必须保证盘车控制回路完好,以免啮合手柄不能自动退出; 3. 冲转后盘车不能脱扣必须立即打闸停机; 4. 冲转时运行人员应远离啮合手柄,防止啮合手柄动作伤人
5	机组振动大而强行通过临界转速	1. 运行人员应该熟知本台机组的升速振动特性和临界转速值; 2. 主汽压力必须保证机组能顺利通过临界转速,避免因压力较低在临界转速出现急速现象; 3. 任何时候均禁止在临界转速附近停留; 4. 严格执行升速过程中振动大停机的相关规定:在中速暖机前轴系振动超过0.125mm,或通过临界转速时轴系振动超过0.25mm时,应立即打闸停机,严禁强行通过临界转速或因振动大降速暖机,如振动超标必须回至盘车状态,查明原因并消除后经过连续盘车4h方可重新启动
6	轴瓦金属温度或回油温度超限	1. 开机前确认轴瓦金属温度及回油温度测点准确; 2. 整个冲转过程中,防止振动、轴向位移等参数超限; 3. 保证润滑油温正常; 4. 加强轴瓦金属温度及回油温度监视,发现问题按规程进行处理
7	动静碰摩	1. 当汽轮机冲转至规定转速摩擦检查时,重点检查汽轮机动静部分是否有摩擦,并严密监视各瓦金属温度、回油温度及振动值。若发现缸内有异常摩擦声音,或汽封油挡处冒火花,应立即打闸停机; 2. 整个冲转过程中,汽轮机平台应有人不间断巡视,仔细监听汽缸内、轴封处声音应无异常;一旦听到明显异音,必须立即紧急停机

◆任务实施

填写"投入汽轮机疏水系统"和"汽轮机冲转"操作票,并在仿真机完成上述任务,维持汽轮机的主要参数在正常范围内。

一、实训准备

(1)查阅机组运行规程,以运行小组为单位填写"投入汽轮机疏水系统"和"汽轮机冲转"任务操作票。

(2)明确职责权限。

1)"投入汽轮机疏水系统"和"汽轮机冲转"操作方案、工作票编写由组长负责。

2)"投入汽轮机疏水系统"和"汽轮机冲转"操作由运行值班员负责,并做好记录,确保记录真实、准确、工整。

3)组长对操作过程进行安全监护。

(3)熟悉600t/d垃圾焚烧炉发电机组系统平台的操作和控制方法。

(4)调取"投入汽轮机疏水系统"和"汽轮机冲转"工况,熟悉机组运行状态。

二、任务实施

根据"投入汽轮机疏水系统"和"汽轮机冲转"操作票,利用仿真系统完成汽轮机冲转操作工作任务。

操作票(资源139、140)

操作票技能操作视频(资源141、142)

◆任务评价

登录垃圾焚烧发电运行与维护X证书考评系统,严格按照汽轮机冲转操作票进行技能操作。根据工作任务的完成情况和技术标准规范,考评系统会自动给出任务完成情况的评价表,依据评价结果。可以确定学员的技能水平和改进的要求。

工作任务二十一　投入轴封系统

◆任务描述

汽轮机运转时转子和静子之间需有适当的间隙,应不相互碰摩。存在间隙就会导致漏气(汽),这样不但会降低机组效率,还会影响机组安全运行。轴封系统能减少蒸汽泄漏及防止空气漏入汽轮机。通过任务的学习,掌握轴封系统流程及设备组成,能利用仿真系统进行轴封系统投入操作。

◆任务目标

知识目标:掌握轴封系统流程及设备组成、运行参数及控制方法。

能力目标:能识读轴封系统流程图,能利用仿真系统进行轴封系统启动的检查及启动操作。

素养目标:遵守安全操作规程,培养责任意识;树立规范操作意识,强化岗位职业精神;培养良好的表达和沟通能力。

◆相关知识

一、轴封系统作用

轴封系统的主要作用是向汽轮机的轴端供密封蒸汽,防止蒸汽向外泄漏,同时为了防止空气进入轴封系统,在高压区段最外侧的一个轴封汽室必须将蒸汽和空气的混合物抽出,以确保汽轮机有较高的效率；在汽轮机的低压区段，则必须向汽室送气防止外界的空气进入汽轮机内部。

二、轴封系统构成

轴封系统主要由密封装置、轴封蒸汽母管、轴封加热器等设备及相应的阀门、管路系统构成，如图2-46所示。

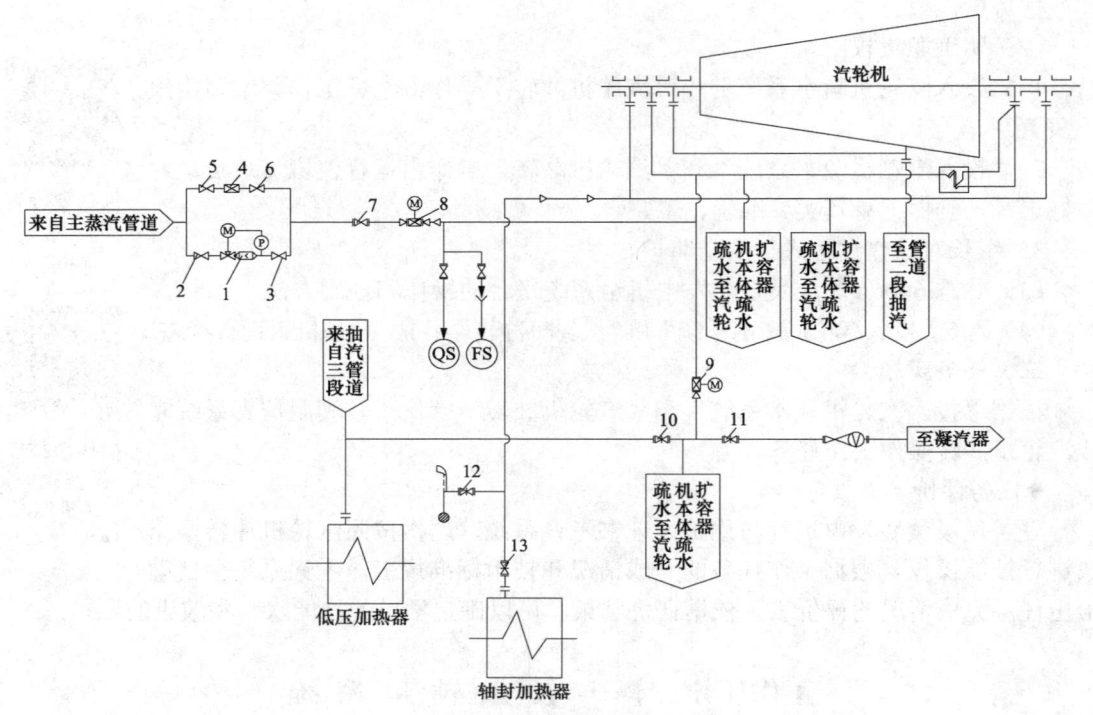

图2-46 轴封系统构成

1—主蒸汽至轴封供汽双减；2—主蒸汽至轴封供汽双减前手动阀；3—主蒸汽至轴封供汽双减后手动阀；4—主蒸汽至轴封供汽双减旁路手动调节阀；5—主蒸汽至轴封供汽双减旁路手动调节阀前手动阀；6—主蒸汽至轴封供汽双减旁路手动调节阀后手动阀；7—轴封供汽手动阀；8—轴封供汽电动调节阀；9—轴封排汽电动调节阀；10—轴封排汽至三段抽汽手动阀；11—轴封排汽至凝汽器手动阀；12—轴加进汽手动阀；13—轴封漏气放空阀；QS—启动疏水；FS—放水

汽轮机在运行时为了尽量避免蒸汽从前端泄漏，从后端漏入空气而破坏真空。采用了前后汽封系统装置。同时在前汽封和转子间设有平衡活塞来平衡转子的轴向推力。

转子和汽缸间隙是通过非接触的迷宫式汽封密封。前汽封分为三个汽封室，后汽封有两个汽封室。前汽封从内到外排列，各段的汽封环均装在前汽封体上。前汽封第1段汽室蒸汽和汽缸抽汽口Ⅲ蒸汽平衡后作为除氧器抽汽；前汽封第2段室的蒸汽作为汽封密封蒸汽经汽封蒸汽母管，一部分引到后汽封第1段汽室，多余的部分蒸汽引到低压加热器；前汽封第3段室的气体由汽封漏气和从末段汽封漏进的空气组成（此室压力比常压低）直接排到漏气冷凝器。

轴封系统投入时密封蒸汽来自主蒸汽母管，经减温减压后送至轴封系统。系统设有两个调节阀，调节轴封压力保持在一个范围内。当轴封压力低了，减温减压站来的蒸汽通过一调节阀引入；当轴封压力高了，其多余蒸汽经另一调节阀后进入低压加热器。前汽封的漏气和后汽封的漏气通过母管直接引入漏气冷凝器，这样可防止轴封漏汽进入前、后轴承座和排到厂房内。

1. 密封装置

密封装置也称为汽封装置。汽封装置用来减少通过两端的轴端漏气。按照密封机理不同，汽封可分为接触式汽封和非接触式汽封两大类，接触式汽封有碳精环汽封和刷式汽封等形式；非接触式汽封有曲径式汽封和蜂窝式汽封等形式。轴端汽封多采用梳齿形汽封，其结构如图2-47所示。

梳齿形汽封在汽封环上直接车出或镶嵌上汽封齿，汽封齿高低相间，在汽轮机主轴上车有环形凸肩或套装上带有凸肩的汽封套，汽封低齿接近凸肩顶部，高齿对应凹槽，构成许多环形孔口和环形汽室，形成了由许多环形孔口和环形汽室组成的曲折的蒸汽通道，其原理如图2-48所示。蒸汽通过时，在依次连接的环形孔口处反复节流，逐步膨胀降压，随着汽封齿数的增加，每个孔口前后的压差减小，流过孔口的蒸汽流量也减小。

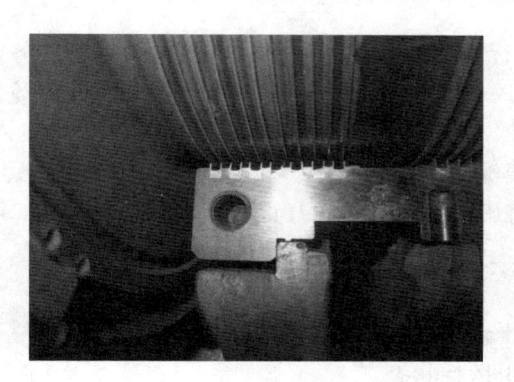

图2-47 梳齿形汽封结构

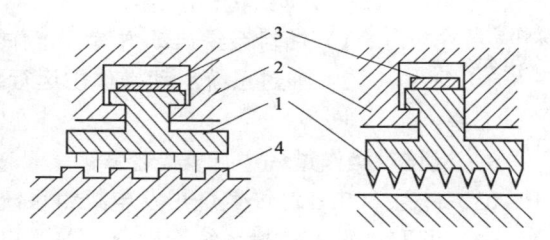

图2-48 梳齿形汽封原理
1—汽封环；2—汽封体；3—弹簧片；4—汽封凸肩

2. 轴封加热器

轴封加热器的作用是利用轴封蒸汽的回汽加热凝结水，以减少热损失。通过凝结水冷却轴封回汽，使轴封回汽由气态变成液态，从而形成负压。轴封加热器上部设有轴封加热器风机，其作用是将不凝结气体排向大气，始终维持轴封加热器在负压状态，保证轴封回气的顺畅。轴封加热器在运行时处于微负压状态，压力大约在-6kPa。

资源143

轴封加热器的疏水方式有单级水封（U形管）和多级水封两种。U形管是一种根据压差自动排水装置，U形管内水柱的高度是由凝汽器内的压力和轴封加热器内压力的差值。正常情况下水柱封住凝汽器入口不让空气和蒸汽漏入凝汽器内部破坏真空，而疏水是通过自身的重量压入凝汽器。

3. 多级水封

多级水封的作用是保障轴封加热器疏水至凝汽器热井通畅，并能防止空气经轴封加热器进入凝汽器造成真空下降，轴封加热器至凝汽器的多级水封为4级，原理如图2-49所示。

◆任务实施

填写"投入轴封系统"操作票，并在仿真机完成上述任务，维持轴封系统的主要参数在正常范围内。

图 2-49 多级水封工作原理示意

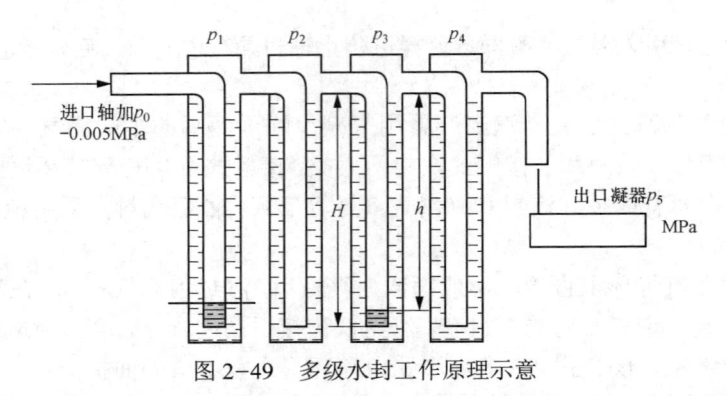

H—p_2级水封筒与p_1级水封筒之间的差压；h—p_3级水封筒与p_4级水封筒之间的压差

一、实训准备

（1）查阅机组运行规程，以运行小组为单位填写"投入轴封系统"任务操作票。

（2）明确职责权限。

1）轴封系统启动方案、工作票编写由组长负责。

2）轴封系统启动操作由运行值班员负责，并做好记录，确保记录真实、准确、工整。

3）组长对操作过程进行安全监护。

（3）熟悉 600t/d 垃圾焚烧炉发电机组系统平台的操作和控制方法。

（4）调取"投入轴封系统"工况，熟悉机组运行状态。

二、任务实施

根据"投入轴封系统"操作票，利用仿真系统完成轴封系统投入操作工作任务。

◆任务评价

登录垃圾焚烧发电运行与维护×证书考评系统，严格按照轴封系统投入操作票进行技能操作。根据工作任务的完成情况和技术标准规范，考评系统会自动给出任务完成情况的评价表。依据评价结果，可以确定学员的技能水平和改进的要求。

工作任务二十二 发电机并网

◆任务描述

当汽轮机冲转至 5500r/min 定速后，发电机-变压器组系统及励磁系统恢复备用状态，根据并网条件，进行发电机并网操作。通过任务的学习，掌握发电机并网操作方法，能利用仿真系统进行发电机并网操作。

◆任务目标

知识目标：掌握发电机组并列操作条件、操作过程和注意事项。

能力目标：能利用仿真系统进行发电机并网操作并维持机组带初负荷运行。

素养目标： 遵守安全操作规程，培养责任意识；树立规范操作意识，强化岗位职业精神；培养良好的表达和沟通能力。

◆ **相关知识**

一、同步发电机工作原理

同步发电机主要由定子铁芯、定子绕组、转子铁芯和励磁绕组组成。励磁绕组中通以直流电流励磁，产生恒定的磁场，当原动机拖动转子以转速 n 旋转时，定子绕组导体将切割磁力线，在定子绕组中将感应出交变电动势。当导体经过一对磁极，导体中的感应电动势就变化了一个周波，若转子极对数为 P，转子旋转一周，导体感应电动势就变化了 P 个周波。设转子转速为 n，则感应电动势的频率为 $f = Pn/60$。同时，当三相对称绕组接有三相对称负载时，绕组中会有三相对称电流流通，形成磁场，其合成磁动势是一个幅值恒定的旋转磁动势，且转速决定于电流的频率和磁极对数，即转速 $n_1 = 60f_1/P$。显然，转子的转速与气隙磁场的旋转速度相等，所以称之为同步电机。

资源 146

1. 发电机励磁系统

同步发电机励磁系统是供给同步发电机励磁电流的电源，主要由励磁功率单元和励磁调节器两部分组成。励磁功率单元是指向同步发电机转子绕组提供直流励磁电流的电源部分；励磁调节器则是根据控制要求的输入信号和给定的调节准则控制励磁功率单元输出。励磁系统一方面向同步发电机的励磁绕组供电以建立转子磁场，并根据发电机运行工况自动调节励磁电流以维持机端及系统电压水平，另一方面决定着电力系统并联机组间无功功率的分配，对电力系统并联机组稳定运行起着极大作用。

发电机的励磁由无刷励磁装置供给。无刷励磁装置由同轴的交流无刷励磁机、励磁变压器及励磁功率单元和自动电压调节器组成。

2. 发电机保护

发电机继电保护装置可实现发电机的纵联差动保护、复合电压启动过流保护、定子单相接地保护、定子对称过负荷保护及低励失磁保护。

（1）发电机的纵联差动保护。发电机的纵联差动保护作为发电机定子绕组及铜排出线相间短路的主保护，动作后瞬时跳开发电机出口开关及联跳灭磁开关同时关闭汽轮机主汽门。DCS 上弹出"发电机差动"事件报文，同时事故音响。

（2）复合电压启动过流保护。复合电压启动过流保护作为发电机外部短路的主保护，同时作为发电机纵联差动保护的后备保护，动作后经延时跳开发电机出口开关及联跳灭磁开关同时关闭汽轮机主汽门。DCS 上弹出"发电机复合电压启动过流"事件报文，同时事故音响。

（3）单相接地保护。单相接地保护可反映发电机定子绕组单相接地故障。

（4）对称过负荷保护。对称过负荷保护可反映对称负荷引起的过电流，一般动作于信号。

（5）失磁保护。失磁保护能反映发电机由于励磁系统故障造成发电机失去励磁，并根据失磁严重程度令发电机减负荷或跳闸。

二、电气主接线

发电厂电气主接线是发电厂电气部分的主体,是由一次设备按一定要求和顺序连接起来的电路,它反映各设备的作用、连接方式和回路的相互关系。机组的电气主接线如图 2-50 所示。

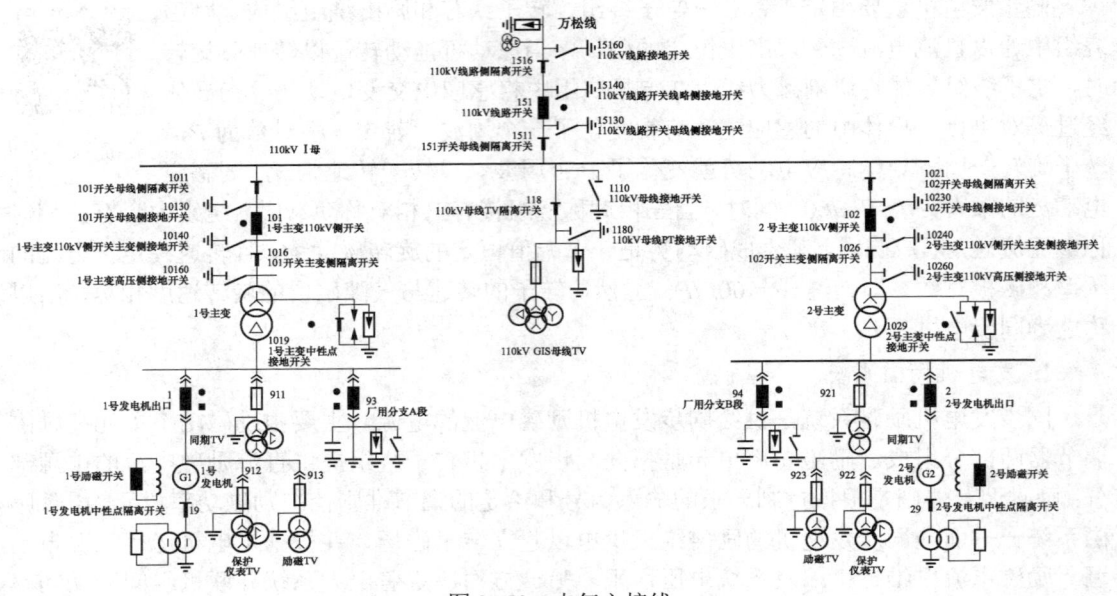

图 2-50 电气主接线

机组电气主接线正常运行方式:1 号发电机经 1 和 93 开关供 10kV A 段母线,除向厂用 10kV A 段供电外,剩余电量经 1 开关由 1 号主变升压送出至 110kV Ⅰ 段母线;2 号发电机经 2 和 94 开关供 10kV B 段母线,除向厂用 10kV B 段供电外,剩余电量经 2 开关由 2 号主变升压送出至 110kV Ⅰ 段母线,110kV Ⅰ 段母线通过万松线,在松林站上网。

三、发电机并列操作

1. 发电机升压

发电机转速达到额定转速后检查轴承温度和轴瓦温度;对空冷系统应检查冷却系统漏风情况等机组运行参数的检查。发电机达到额定转速后才能合灭磁开关,手动升压合灭磁开关前,应检查手动励磁值在最小位置。发电机升压时注意事项如下:

(1)三相定子电流表的指示均应等于或接近于零,如果发现定子电流有指示,说明定子绕组上有短路(如临时接地线未拆除等),这时应减励磁至零,拉开灭磁开关进行检查。

(2)三相电压应平衡,同时也以此检查一次回路和电压互感器回路有无开路。

(3)当发电机定子电压达到额定值,转子电流达到空载值时,将磁场变阻器的手轮位置标记下来,便于以后升压时参考。核对这个指示位置可以检查转子绕组是否有匝间短路,因为有匝间短路时,要达到定子额定电压,转子的励磁电流必须增大,这时该指示位置就会超过上次升压的标记位置。

(4)在定子电压起压正常且三相电压平衡、三相电流为零的基础上,发电机定子电压缓慢升至 10.5kV。

2. 发电机并列

当发电机电压升到额定值后，可进行发电机并列操作。并列是一项非常重要的操作，必须小心谨慎，操作不当将产生很大的冲击电流，严重时会使发电机遭到损坏。发电机的同期并列方法有两种，即准同期并列与自同期并列，现在广泛采用自动准同期装置进行自动准同期并列。发电机准同期并列应满足以下四个条件：① 发电机与系统电压差不大于 5%；② 发电机与系统频率差不大于 0.1Hz；③ 发电机与系统相位相同；④ 发电机与系统相序一致。

发电机并列后立即带 3%～5%负荷暖机，以防止逆功率保护动作。并列后的有功负荷增加速度取决于汽轮机，并网结束后要对机组进行全面检查，使机组参数在正常范围之内。

四、发电机运行规定

（1）发电机并列后，有功负荷的增加速度决定于汽轮机。
（2）检查发电机控制系统和励磁系统、继电保护工作正常。
（3）发电机按照制造厂铭牌规定数据运行的方式称为额定运行方式。发电机可以在这种方式下长期连续运行。

发电机组运行参数变动时的运行规定如下：

1）正常运行时，发电机的频率应经常保持 50Hz 运行。频率正常变化范围应在额定值的±0.2Hz，最大偏差不应超过±0.5Hz，频率超过额定值的±2.5Hz 时，应立即停机。

2）发电机应在额定电压下运行，电压偏差范围不超过额定值的±5%，相应电流变化±5%。最高电压不得超过额定值的 110%，最低电压不应低于额定值的 90%。此时定子电流的大小，以转子电流不超限为限。电压低于额定值的 95%时，定子长期允许的电流数值不得超过额定值的 105%。

3）发电机的功率因数一般不应超过迟相的 0.95（有功与无功负荷之比为 3∶1）。在低功率因数运行时，励磁机的定子励磁电流不得大于铭牌的额定励磁电流值，严防发电机转子绕组过热。

4）正常运行时发电机有功功率不应大于额定功率。发电机未经特殊试验，不得随意超负荷运行。需要超负荷运行时，必须经技术部经理批准。

5）发电机无功负荷应保证机端和厂用系统电压在额定范围，按省调或地调命令和无功负荷预报曲线、功率因数运行。

6）发电机三相电流应平衡，且不得超过额定值。三相定子不平衡电流之差与额定电流之比，不得超过 10%。三相不平衡电流超过允许值时，应首先检查是否由于表计及其回路故障引起。若不是表计及其回路有故障，应适当减少励磁，降低定子电流，使其任一相最大电流不得超过额定值，必要时降低有功。

7）发电机转子、定子线圈、定子铁芯的最大允许温升。发电机在额定冷却空气温度及额定功率因数下，带额定负荷连续运行时所产生的温度，转子不允许超过 130℃，定子线圈、定子铁芯不允许超过 120℃，其温升限度见表 2-3。

表 2-3　　　　　　　　发电机部件温度测量方法及允许温升

部件名称	允许温升限度（℃）	测量方法
定子线圈	65	电阻温度计法
转子线圈	90	电阻法

续表

部件名称	允许温升限度（℃）	测量方法
定子铁芯	65	电阻温度计法
轴承	65	电阻温度计法

8）发电机的进风额定最高温度一般不允许超过40℃（超过42℃应视为不正常，应立即处理），冷却空气的相对湿度不得超过90%；进风温度最低以空冷器不凝结水珠为限。出口风温不作具体规定，但出入口风温差不得超过30℃。进风温度超过40℃时，需控制发电机的电流运行：41～45℃时，每增加1℃相应减少的电流为发电机额定电流的1.5%；46～50℃时，每增加1℃相应减少的电流为发电机额定电流的2.0%；51～55℃时，每增加1℃相应减少的电流为发电机额定电流的3.0%；但最高入口温度不允许超过55℃。当进风温度低于额定值时，每降低1℃，允许定子电流升高额定值的0.5%，但最高不得超过105%，此时转子电流允许有相应的增加。

9）发电机在额定工况下轴承排油温度不超过65℃，轴瓦金属最高温度不超过80℃。应随时观察进油温度不大于45℃，出油温度不得超过70℃，轴承内的油压不低于0.05MPa。空冷器进水温度不超过33℃。

10）监视发电机轴承振动情况，轴承和机座不得发生异常的振动，否则降负荷运行，并查明原因。在启动升速过程中，轴承振动正常不超过0.05mm。当达到临界转速时可能出现较大的振动，应尽快平稳通过临界转速区域。

（4）发电机定子电流超过允许值时，值班员应首先检查发电机的功率因数和电压，并注意核算电流超过规定值的倍数和持续时间，减小转子励磁电流，降低定子电流到最大允许值，但不得使功率因数过高和电压过低；如果减小励磁电流不能使定子电流降低到正常值时，则必须降低发电机的有功负荷。

◆任务实施

填写"发电机并网"操作票，并在仿真机完成上述任务，维持发电机组的主要参数在正常范围内。

一、实训准备

（1）查阅机组运行规程，以运行小组为单位填写"发电机并网"任务操作票。

（2）明确职责权限。

操作票（资源147）

1）发电机并网操作方案、工作票编写由组长负责。

2）发电机并网操作由运行值班员负责，并做好记录，确保记录真实、准确、工整。

3）组长对操作过程进行安全监护。

（3）熟悉600t/d垃圾焚烧炉发电机组系统平台的操作和控制方法。

（4）调取"发电机并网"工况，熟悉机组运行状态。

二、任务实施

根据"发电机并网"操作票，利用仿真系统完成发电机并网操作工作任务。

项目二 垃圾焚烧发电机组冷态启动

◆**任务评价**

登录垃圾焚烧发电运行与维护×证书考评系统，严格按照发电机并网操作票进行技能操作。根据工作任务的完成情况和技术标准规范，考评系统会自动给出任务完成情况的评价表，依据评价结果。可以确定学员的技能水平和改进的要求。

操作票技能
操作视频
（资源148）

工作任务二十三 机 组 升 负 荷

◆**任务描述**

机组并网后即可进行升负荷操作，通过任务的学习，掌握机组负荷控制方式及升负荷方法，掌握回热抽汽系统、吹灰系统的作用及投入操作方法。

◆**任务目标**

知识目标：掌握机组负荷控制方法、回热抽汽系统的作用及系统流程。

能力目标：能利用仿真系统进行升负荷操作，能利用仿真系统进行回热抽汽系统投入操作，能利用实训仿真系统进行机组吹灰操作。

素养目标：遵守安全操作规程，培养责任意识；树立规范操作意识，强化岗位职业精神；培养良好的表达和沟通能力。

◆**相关知识**

一、机组负荷控制方式

汽轮机并网后，可以进行机组升负荷操作。汽轮机升负荷方式有三种：阀控方式，功控方式和压控方式，如图2-51所示。这三种方式之间的切换是无扰的，机组运行人员可以根据实际情况，随意切至任一种方式下进行。

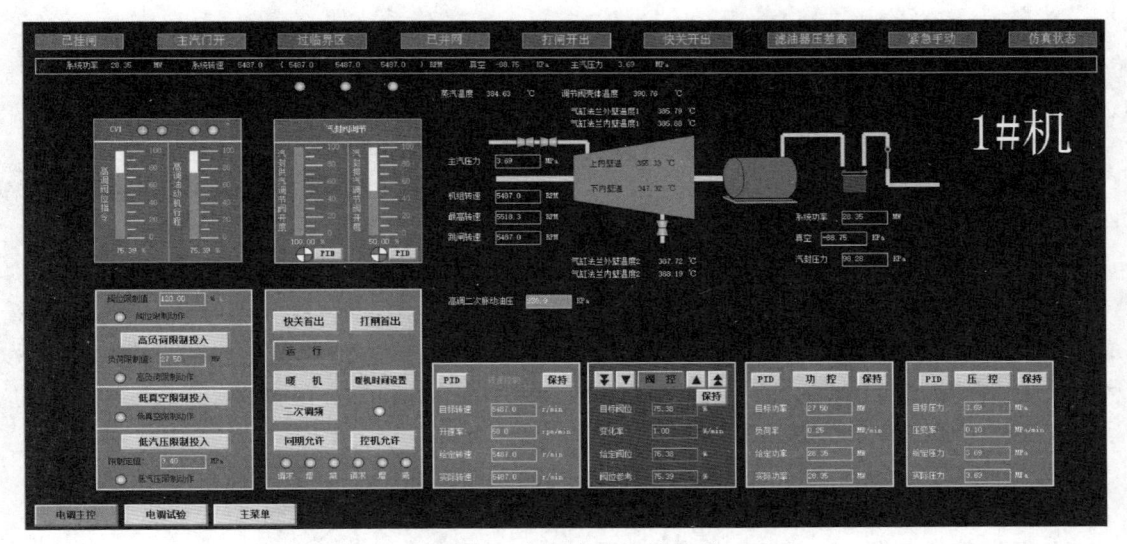

图2-51 机组负荷控制画面

阀控方式就是运行人员人为手动设定汽轮机目标阀位值和阀位变化速率，通过改变阀位的开度来改变机组进汽量从而改变机组负荷的方式。

功控方式就是运行人员通过设定机组目标负荷值和负荷变化速率，DEH系统通过负荷偏差来改变机组阀门开度从而改变机组负荷的方式。

压控方式是运行人员通过设定汽轮机机前压力值和压力变化速率，当机组机前压力与设定值有偏差时，通过改变机组阀门开度来维持汽轮机机前压力与压力设定值一致，从而使机组负荷发生变化。

二、机组升负荷过程操作

（1）发电机并列后立即带 1.2MW 电负荷，停留 10min，再以 0.3MW/min 速度增负荷至 12.5MW，停留 8min，仍以 0.3MW/min 速度增负荷至 25MW；减负荷的速度和加负荷的速度一样。各负荷段升负荷速率见表 2-4。

表 2-4　　　　　　　　　　发电机并列后升负荷速率

负荷（MW）	0~1.2	1.2	1.2~12.5	12.5	12.5~25
内容	加负荷	暖机	加负荷	暖机	加负荷
时间	—	10min	0.3MW/min	8min	0.3MW/min

（2）升负荷过程的主要操作。

1）倾听机组内部声音，检查各轴承油流、胀差、绝对膨胀、油温及振动，注意检查汽温，汽压，真空、油压、风温等的变化，进行必要的调整。

2）注意调整轴封供汽压力及热水井水位。

3）当负荷达 2MW 时投入低压加热器，负荷达 8MW 时，投入二抽向除氧器供汽，负荷达 15MW 时，投入一抽向用户供汽，投入前一定要进行充分暖管。

4）在加负荷过程中，监视循环冷却水进水温度，如高于 30℃，根据负荷及循环冷却水进水温度调整冷却水进出口门，严重时启动备用泵运行。

5）加负荷过程中，排气温度应小于 65℃。

6）调整发电机出、入口风温：发电机入口风温正常应保持在 20~40℃，最低不得低于 20℃，发电机出口风温不作具体规定，但应监视出入口风温差不得超过 30℃。

7）当主汽温度达 380℃以上时，可关闭主蒸汽管疏水门及汽轮机本体疏水门。

8）机组启动时，应记录各暖机转速和各负荷下汽缸各测点温度值，检查膨胀、振动情况。

三、回热抽汽系统投入

1. 回热抽汽系统作用

回热抽汽系统指与汽轮机回热抽汽有关的管道及设备，在蒸汽热力循环中，通常是从汽轮机数个中间级抽出一部分蒸汽，送到给水加热器中用于锅炉给水的加热（即抽汽回热系统）及各种厂用汽等。汽轮机采用回热循环的主要目的是提高工质在锅炉内吸热过程的平均温度，减少冷源损失，以提高机组的热经济性。

2. 回热抽汽系统流程

汽轮机有三级非调整抽汽。第 1 级非调整抽汽作为一、二次风蒸汽-空气预热器的汽源；第 2 级非调整抽汽作为除氧器加热用汽、轴封供汽的汽源及采暖用汽，除氧器工作参数：压力为 0.27~0.36MPa，温度为 130~140℃；第 3 级非调整抽汽作为低压加热器的汽源。一段抽汽及二段抽汽为母管制。

正常情况下，蒸汽-空气预热器加热用汽由汽轮机一段抽汽供给，除氧器加热用汽、轴封供汽由汽轮机二段抽汽供给。若机组低负荷运行，抽汽参数不满足蒸汽-空气预热器加热用汽要求时，或当汽轮机组事故停运，无抽汽时，锅炉仍然需要维持运行一段时间，蒸汽-空气预热器、除氧器加热用汽和轴封供汽汽源由主蒸汽通过相应的减温减压器减温减压后供给。

3. 回热抽汽系统设备组成

回热抽汽系统由低压加热器、抽汽电动阀、抽汽止回阀和疏水系统组成。

（1）低压加热器。

1）低压加热器的作用及结构。利用汽轮机中做过部分功的蒸汽或汽封漏气来加热主凝结水，回收热量和工质。低压加热器结构是较多的采用直立管板式加热器。加热器的受热面一般是用黄铜管或无缝钢管构成的直管束或 U 形管束组成的。被加热的水从上部进水管进入分隔开的水室一侧，再流入 U 形管束中，U 形管在加热器的蒸汽空间，吸收加热蒸汽的热量，由管壁传递给管内流动的水，被加热的水经过加热器出口水室流出，如图 2-52 所示。

资源 149、150

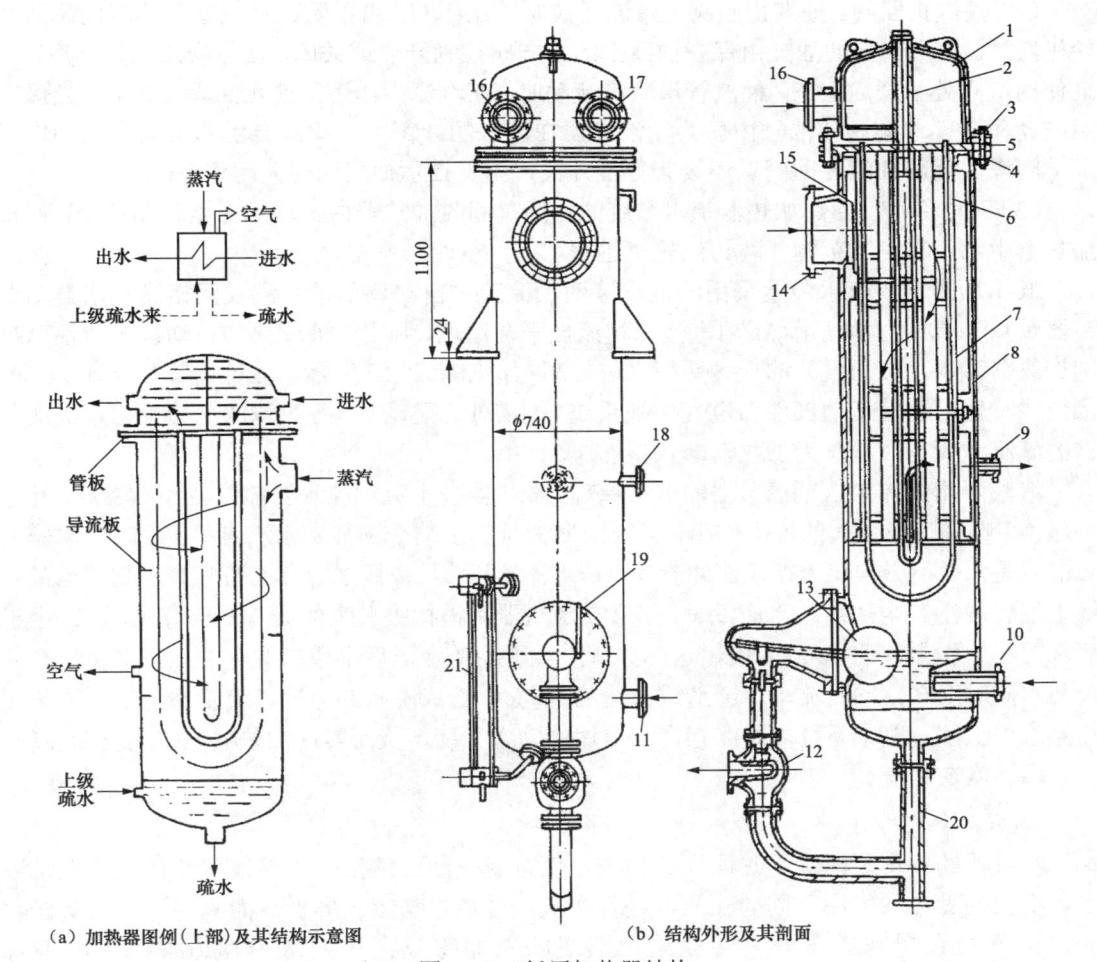

（a）加热器图例（上部）及其结构示意图　　（b）结构外形及其剖面

图 2-52　低压加热器结构

1—水室；2—拉紧螺栓；3—水室法兰；4—筒体法兰；5—管板；6—U 形管束；7—支架；8—导流板；9—抽空气管；10、11—上级加热器来的疏水入口管；12—疏水器；13—疏水器浮子；14—进汽管；15—护板；16—进水管；17—出水管；18—上级加热器来的空气入口管；19—手柄；20—加热器疏水管；21—水位计

2）加热器的类型及特点。加热器按汽、水传热方式的不同，可分为表面式和混合式两种型式。根据加热器在系统中的位置和压力不同，加热器又可分为高压加热器和低压加热器两种型式。在承受给水泵出口压力下工作，置于给水泵与锅炉之间的加热器称为高压加热器。在凝结水泵出口压力下工作，置于凝结水泵与除氧器之间的加热器称为低压加热器。600t/d垃圾焚烧发电机组不设置高压加热器。

混合式加热器换热过程为汽、水在直接接触混合过程中交换热量的。混合式加热器的给水温度可以达到加热蒸汽压力下的饱和温度，没有传热端差，热经济性较高。表面式加热器换热过程为冷、热工质通过金属壁面实现热量传递，冷、热工质不混合，蒸汽与水间的热量交换通过固体壁面进行。由于金属热阻及传热温差的存在，一般不能将水加热到该级加热蒸汽压力下的饱和温度，即存在传热端差。因此，与混合式加热器相比，表面式加热器的热经济性通常较低，且金属消耗量大、结构复杂、造价高，需要增加与其配合的疏水设备等。但由于其组成的回热系统简单、运行灵活可靠等，表面式加热器被广泛使用。

（2）抽汽止回阀。抽汽止回阀是带液压控制的止回阀，可以防止抽汽管路蒸汽倒流回汽轮机汽缸。抽汽阀上的油缸由保安油路上的单向阀控制开启或关闭。在保安油压建立后，油缸使抽汽阀处于开启状态，抽汽管道蒸汽流动时，在汽流力作用下使止回阀碟开启。当保安系统动作后，单向阀使油缸内压力油泄掉，在油缸的弹簧力、阀碟自重和反向汽流的作用下，阀碟关闭。抽汽止回阀上还设有行程开关，用于指示抽汽阀的关闭状态。

（3）疏水系统。回热加热器疏水系统的作用是回收加热器内抽汽的凝结水即疏水，保持加热器中水位在正常范围，防止汽轮机进水。

低压加热器的疏水装置采用的是汽液两相流疏水自动调节器。汽液两相流疏水自动调节器是基于流体力学理论，采用汽液两相流自平衡原理，利用汽液变化的自动调节特性以控制加热器疏水水位而设计的一种新型水位控制器，如图2-53所示。这种调节器摒弃了传统水位控制器的机械运动部件和电气控制系统，无需外力驱动，执行机构的动力来自本级加热器的蒸汽，所需汽量仅为加热器疏水量的3‰。

汽液两相流疏水自动调节器的调节原理：加热器疏水流过疏水器前段减缩喷嘴后，升速降压，在喉部形成强大的抽吸作用，当疏水器信号筒上端全部被疏水淹没时，这时储水器抽吸的就是水，不影响疏水在后面的流动，疏水流动正常，高压加热器水位逐渐下降。当信号筒上端管段没有全部被疏水淹没时，那么在疏水器里被抽吸过来的会有一部分水蒸气，由于蒸汽的比体积是水的1000多倍，这部分蒸汽会影响疏水器后半段扩大管的工作（蒸汽在此段与水同时存在，同时流动，会造成水流的扰动），造成疏水的流速、流量都降低，高压加热器水位上涨。整个系统内始终存在着上述的动态平衡，从而实现加热器水位的自动控制。

四、吹灰系统

1. 吹灰系统的作用

吹灰器的作用是清除受热面上的积灰，保持受热面的清洁，以保证传热过程的正常进行。不同的受热面采用不同的吹灰器进行吹灰，过热器与蒸发屏受热面采用激波吹灰器吹灰；烟气空预器与省煤器受热面采用蒸汽吹灰器吹灰；第四水平烟道采用机械振打清灰。

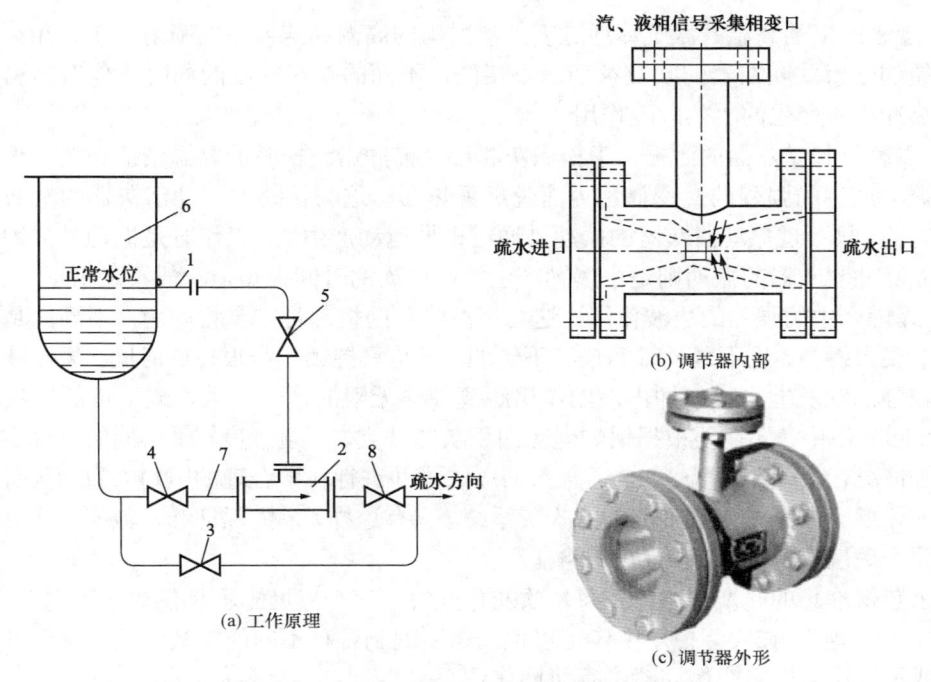

图 2-53 汽液两相流疏水自动调节器工作原理

1—相变管（信号筒）；2—自动调节器；3—旁路阀；4—调节阀；5—汽阀；6—加热器；7—连接短管；8—隔离阀

2. 吹灰器

（1）激波吹灰器。激波吹灰器工作原理主要是使预混可燃气（例如乙炔-空气预混气）在特制的、一端连接喷管的爆燃罐内点火爆燃，产生强烈的压缩冲击波（即爆燃波）并通过喷管导入烟道内，通过压缩冲击波对受热面上的灰垢产生强烈的"先冲压后吸拉"的交变冲击作用而实现吹灰，如图 2-54 所示。

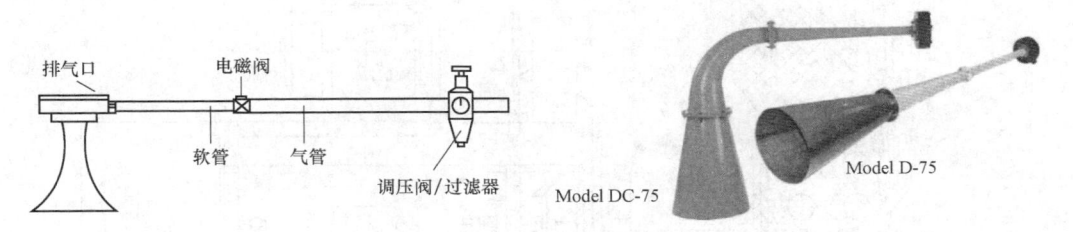

图 2-54 激波吹灰器原理

爆燃罐每次爆燃通过喷口发射出的爆燃波有两个：首先是爆燃罐内由于爆燃造成的压力骤增而产生的热爆冲击波，而后紧跟着的则是在喷口处由压力骤降造成的物理脉冲而产生的压缩冲击波，两道冲击波之间的间隔只有 8~12ms，这种紧邻的双冲击波无疑更加强化了其吹灰效果，与双层刀片的剃须刀能够将胡须剃得更干净具有异曲同工之妙。

这种双重的、强烈的"冲压吸拉"的交变冲击作用是脉冲吹灰器最主要，也是最重要的吹灰机理，但不是脉冲吹灰器的唯一机理，除此之外，脉冲吹灰器还存在另外三种吹灰机理。

1)爆燃产生的高温高压气体通过喷口喷射出的高温高速射流的喷射冲击作用,这种机理与传统的喷射式吹灰器的吹灰机理基本相同,不同的是在冲击的同时还伴有高温气体对积灰的热冲击所产生的"热解"作用。

2)爆燃引起受热面的激振,干松积灰和已经被冲击波松脱的高温结渣、低温板结积灰会由于振动产生的强烈的交变惯性力而脱离受热面,这与传统的振动清灰器的清灰机理是完全相同的,只不过振动清灰器的振动是通过机械运动产生的,工作时是振动几分钟至几十分钟,而脉冲吹灰器的振动则是由爆燃产生的,振动的时间很短,一般不足1s。

3)爆燃产生的强烈的声波作用,这与声波吹灰的机理是完全相同的,不同的是这种声波的声级要大得多,也不是长时间连续不停的,而是只持续一个很短的时间。虽然脉冲吹灰器具有较强的吹灰能力,但冲击波的作用距离并非无限的,一个爆燃罐不可能解决全部问题,在实际应用中,还需要根据锅炉受热面积灰的种类、严重程度、受热面的具体布置、烟道尺寸等情况,选择合适型号、合适数量的爆燃罐并进行科学合理的喷口布置,从而组成一个由若干爆燃罐按照一定规则分布的吹灰系统。只有这样,才能保证吹灰效果、又不会对锅炉受热面、炉墙结构等造成不利的影响。

为了获得理想的吹灰效果,在每次吹灰作业时,每个爆燃罐不是仅放一"炮",而是要一次放3~6"炮",在实际使用中还可以根据需要编制各种不同的吹灰流程,甚至可以使同一层面或不同层面的多个爆燃罐进行协同作业。

(2)蒸汽吹灰器。

1)工作原理。蒸汽吹灰器主要是通过喷出蒸汽吹扫锅炉管道受热面的积灰,它边旋转边吹灰,吹灰的角度由凸轮控制。吹灰器转动由电动装置提供,其吹扫圈数由控制箱控制。前端大齿轮上装有切好的凸轮,大齿轮顺时针方向转动(从后端看)时,凸轮控制启动臂,开启和关闭阀门,为吹灰枪管提供吹灰介质,如图2-55所示。

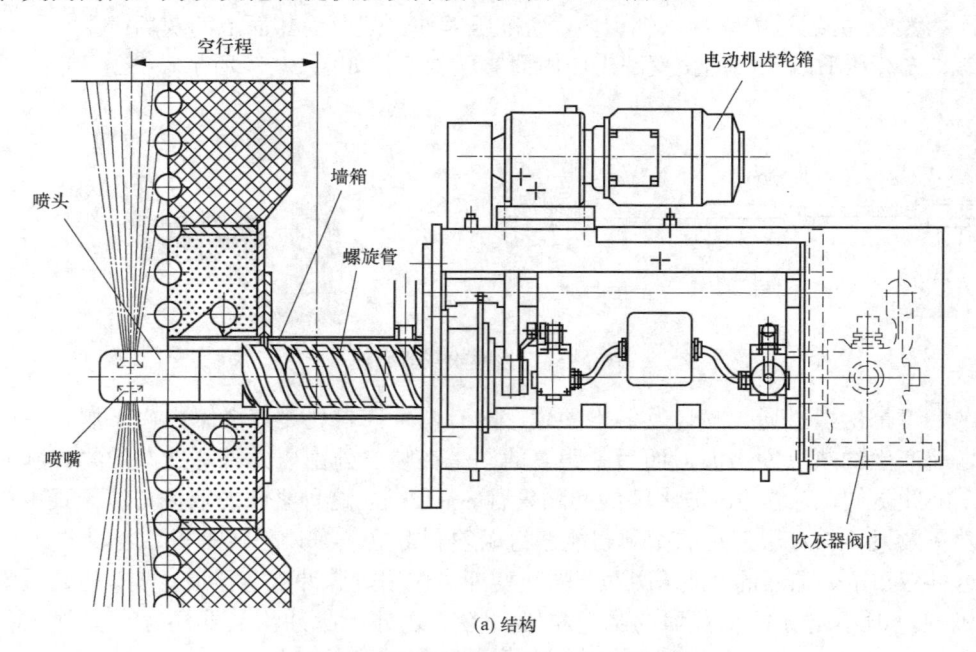

(a)结构

图2-55 蒸汽吹灰器结构及外形(一)

(b) 外形

图 2-55 蒸汽吹灰器结构及外形（二）

2）吹灰过程。吹扫周期从吹灰枪管处在起始位置开始。吹灰器启动后，电动机驱动跑车沿着梁体下部的导轨前移，将吹灰管匀速旋入锅炉内。喷嘴进入炉内一段距离后，跑车开启提升阀门，吹灰开始。跑车继续前进，吹灰枪管不断旋转、前进吹灰；直至到达前端极限后，电动机反转，跑车退回，吹灰器后退时也一直保持吹灰状态，但是与前进时的轨迹不同，后退时喷嘴吹扫的螺旋轨迹与前进时的轨迹错开 1/2 节距，这样可以使吹灰更彻底。当喷嘴接近炉墙时，提升阀门关闭，吹灰停止。跑车继续后退，回到起始位置。

资源 152

◆任务实施

填写"投入低压加热器""投入二段抽汽系统""投入一段抽汽系统"和"锅炉并列"操作票，并利用仿真系统完成任务操作，维持给机组的主要参数在正常范围内。

一、实训准备

（1）查阅机组运行规程，以运行小组为单位填写"投入低压加热器""投入二段抽汽系统""投入一段抽汽系统"和"锅炉并列"任务操作票。

（2）明确职责权限

1）机组升负荷操作方案、工作票编写由组长负责。

2）机组升负荷操作由运行值班员负责，并做好记录，确保记录真实、准确、工整。

操作票（资源 153～156）

3）组长对操作过程进行安全监护。

（3）熟悉 600t/d 垃圾焚烧炉发电机组系统平台的操作和控制方法。

（4）调取"投入低压加热器""投入二段抽汽系统""投入一段抽汽系统"和"锅炉并列"工况，熟悉机组运行状态。

二、任务实施

根据"投入低压加热器""投入二段抽汽系统""投入一段抽汽系统"和"锅炉并列"操作票，利用仿真系统完成机组升负荷操作工作任务。

◆任务评价

登录垃圾焚烧发电运行与维护×证书考评系统，严格按照机组升负荷操作票进行技能操作。根据工作任务的完成情况和技术标准规范，考评系统会自动给出任务完成情况的评价表。依据评价结果，可以确定学员的技能水平和改进的要求。

操作票技能操作视频（资源 157～160）

项目三　垃圾焚烧发电机组运行调整

工作任务一　垃圾焚烧炉燃烧控制与调整

◆**任务描述**

机组正常运行中垃圾组分变化比较大，在运行中要进行必要的调整使得机组在满足外界负荷需要的蒸汽数量和合格的蒸汽品质的基础上，保证锅炉安全性经济运行。通过任务的学习，掌握垃圾组分变化时，垃圾焚烧炉燃烧控制的方法与调整手段。

◆**任务目标**

知识目标： 掌握影响垃圾焚烧的因素，熟悉自动燃烧控制系统（ACC）各参数的调节原理，掌握炉排各段的燃烧过程及调整思路，掌握机组各参数的调整方法。

能力目标： 能利用仿真系统进行垃圾焚烧炉燃烧控制与调整。

素养目标： 遵守安全操作规程，培养责任意识；树立规范操作意识，强化岗位职业精神；培养良好的表达和沟通能力。

◆**相关知识**

一、燃烧调整的目的

炉内燃烧过程的好坏，不仅直接关系到锅炉的生产能力和生产过程的可靠性，而且在很大程度上决定了锅炉运行的经济性。进行燃烧调节的目的是在满足外界负荷需要的蒸汽数量和合格的蒸汽品质的基础上，保证锅炉运行的安全性和经济性。具体可归纳为：① 保证正常稳定的汽压、汽温和蒸发量；② 着火稳定、燃烧完全，火焰均匀充满炉膛，不结渣，不烧损燃烧器和水冷壁、过热器不超温；③ 使机组运行保持最高的经济性；④ 减少燃烧污染物排放。

燃烧过程的稳定性直接关系到锅炉运行的可靠性。如燃烧过程不稳定将引起蒸汽参数发生波动；炉内料层过厚或配风不当影响垃圾的着火和正常燃烧，是造成锅炉低温的主要原因；炉膛内温度过高将引起前弓、后弓、二次风口、水冷壁、炉膛出口受热面结渣，并可能增大过热器的积灰、造成局部管壁超温等。

二、影响垃圾焚烧的主要因素

在理想状态下，生活垃圾进入焚烧炉后，依次经过干燥、热分解和燃烧三个阶段，其中的有机可燃物在高温条件下完全燃烧，生成二氧化碳气体，并释放热量。但是，在实际的燃烧过程中，由于焚烧炉内的操作条件不能达到理想效果，致使燃烧不完全，严重的情况下将会产生大量的黑烟，并且从焚烧炉排出的炉渣中还含有有机可燃物。生活垃圾焚烧的影响因素包括：生活垃圾的性质、停留时间、温度、湍流度、过量空气系数及其他因素。其中停留时间、温度及湍流度称为"3T"要素，是反映焚烧炉性能的主要指标。

1. 生活垃圾的性质

生活垃圾的热值、组成成分的尺寸是影响生活垃圾的主要因素。热值越高，燃烧过程越易进行,焚烧效果也就越好。生活垃圾组成成分的尺寸越小,单位质量或体积生活垃圾的表面积越大,生活垃圾与周围氧气的接触面积也就越大,焚烧过程中的传热及传质效果越好,燃烧越完全;反之,传质及传热效果较差,越易发生不完全燃烧。因此,在生活垃圾被送入焚烧炉之前,对其进行破碎预处理,可增加其比表面积,改善焚烧效果。

2. 停留时间

停留时间有两方面的含义:其一是生活垃圾在焚烧炉内的停留时间,它是指生活垃圾从进炉开始到焚烧结束炉渣从炉中排出所需的时间;其二是生活垃圾焚烧烟气在炉中的停留时间,它是指生活垃圾焚烧产生的烟气从生活垃圾层逸出到排出焚烧炉所需的时间。实际操作过程中,生活垃圾在炉中的停留时间必须大于理论上干燥、热分解及燃烧所需的总时间。同时,焚烧烟气在炉中的停留时间应保证烟气中气态可燃物达到完全燃烧。当其他条件保持不变时,停留时间越长,焚烧效果越好,但停留时间过长会使焚烧炉的处理量减少,经济上不合理;停留时间过短会引起过度的不完全燃烧。所以,停留时间的长短应由具体情况来定。

3. 温度

由于焚烧炉的体积较大,炉内的温度分布是不均匀的,即不同部位的温度不同。这里所说的焚烧温度是指生活垃圾焚烧所能达到的最高温度。该值越大,焚烧效果越好。一般来说位于生活垃圾层上方并靠近燃烧火焰的区域内的温度最高,可达 800~1000℃。生活垃圾的热值越高,可达到的焚烧温度越高,越有利于生活垃圾的焚烧。同时,温度与停留时间是一对相关因子,在较高的焚烧温度下适当缩短停留时间,也可维持较好的焚烧效果。

4. 湍流度

湍流度是表征生活垃圾和空气混合程度的指标。湍流度越大,生活垃圾和空气的混合程度越好,有机可燃物能及时充分获取燃烧所需的氧气,燃烧反应越完全。湍流度受多种因素影响。当焚烧炉一定时,加大空气供给量,可提高湍流度,改善传质与传热效果,有利于焚烧。

5. 过量空气系数

按照可燃成分和化学计量方程,与燃烧单位质量垃圾所需氧气量相当的空气量称为理论空气量。为了保证垃圾燃烧完全,通常要供给比理论空气量所需的更多的空气量,即实际空气量,实际空气量与理论空气量之比值为过量空气系数,也称过量空气率或空气比。

过量空气系数对垃圾燃烧状况影响很大,供给适当的过量空气是有机物完全燃烧的必要条件。增大过量空气系数,不但可以提供过量的氧气,而且可以增加炉内的湍流度,有利于焚烧。但过大的过量空气系数可能使炉内的温度降低,给焚烧带来副作用,而且还会增加输送空气及预热所需的能量。实际空气量过低将使垃圾燃烧不完全,继而给焚烧厂带来一系列的不良后果。空气比降低对垃圾燃烧影响如图 3-1 所示。

6. 其他因素

影响生活垃圾焚烧的其他因素包括生活垃圾在炉中的运动方式及生活垃圾层的厚度等。对炉中的生活垃圾进行翻转、搅拌,可以使生活垃圾与空气充分混合,改善焚烧条件。炉中生活垃圾层的厚度必须适当,厚度太大,在同等条件下可能导致不完全燃烧,厚度太小又会减少焚烧炉的处理量。

综上所述,在生活垃圾的焚烧过程中,应在可能的条件下合理控制各种影响因素,使其

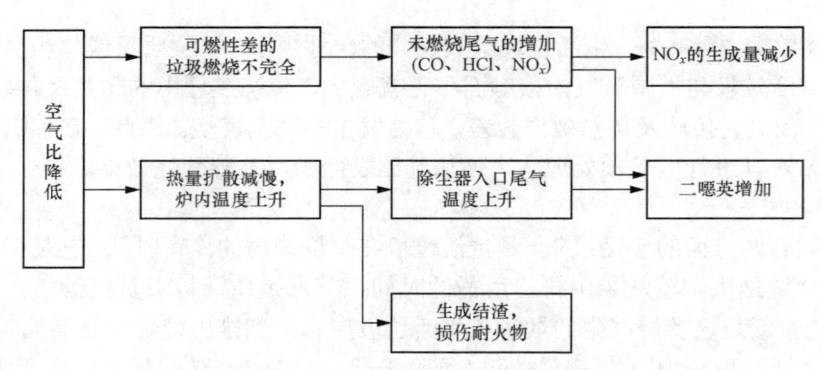

图3-1 空气比降低对垃圾燃烧影响

综合效应向着有利于生活垃圾完全燃烧的方向发展。但同时应该认识到,这些影响因素不是孤立的,它们之间存在着相互依赖、相互制约的关系,某种因素产生的正效应可能会导致另一种因素的负效应,因此应从综合效应来考虑整个燃烧过程的因素控制。

三、燃烧自动控制系统（ACC）

燃烧自动控制系统是炉排式焚烧炉的"中枢神经系统",它根据各仪表、变送器监测、测量得到的数据信息,通过液压系统控制给料器的移动速度、炉排的往复运动速度、剪切刀的运动速度、捞渣机的运动。同时,通过调节焚烧炉各风门的开度控制燃烧,保证垃圾在焚烧炉内稳定地燃烧,保证垃圾供应量和锅炉主蒸汽流量相适应,将污染物排放量降至最低。燃烧自动控制系统是以余热锅炉出口蒸发量为设定值,以炉排速度及一次风量为调节对象,按照额定入炉垃圾量及入炉垃圾特性进行实时控制和调节,保证最佳的燃烧工况和燃烧效果,并且使环保排放达到要求,实现垃圾焚烧炉运行稳定性、经济性。

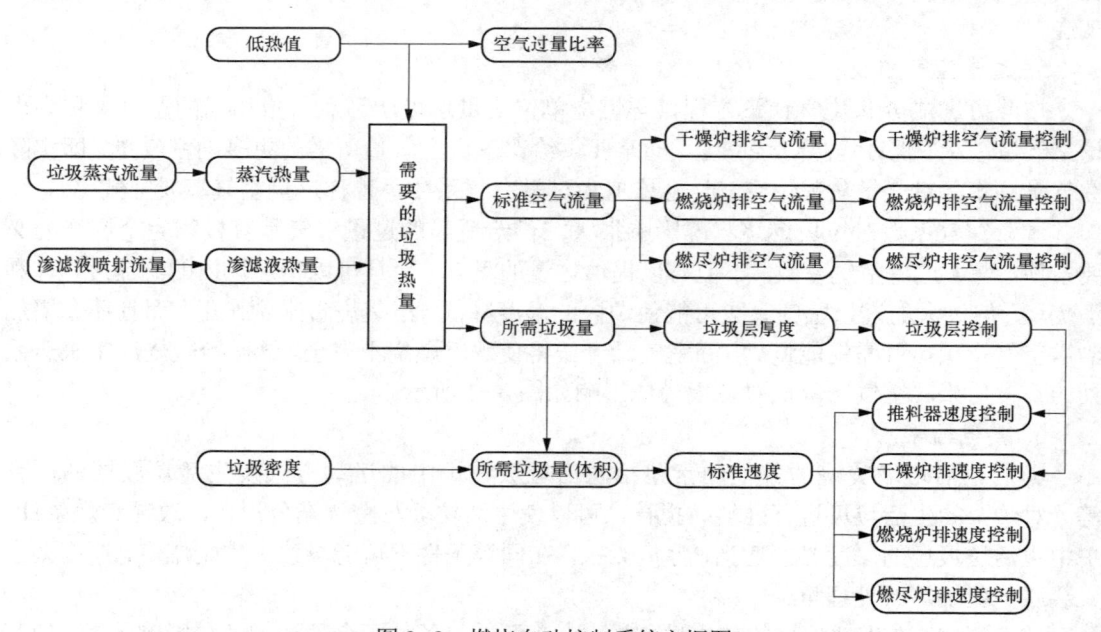

燃烧自动控制系统方框图如图3-2所示。就目前而言,现场运行中投入最多的是蒸汽负荷控制方式,这种控制方式使得垃圾转移、燃烧与配风相对应,能够保证蒸汽负荷达到设

图3-2 燃烧自动控制系统方框图

定控制值。ACC 的控制内容主要由下列 6 项控制构成。

1. 锅炉主蒸汽流量控制

锅炉主蒸汽流量是衡量焚烧炉出力的重要指标，能否保证锅炉主蒸汽流量的稳定是衡量燃烧控制系统的重要指标。锅炉主蒸汽控制回路是燃烧控制系统的核心控制回路。锅炉主蒸汽流量通过测量送到汽轮机的蒸汽量，运用温度和压力补偿的方法计算得到。锅炉主蒸汽流量主要是控制炉排上垃圾层的厚度，也就是保持一个相对恒定的垃圾进料量，保持稳定的出力。同样，利用锅炉主蒸汽流量可以控制穿过燃烧段炉排的风量，通过改变燃烧段炉排的空气流量可以改变锅炉主蒸汽流量。当燃烧段炉排的进气量增加时，锅炉主蒸汽流量也会变大；同样，燃烧段炉排的进气量变小时，锅炉主蒸汽流量也会变小。当控制系统处于自动状态时，系统会根据运行人员设定的锅炉主蒸汽流量自动计算出所需垃圾量和理论风量。同时，结合当前锅炉主蒸汽流量，经 PID 运算，调节燃烧段进气门开度。锅炉主蒸汽控制系统方框图如图 3-3 所示。

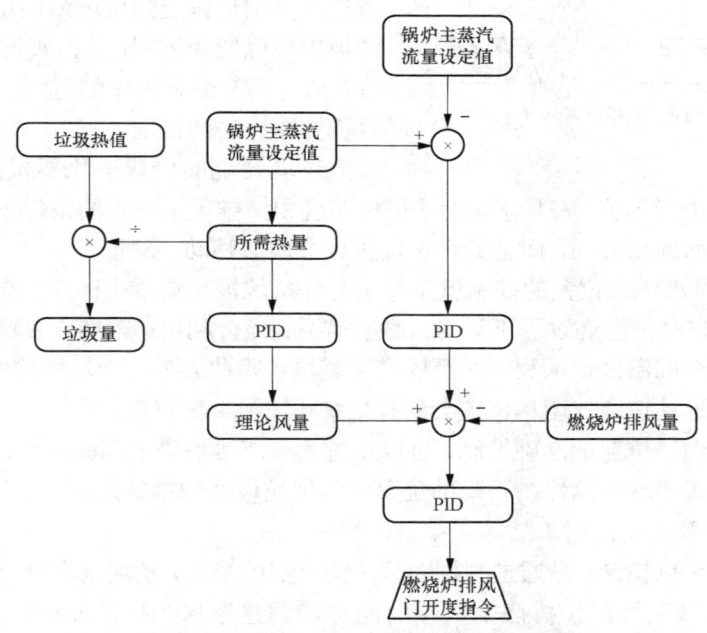

图 3-3 锅炉主蒸汽流量控制系统方框图

2. 垃圾层厚度控制

通过测量燃烧炉排第一层垃圾的上下压差，计算垃圾层厚。调整推料器、干燥炉排以及燃烧炉排的速度，使燃烧炉排上的垃圾层厚稳定化。垃圾的稳定供应，是为了防止因垃圾供应不足或过剩而引起的炉内温度降低。另外，可以维持干燥炉排和燃烧炉排之间的落差，使进入燃烧炉排的垃圾块容易破碎。

垃圾层层厚的控制主要是通过调节垃圾推料器的推料速度和干燥段炉排的运动速度控制。推料器的控制主要是根据料层差压来确定。通过测量穿过炉排前后的风压，可以计算出炉排上垃圾厚度。干燥炉排和燃烧炉排上垃圾厚度的准确测量，能够在炉排上形成稳定的垃圾量，防止由于炉排上垃圾过多或者过少，造成焚烧炉炉温的大幅度波动。因此，保证炉排上的垃圾维持在合适的范围内，也是焚烧炉稳定运行的重要条件之一。当垃圾层薄时，干燥段炉排的炉排单元风压差压就会低于设定值，控制系统就会加快推料器和干燥段炉排的运动速度；同理，当垃圾层厚时，干燥段炉排的炉排单元风压差压就会高于设定值，控制系统就会降低推料器和干燥炉排的速度。垃圾层层厚度控制回路方框图如图3-4所示。

3. 垃圾燃烧位置控制

根据垃圾质量的变化，在炉排上垃圾燃烧的位置会前后移动。例如：垃圾的LHV降低时，垃圾的燃烧位置往下游移动。垃圾燃烧位置控制能适当控制炉排上的垃圾燃烧位置和燃尽位置。垃圾燃烧位置的控制，是监视燃尽炉排上部的温度，通过调整燃烧炉排的速度，使燃烧和燃尽位置保持在适当的范围。

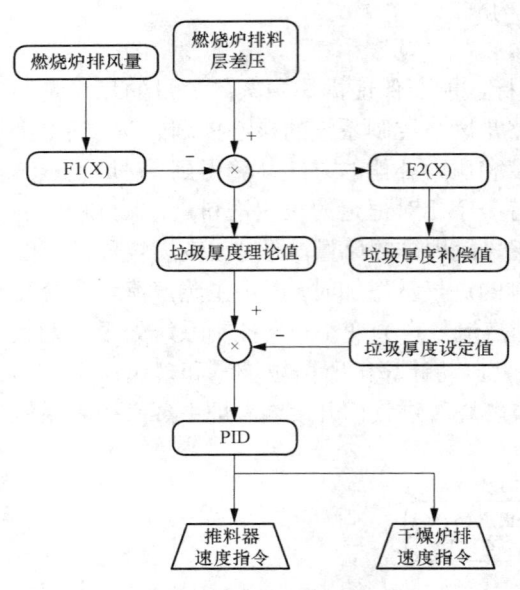

图3-4 垃圾层厚度控制系统方框图

垃圾焚烧的位置变化要根据垃圾的发热量及其燃烧工作区进行调整。在垃圾成分、炉排速度和炉排风量一定的条件下，垃圾燃烧位置随垃圾量的增加而向后移动，而且其燃尽位置也会向后移动。在此基础上，要建立一个数学模型比较困难。垃圾燃烧位置的控制就是要实时保持垃圾在炉排上的燃烧位置合适。如果燃烧位置过于靠前，会使燃烧过程不均匀，热量得不到充分利用；燃烧位置过于靠后，在燃烧炉排上会形成一个高温区，不利于垃圾的完全燃烧。除此之外，当垃圾的低位热值变低时，若不调整炉排的运动速度，燃尽位置会向焚烧炉排下游一侧移动。

要实现垃圾燃烧位置的准确控制，可以通过测量燃尽炉排上部的温度，监测其位置，调节燃烧炉排速度来实现，以保持正确的位置，实现垃圾在炉排的适当位置上燃烧和燃尽。

4. 热灼减率最小化控制（燃尽炉排温度控制）

热灼减量最小化控制，是通过测量燃尽炉排上部的温度，预测未燃烧垃圾位置。并根据测定的温度，在调整燃尽炉排底部风量的同时，调整燃尽炉排的速度，从而处理未燃烧垃圾。

焚烧炉炉渣是判定焚烧炉运行正常与否最有力的数据，通过测定焚烧炉渣热灼减率，可以推算垃圾焚烧的情况。定期测定热灼减率还可以检验焚烧炉的异常和老化程度。热灼减率是指焚烧炉炉渣中残留的未燃物所占的比例。可以用公式表示：

$$\varphi = \frac{A-B}{A} \times 100\%$$

式中 φ——热灼减率，%；

A——在110℃干燥2h后焚烧炉炉渣在室温下的质量，单位：g；

B——焚烧炉渣经（600±25）℃灼烧3h后冷却至室温后的质量，单位：g。

如果热灼减率高，则说明垃圾在焚烧炉内燃烧不完全。焚烧炉炉渣是生活垃圾焚烧后从炉床下直接排出的残渣，由不可燃物、可燃物灰分和未燃组分组成。镉、汞等低沸点金属成为粉尘，其他金属、碱性成分有一部分汽化，冷却凝结成炉渣。当燃烧不充分时，铅、铬可能会溶出，成为 COD（化学需氧量）、BOD（生化需氧量）。这样在未燃尽时，炉渣的热灼减率就会上升，并对炉渣运输与填埋带来很大的问题，同时，对周围环境也会造成一定的影响。

燃烧自动控制系统中热灼减率最小化控制是依据燃尽段炉排上部温度的高低，判断燃尽段炉排上的未燃烧垃圾量的存在与否。燃尽段炉排上部的温度，是反映垃圾燃烧质量的关键参数。垃圾要燃烧充分，就必须要保证燃尽段炉排上部温度不能太高。现场运行中，可以根据燃烧段炉排上部温度，调节燃尽炉排下部进风量。当燃尽段炉排上出现没有燃烧的垃圾时，燃尽段炉排上部的温度与正常运行相比往往会偏高。此时，热灼减率最小化控制系统会开大燃尽段炉排下部进风调节门，使更多的一次风进入燃尽段炉排风室，并且会降低燃尽炉排的移动速度，增加燃烧时间。热灼减率最小化控制系统方框图如图 3-5 所示。

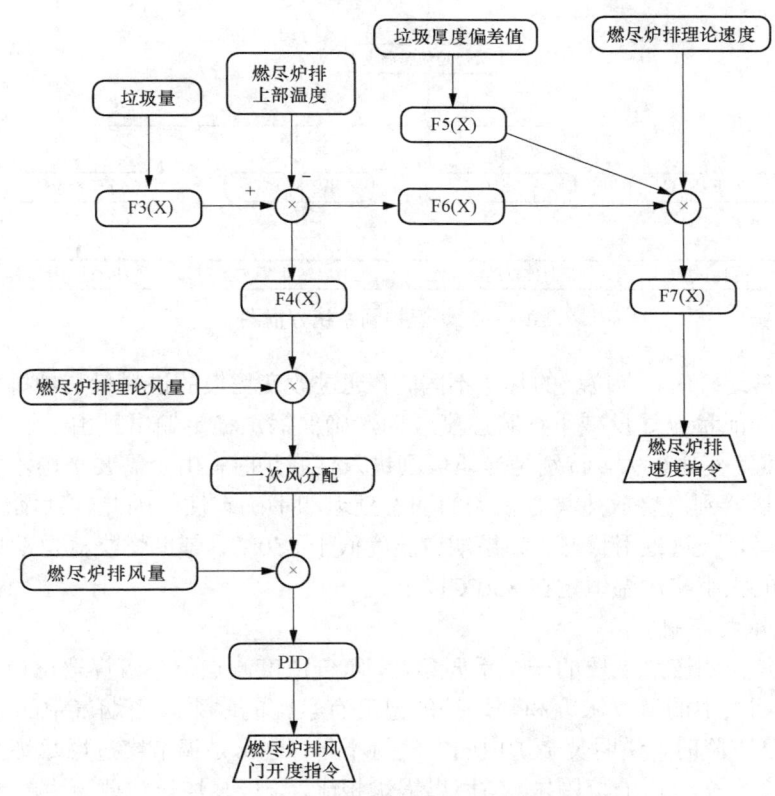

图 3-5 热灼减率最小化控制系统方框图

5. 炉温控制

稳定的炉膛温度，能够有效地维持锅炉蒸汽产量和减少污染物排放。如果炉内温度稳定，蒸汽的发生量也同样稳定，烟气中的污染物排出量也能降低。炉内温度的控制，是通过调整二次风流量使温度稳定。

在启炉升温的过程中，可以通过控制辅助燃烧器实现合理升温。为防止发生高温腐蚀和产生二噁英、氯化氢等有害气体，焚烧炉运行时温度必须保持在 850℃以上，确保烟气在

850℃的环境中停留 2s 以上。在焚烧炉正常运行中，如果垃圾热值降低，可以启动辅助燃烧器稳定炉膛温度。焚烧炉炉膛内安装有耐火砖，可以防止炉墙温度过高。

燃烧自动控制系统中炉膛温度是由测量所得的炉内温度、炉膛顶部烟气温度和补偿后的烟气流量，结合出口温度测点与炉内温度测点的距离、出口温度测点到顶棚烟气温度测点的距离经过运算得到的。与采用炉膛温度平均值相比，这种计算方法更为合理、准确。即通过测量炉内温度 T_1、炉顶部烟气温度 T_2 和烟气流量，经过运算公式计算得出。炉温控制系统如图 3-6 所示。

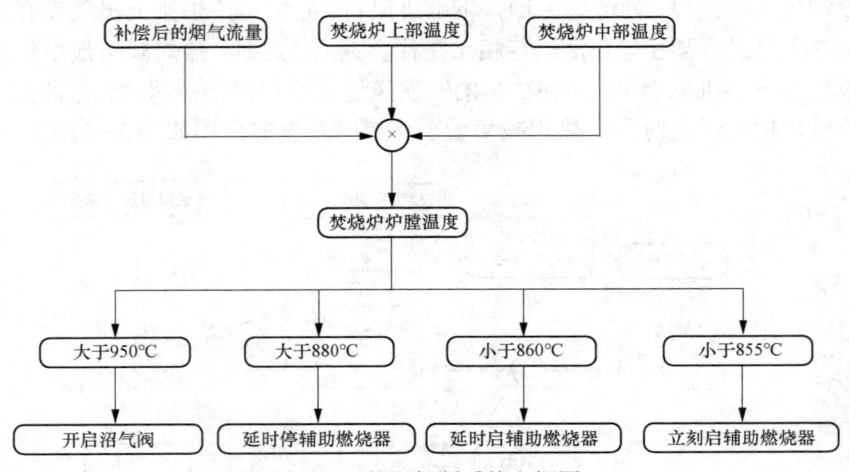

图 3-6 炉温控制系统方框图

焚烧炉正常运行时，当垃圾的热值不同时，通过改变垃圾的进料量与炉排运动速度，充分利用垃圾里的能量，尽量减小炉膛温度波动，确保锅炉稳定输出。由于垃圾组分比较复杂，热值、湿度等变化很大，特别是当垃圾刚进入焚烧炉时，由于需要干燥才能燃烧，因此从垃圾进入推料器到燃烧放热具有很大的动态延迟和不确定性。因此辅助燃烧器在焚烧炉升温结束后，应处于热备用状态。如果烟道温度低于 850℃，辅助燃烧器自动启动，通过调节天然气流量的大小将炉温恒定在 850℃以上。

6. 烟气氧浓度控制

氧气浓度是说明燃烧品质的一个重要参数，氧气浓度测点位于省煤器出口。烟气中的一氧化碳浓度与烟气中的氧气浓度和焚烧炉的温度有紧密的联系。当烟气中的一氧化碳浓度上升、氧气浓度下降时，说明焚烧炉内的空气量不足；通常是调节穿过燃尽炉排的风量，以维持氧气浓度在一个合适的范围内。与燃煤锅炉相比，垃圾焚烧炉需要更大的过量空气系数才能保证垃圾的充分燃烧。当总风量一定时，氧气浓度的变化比蒸汽流量的变化能够更快反映垃圾热值的变化。如果氧量偏高，意味着进炉的垃圾量不够，产生的蒸汽量也肯定偏低，所以必须加快推料器和炉排的运动速度，加强燃烧。

四、焚烧炉燃烧调整的方法

1. 垃圾热值变化所伴有的趋势

垃圾热值有变动的话，在锅炉设定蒸发量一定时（自动模式下），焚烧量的状态、负荷的变化情况见表 3-1。

表 3-1　　　　　　　　　　垃圾热值变化是参数变化趋势

低位发热量低	项目	低位发热量高
变低（变得不稳定）	炉膛温度	变高趋势
增加（多出现最大值）	CO	减少
增加（过量空气的比例增加）	O_2	减少趋势
变得不稳定	蒸汽流量	稳定趋势
变厚	垃圾料层厚度	变薄
变低	炉排温度	变高
变差（增加）	热灼减量（生渣）	变好（减少）
增加趋势	燃烧空气流量	减少趋势
变快	炉排和推料器速度	变慢
减少趋势	产汽量	增加趋势
增加趋势	焚烧量	减少趋势

2. 焚烧炉排各段调整操作思路

炉排各段布置及垃圾燃烧位置如图 3-7 所示。

（1）干燥段。

垃圾由推料器送入焚烧炉排干燥段，在干燥段上接受来自前拱强烈热辐射加热，燃烧火焰对流加热和烟气热辐射加热，再加上从炉排风孔吹出来的 220℃ 左右的一次风烘烤，将垃圾从入炉的初温加热到 200~300℃。

在干燥段，基本属于吸热阶段，此区域的热量主要用于对垃圾的加热和水分蒸发所消耗的汽化潜热。在这过程中，并不消耗很多氧气，故该区域引入的风量仅占一次风量的 15% 左右。

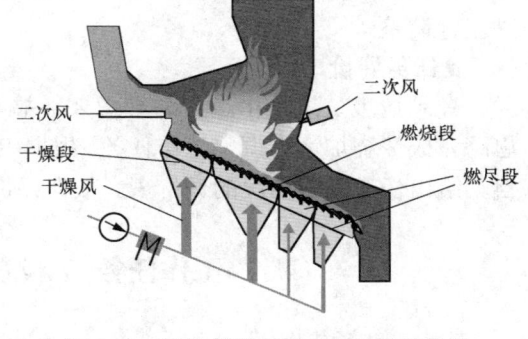

图 3-7　炉排各段布置及垃圾燃烧位置

（2）燃烧段。干燥段来的垃圾继续受热，接受炉拱辐射、火焰对流和烟气辐射三种加热方式，使垃圾中的可燃物挥发分析出，并升温至 450~750℃。在这个时候垃圾开始着火，垃圾热解后析出的挥发分进入上部区域（位于热解区上方，近于焚烧炉喉部及出口区域）与氧气充分混合，进行强烈的燃烧并迅速将挥发分燃尽，所以需要大量的氧气。

从垃圾入炉到垃圾中挥发分大量析出的过程为垃圾的热解过程，控制垃圾的热解过程是控制整个燃烧过程的关键。为此，燃烧段一次风管的风门挡板开大，占一次风总量的 75% 左右。另外要达到完全燃烧以及抑制有害有机物二噁英的生成，需借助于二次风的高速喷射，形成湍流对燃烧中心火焰强烈扰动，再次使烟气与氧气充分混合，使烟气在 850℃ 以上区域滞留时间增加。

（3）燃尽段。垃圾在燃烧段焚烧后，进入燃尽段，垃圾中残余碳分子在高温环境下继续燃烧直至燃尽。

在燃尽段，垃圾内仍有少量可燃物存在，但大部分为灰渣和不可燃气体，所需氧气很少，因此在该区域一次风管的风量占整个炉排下一次风总量的15%左右，其放热量也很少。

◆**任务实施**

能根据机组燃烧工况变化进行相关运行调整操作，使机组运行参数在正常范围之内。并利用仿真系统完成蒸发量、垃圾厚度、垃圾燃烧位置、锅炉氧量和炉膛温度的调整，维持垃圾焚烧系统的主要参数在正常范围内。

一、实训准备

（1）查阅机组运行规程，以运行小组为单位熟悉并掌握垃圾焚烧发电机组蒸发量、垃圾厚度、垃圾燃烧位置、锅炉氧量和炉膛温度的运行调整方法。

（2）明确职责权限。

1）垃圾焚烧炉炉排运行调整方案、工作票编写由组长负责。

2）垃圾焚烧炉炉排运行调整操作由运行值班员负责，并做好记录，确保记录真实、准确、工整。

3）组长对操作过程进行安全监护。

（3）熟悉 600t/d 垃圾焚烧炉发电机组系统平台的操作和控制方法。

（4）调取炉排故障工况，熟悉机组运行状态。

二、任务实施

根据锅炉蒸发量、垃圾厚度、垃圾燃烧位置、锅炉氧量和炉膛温度的调整方法进行焚烧炉运行调整。

◆**任务评价**

登录垃圾焚烧发电运行与维护×证书考评系统，严格按照垃圾焚烧发电机组焚烧调整思路完成焚烧炉运行调整工作任务。根据工作任务的完成情况和技术标准规范，考评系统会自动给出任务完成情况的评价表。依据评价结果，可以确定学员的技能水平和改进的要求。

工作任务二　汽轮机运行监视与调整

◆**任务描述**

由于锅炉出口的蒸汽流量及蒸汽参数变化，会给汽轮机设备的安全运行带来很大影响，因此在机组正常运行中应经常性地检查监视和调整，提高汽轮机运行的安全性和经济性。通过任务的学习，掌握参数变化时，汽轮机各参数的控制方法与调整手段。

◆**任务目标**

知识目标： 掌握汽轮机在运行中需监视的参数，以及各参数的影响因素与调整方法。

能力目标： 能利用仿真系统进行汽轮机运行参数的监视与调整。

素养目标： 遵守安全操作规程，培养责任意识；树立规范操作意识，强化岗位职业精神；培养良好的表达和沟通能力。

◆**相关知识**

汽轮机是垃圾焚烧发电机组最为重要的转动设备，它能连续不断的将工质的热能变为机械能，其中汽轮机的带负荷运行是电力生产过程中最重要的环节，带负荷运行中的监视和调整是保证汽轮机设备安全经济运行的前提。

一、汽轮机运行监视与调整的意义

1. 汽轮机运行监视和调整目的

（1）通过监视和调整及时发现运行设备的缺陷，并通过采取措施消除缺陷，提高设备的健康水平，预防设备障碍与事故的发生和扩大，能有效的保证汽轮机长期安全运行。

（2）经过经常性的检查监视和调整，可以使汽轮机在最佳工作状态下运行，有效地降低发电汽耗率、热耗率和厂用电率，从而提高汽轮机运行的经济性。

（3）经过运行中的试验，即调整各种保护的安全保护值，提高汽轮机运行的安全可靠性。经过汽轮机运行中的监视和调整，使其运行达到"保证质量，安全经济"的总体目标。

2. 汽轮机在运行中需监视的参数

汽轮机组的各设备与各种工质基本上是通过各处测点的参数值来显示其工作状态的，为了保持最佳运行工况，应时常监视各处仪表参数值的变化并进行必要的调整，使其维持在运行规程规定的范围内，不得超过最高或最低值。

运行中需监视的参数包括：汽轮机负荷、主蒸汽压力、调速汽门开度、汽轮机转数（周波）、轴向窜动、各轴承振动、汽轮机膨胀和胀差、各监视段压力、凝结水温、循环水进出口温度、凝汽器真空、排汽温度、各轴承温度、推力瓦温度、润滑油箱油位、油压、油温等。

二、汽轮机运行中几个重要参数的监视与调整

1. 监视段压力

汽轮机运行中，通常把调节级汽室及各抽汽段的压力称为监视段压力。在凝汽式汽轮机中，除最后一、二级外，调节级汽室压力和各段抽汽压力均与主蒸汽流量成正比例变化。根据这个原理，在运行中通过监视调节级汽室压力和各段抽汽压力，就可以有效地监视通流部分工作是否正常。因此，通常称各抽汽段和调节级汽室的压力为监视段压力。

如果在同一负荷（流量）下监视段压力升高，则说明该监视段以后通流面积减少，多数情况是结了盐垢，有时也会由于某些金属零件碎裂和机械杂物堵塞了通流部分或叶片损伤变形等所致。如果调节级和高压缸各抽汽段压力同时升高，则可能是中压调速汽门开度受到限制。当某台加热器停用时，若汽轮机的进汽量不变，则将使相应抽汽段的压力升高。

监视段压力，不但要看其绝对值的升高是否超过规定值，还要监视各段之间的压差是否超过规定值。如果某个级段的压差超过了规定值，将会使该级段隔板和动叶片的工作应力增大，从而造成设备的损坏事故。

2. 轴向位移

轴向位移指标是用来监视推力轴承工作状况的。作用在转子上的轴向推力是由推力轴承担的，从而保证机组动静部分之间可靠的轴向间隙。轴向推力过大或推力轴承自身的工作失常将会造成推力瓦块的烧损，使汽轮机发生动静部分碰磨的设备损坏事故。

机组运行中，发现轴向位移增加时，应对汽轮机进行全面检查、倾听内部声音，测量轴承振动，同时注意监视推力瓦块温度和回油温度的变化，一般规定推力瓦块乌金温度正常不允许超过 85℃，推力瓦块乌金温度超过 107℃，应果断停机，回油温度不允许超过 71℃，当温度超过规定的允许值时，即使串轴指示不大，也应减少负荷使之恢复正常。若串轴指示超过允许值，引起保护动作掉闸时，应立即要求发电机解列停机。当串轴指示值超过允许值，而保护拒绝动作时，要认真检查、判断，当确认指示值正确时则应迅速采取紧急停机措施。

汽轮机运行中轴向推力增大的主要原因如下：

(1) 汽温、汽压下降。
(2) 隔板轴封间隙因磨损而增大。
(3) 蒸汽品质不良，引起通流部分结垢。
(4) 发生水冲击事故。

3. 轴瓦温度

汽轮机轴在轴瓦内高速旋转，引起了润滑油和轴瓦温度的升高。轴瓦温度过高时，将威胁轴承的安全。通常采用监视润滑油温升的方法来间接监视轴瓦的温度。因为轴瓦温度升高，传给润滑油的热量也增多，润滑油的温升也就增大。一般润滑油的温升不得超过 10～15℃。但仅靠润滑油温升来反映轴瓦的工作状况不仅迟缓，而且很不可靠，往往轴瓦已经烧毁，回油温度却还没有显著变化，尤其是推力轴瓦，更不显著。因此，最好的方法是直接监视轴瓦的乌金温度，汽轮机各轴承回油温度正常不超过 77℃，超过 113℃就应该果断停机。为了使轴瓦正常工作，对轴承的进口油温作了明确的规定，一般各轴承的进口油温为 38～45℃。

4. 主蒸汽参数

在汽轮机运行中，初终汽压、汽温、主蒸汽流量等参数都等于设计参数时，这种运行工况称为设计工况，此时的效率最高，所以又称为经济工况。运行中如果各种参数都等于额定值，则这种工况称为额定工况。目前大型汽轮机组的热力计算工况多数都取额定工况，为此机组的设计工况和额定工况成为同一个工况。在实际运行中，很难使参数严格地保持设计值，这种与设计工况不符合的运行工况，称为汽轮机的变工况。这时进入汽轮机的蒸汽参数、流量和凝汽器真空的变化，将引起各级的压力、温度、焓降、效率、反动度及轴向推力等发生变化。这不仅影响汽轮机运行的经济性，还将影响汽轮机运行的安全性。所以，在日常运行中，应该认真监视汽轮机初、终参数的变化。

(1) 主蒸汽压力升高。当主蒸汽温度和凝汽器真空不变，而主蒸汽压力升高时，蒸汽在汽轮机内的总焓降增大，末级排汽湿度增加，如图 3-8 所示。

主蒸汽压力升高时，即使机组调速汽阀的总开度不变，主蒸汽流量也将增加，机组负荷则增大，这对运行的经济性有利。但如果主蒸汽压力升高超出规定范围时，将会直接威胁机组的安全运行。因此在机组运行规程中有明确规定，不允许在主蒸汽压力超过极限数值时运行。

主蒸汽压力过高有如下危害作用：

1) 主蒸汽压力升高时，要维持负荷不变，需减小调速汽阀的总开度，但这只能通过关小未全开的调速汽阀来实现。在关小到第一调速汽阀全开，而第二调速汽阀将要开启时，蒸汽在调节级的焓降最大，会引起调节级动叶片过负荷，甚至可能被损伤。

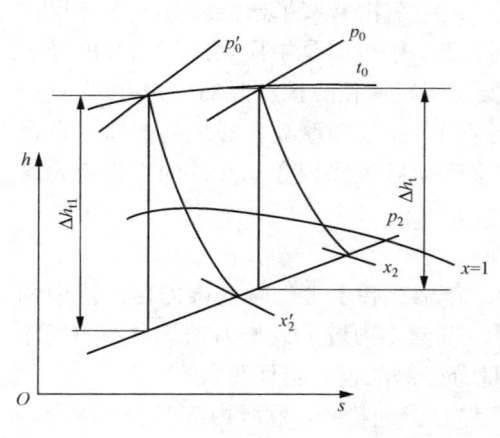

图 3-8 主蒸汽压力升高的 $h-s$ 图

2) 主蒸汽压力升高后，由于蒸汽比体积减小，即使调速汽阀开度不变，主蒸汽流量也要增加，再加上蒸汽的总焓降增大，将使末级叶片过负荷，所以，这时要注意控制机组负荷。

3) 主蒸汽温度不变,只是主蒸汽压力升高,将使末几级的蒸汽湿度变大,机组末几级的动叶片被水滴冲刷加重。

4) 主蒸汽压力升高后,主蒸汽管道、自动主汽阀及调速汽阀室、汽缸、法兰、螺栓等部件的内应力都将增加,这会缩短其使用寿命,甚至造成这些部件变形或受到损伤。

由于主蒸汽压力过高会带来许多危害,所以当主蒸汽压力超过允许的变化范围时,不允许在此压力下继续运行。若主蒸汽压力超过规定值,应及时联系锅炉值班员,使它尽快恢复到正常范围;当锅炉调整无效时,应利用电动主闸阀节流降压。如果采用上述降压措施后仍无效,主蒸汽压力仍继续升高,应开启生火向空排汽阀进行泄压。

(2) 主蒸汽压力下降。当主蒸汽温度和凝汽器真空不变,主蒸汽压力降低时,蒸汽在汽轮机内的总焓降要减少,蒸汽比体积将增大。此时,即使调速汽阀总开度不变,主蒸汽流量也要减少,机组负荷降低;若汽压降低过多时,机组将带不到满负荷,运行经济性降低;这时调节级压降仍接近于设计值,而其他各级焓降均低于设计值,所以对机组运行的安全性没有不利影响。如果主蒸汽压力降低后,机组仍要维持额定负荷不变,就要开大调速汽阀增加主蒸汽流量,这将会使汽轮机末几级特别是最末级叶片过负荷,影响机组安全运行。当主蒸汽压力下降超过允许值时,应尽快联系锅炉值班员恢复汽压;当汽压降低至最低限度时,应采用降低负荷和减少进汽量的方法来恢复汽压至正常,但要考虑满足抽汽供热汽压和除氧器用汽压力,不要使机组负荷降得过低。

(3) 主蒸汽温度升高。在实际运行中,主蒸汽温度变化的可能性较大,主蒸汽温度变化对机组安全性、经济性的影响比主蒸汽压力变化时的影响更为严重,所以对主蒸汽温度的监视要特别重视。对于高温高压机组,通常只允许主蒸汽温度比额定温度高5℃左右。当主蒸汽温度升高时,主蒸汽在汽轮机内的总焓降、汽轮机的相对内效率和热力系统的循环热效率都有所提高,热耗降低,使运行经济效益提高;但是主蒸汽温度升高超过允许值时,对设备的安全不利。

主蒸汽温度过高的危害如下:

1) 调节级叶片可能过负荷。主蒸汽温度升高时,调节级的焓降要增加,在负荷不变的情况下,尤其当调速汽阀中,仅有第一调速汽阀全开,其他调速汽阀关闭的状态下,调节级叶片将发生过负荷,如图3-9所示。

2) 金属材料的机械强度降低,蠕变速度加快。主蒸汽温度过高时,主蒸汽管道、自动主汽阀、调速汽阀、汽缸和调节级进汽室等高温金属部件的机械强度将会降低,蠕变速度加快。汽缸、汽阀、高压轴封紧固件等易发生松弛,将导致设备损坏或使用寿命缩短。若温度的变化幅度大、次数频繁,这些高温部件会因交变热应力而疲劳损伤,产生裂纹损坏。这些现象随着高温下工作时间的增长,损坏速度加快。

3) 机组可能发生振动。汽温过高,会引起各受热金属部件的热变形和热膨胀加大,若膨胀受阻,则机组可能发生振动。

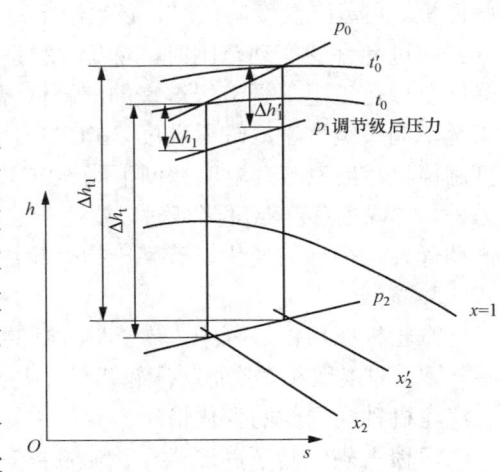

图3-9 主蒸汽温度升高的h-s图

在机组的运行规程中,对主蒸汽温度的极限值及在某一超温条件下允许工作的小时数,都应作出严格的规定。一般的处理原则:当主蒸汽温度超过规定范围时,应联系锅炉值班员尽快调整、降温,汽轮机值班员应加强全面监视检查,若汽温尚在汽缸材料允许的最高使用温度时,允许短时间运行,超过规定运行时间后,应打闸停机;若汽温超过汽缸材料允许的最高使用温度,应立即打闸停机。例如,中参数机组额定主蒸汽温度为435℃,当主蒸汽温度超过440℃时,应联系锅炉值班员降温;当主蒸汽温度升高到445~450℃时,规定连续运行时间不得超过30min,全年累计运行时间不得超过20h;当主蒸汽温度超过450℃时,应立即故障停机。

(4)主蒸汽温度降低。当主蒸汽压力和凝汽器真空不变,主蒸汽温度降低时,主蒸汽在机内的总焓降减少,若要维持额定负荷,必须开大调速汽阀的开度,增加主蒸汽的进汽量。一般机组主蒸汽温度每降低10℃,汽耗量要增加1.3%~1.5%。

主蒸汽温度降低时,不但影响机组运行的经济性,也威胁着机组的运行安全。其主要危害如下:

1)末级叶片可能过负荷。因为主蒸汽温度降低后,为维持额定负荷不变,则主蒸汽流量要增加,末级焓降增大,末级叶片可能处于过负荷状态。

2)末几级叶片的蒸汽湿度增大。主蒸汽的压力不变,温度降低时,末几级叶片的蒸汽湿度将要增加,这样除了会增大末几级动叶的湿汽损失外,同时还将加剧末几级动叶的水滴冲蚀,缩短叶片的使用寿命。

3)各级反动度增加。由于主蒸汽温度降低,则各级的反动度增加,转子的轴向推力明显增大,推力瓦块温度升高,机组运行的安全可靠性降低。

4)高温部件将产生很大的热应力和热变形。若主蒸汽温度快速下降较多时,自动主汽阀外壳、调节级、汽缸等高温部件的内壁温度会急剧下降而产生很大的热应力和热变形,严重时可能使金属部件产生裂纹或使机内动、静部分造成磨损事故;当主蒸汽温度降至极限值时,应打闸停机。

5)有水冲击的可能。当主蒸汽温度急剧下降50℃以上时,往往是发生水冲击事故的先兆,汽轮机值班员必须密切注意;当主蒸汽温度还继续下降时,为确保机组安全,应立即打闸停机。主蒸汽温度降低时,必须严密监视和果断处理。一般的处理原则:当主蒸汽温度降低到超过允许的变动范围时,应及时联系锅炉值班员调整、恢复汽温;若主蒸汽温度进一步降低至额定工况下调节级汽室的汽缸壁温度,机组应减负荷;若主蒸汽温度降低至低于额定工况下调节级汽室汽缸壁温度30℃左右,负荷应减至零;当主蒸汽温度仍继续降低,则应打闸停机,当主蒸汽温度急剧下降50℃以上时,若判断是水冲击的先兆,应立即打闸停机。另外,发现主蒸汽温度降低时,要注意监视推力瓦块温度、轴向位移、汽轮机胀差和机组的振动等各项指标的变化,若某一指标超过规定值,应按事故处理规程中的规定进行处理。

5. 胀差

汽轮机在启停过程中,转子与汽缸的热交换条件不同。因此,造成它们在轴向的膨胀也不一致,即出现相对膨胀。汽轮机转子与汽缸的相对膨胀通常也称为胀差。胀差的大小表明了汽轮机轴向间隙的变化情况。

习惯上规定转子膨胀大于汽缸膨胀时的胀差值为正胀差,汽缸膨胀大于转子膨胀时的胀差值为负胀差。胀差数值是很重要的运行参数,若胀差超限,则热工保护动作使主机脱扣。转子的相对胀差过大，会使动、静轴向间隙消失而产生摩擦，造成转子弯曲，引起机组振动，甚至出现重大事故。

6. 振动

汽轮机是高速转动的设备，正常运行时允许有一定程度的振动，但强烈振动则可能是设备故障或运行调节不当引起的。机组振动过大，会使轴承的乌金脱落，油膜被破坏而发生烧瓦；会使动静部分发生摩擦而损坏设备；会使轴端汽封和转子摩擦而造成大轴弯曲等，对机组的安全运行非常不利。汽轮机的大部分事故，尤其是设备损坏事故，都在一定程度上表现出某种异常振动，而振动又会加快设备损坏，形成恶性循环。因此，运行中要注意监视机组的振动，及时采取措施，保证设备的安全。

评定机组振动状况时，可以用振动位移或振幅来表示，也可以用振动速度或振动加速度来表示，但从振动对机组的主要危害考虑，用振幅表示更直观些。此外，可以测量轴承座的振动值，也可以测量转轴的振动值。目前，我国一般采用测量轴承座的振动值方法来评价机组的运行状况。

我国《电力工业技术管理法规（试行）》中规定的汽轮发电机组振动标准见表 3-2。

表 3-2   汽轮发电机组振动标准

转速（r/min）	优	良	合格
1500	<30μm	<50μm	<70μm
3000	<20μm	<30μm	<50μm

7. 凝汽器真空

凝汽器真空即汽轮机排汽压力，由于蒸汽负荷，凝汽器铜管积垢，真空系统严密性恶化，环境温度等变化，凝汽器真空会发生很大变化，凝汽器真空的变化对汽轮机运行的经济性有很大影响。汽轮机在运行中凝汽器真空降低是经常发生的，真空降低的原因很多，因此，要定期检查凝汽器真空系统的严密程度等，及时发现问题加以消除，否则必须减负荷，甚至紧急停机，直接影响机组的安全经济运行。主要表现如下：

（1）当凝汽器真空升高时，主蒸汽的可用焓降减少，排汽温度升高，被空气带走的热量增多，蒸汽在凝汽器中的冷源损失增大，机组的热效率明显下降。通常对于非再热凝汽式机组凝汽器的真空每降低 1%，机组的发电热耗将增加 1%；另外，凝汽器真空降低时，机组的出力也将减少，甚至带不上额定负荷。

（2）当凝汽器真空降低时，要维持机组负荷不变，需增加主蒸汽流量，这时末级叶片可能超负荷。对冲动式纯凝汽式机组，真空降低时，要维持负荷不变，则机组的轴向推力将增大，推力瓦块温度升高，严重时可能烧损推力瓦块。

（3）当凝汽器真空降低较多使汽轮机排气温度升高较多时，将使汽缸及低压轴承等部件受热膨胀，机组变形不均匀，这将引起机组中心偏移，可能发生共振，破坏凝汽器的严密性。凝汽器真空降低，还将使排汽的体积流量减小，对末级叶片的工作不利。

（4）当主蒸汽压力和温度不变，凝汽器真空升高时，蒸汽在汽轮机内的总焓降增加，排汽温度降低，被空气带走的热量损失减少，机组运行的经济性提高；但要维持较高的真空，在进入冷却塔的空气温度相同的情况下，就必须增加风量，这时风机就要消耗更多的电量。

因此，机组只有维持在凝汽器的经济真空下运行才是有利的。经济真空是指通过提高凝汽器循环冷却水量和冷却塔冷却风量，使汽轮发电机多发的电量与循环水泵和冷却塔风机多消耗的电量差达到最大时凝汽器的真空。所以凝汽器的真空超过经济真空并不经济，并且还会使汽轮机末几级叶片蒸汽湿度增加，使末几级叶片的湿气损失增加，加剧了蒸汽对动叶片的冲蚀作用，缩短了叶片的使用寿命。因此，凝汽器的真空升的过高，对汽轮机的经济性和安全性也是不利的。

三、汽轮机及辅助系统主要运行参数

汽轮机及辅助系统正常运行时要控制各参数在正常范围内，若超限将触发报警或停机。汽轮机及辅助系统正常运行时主要参数控制范围见表 3-3。

表 3-3　　　　　　汽轮机及辅助系统正常运行时主要参数控制范围

名称	单位	上上限	上限	正常	下限	下下限	备注
主蒸汽压力	MPa		4.0	3.8	3.5		上下限报警
主蒸汽温度	℃		405	395	380		上下限报警
真空	KPa				−87	−61	下限报警、下下限停机
排汽温度	℃	100	65				上限报警、上上限投减温
轴封压力	KPa		29.4		2.94		上下限报警
润滑油温	℃		45		35		上下限报警
润滑油压力	MPa		0.15		0.08	0.06	上限停、0.09MPa 联启交流润滑油泵；0.08MPa 联启直流油泵；下限停机；下下限停盘车
安全油压	MPa			1.0			上限报警
主油泵出口油压	MPa			0.50	0.12	0.09	上下限报警、下下限联启交流电动油泵
冷凝器液位	mm		500		130		上下限报警
凝结水母管压力	MPa			1.25	0.7		联动备用泵
低压加热器液位	mm		300		100		上下限报警，$L = 425$mm
轴向位移	mm	+1.3	+1.0		−0.6	−0.7	上下报警、上上下下限停机
1~4号轴瓦振动	mm	0.05	0.04	<0.03			上限报警、上上限停机
油箱液位	mm		900	800	700		上下限报警
推力瓦温	℃	110	100				上限报警、上上限停机
1、2号径向瓦温	℃	110	100				上限报警、上上限停机
3、4号径向瓦温	℃	85	80				上限报警、上上限停机
1~4号径向油温	℃	75	65				上限报警、上上限停机
推力瓦回油温	℃	75	65				上限报警、上上限停机
疏水箱液位	mm		1600		300		上限启泵、下限停泵
除氧器液位	mm		1600		1200		上下限报警
除氧器温度	℃			130			上下限报警
除氧器压力	MPa			0.27			上下限报警

续表

名称	单位	上上限	上限	正常	下限	下下限	备注
除氧蒸汽压力	MPa			0.43			调整调门开度，开启一抽
给水母管压力	MPa			6.5			下限报警、联动备用泵
除盐水母管压	MPa			0.79			联动备用泵
循环水池液位	mm		4200	3800	3500		上限停补水、下限补水
循环水母管压	MPa			0.25			下限报警、联动备用泵
冷却水母管压	MPa			0.40			下限报警、联动备用泵
发电机进风温	℃		40	25-30	20		调整冷却水门
发电机出风温	℃		75	<65	20		调整冷却水门

◆**任务实施**

能根据汽轮机及其辅助系统运行参数变化进行相关调整操作，使机组运行参数在正常范围之内。并在仿真机完成上述任务，维持汽轮机及其系统的运行参数在正常范围内。

一、实训准备

（1）查阅机组运行规程，以运行小组为单位熟悉汽轮机设备及其辅助系统运行调整操作思路及调整方法。

（2）明确职责权限。

1）汽轮机设备及其辅助系统运行调整方案、工作票编写由组长负责。

2）汽轮机设备及其辅助系统运行调整操作由运行值班员负责，并做好记录，确保记录真实、准确、工整。

3）组长对操作过程进行安全监护。

（3）熟悉600t/d垃圾焚烧炉发电机组系统平台的操作和控制方法。

（4）调取汽轮机设备及辅助系统运行调整相关工况，熟悉机组运行状态。

二、任务实施

根据汽封压力、主机润滑油温、凝汽器真空等参数变化进行参数调整。

◆**任务评价**

登录垃圾焚烧发电运行与维护×证书考评系统，根据工作任务的完成情况和技术标准规范。考评系统会自动给出任务完成情况的评价表。依据评价结果，可以确定学员的技能水平和改进的要求。

工作任务三　发电机运行监视与调整

◆**任务描述**

发电机是电厂三大主力设备之一，机组正常运行中应经常性地检查监视和调整，提高发电机运行的安全性。通过任务的学习，掌握机组运行工况发生变化时，发电机运行参数的调整手段与控制方法。

◆**任务目标**

知识目标：掌握发电机允许运行方式，熟悉发电机正常运行中监视的参数及各参数的控制范围，掌握发电机各参数的调整方法。

能力目标：能利用仿真系统对发电机运行中的各参数进行控制与调整。

素养目标：遵守安全操作规程，培养责任意识；树立规范操作意识，强化岗位职业精神；培养良好的表达和沟通能力。

◆相关知识

一、发电机允许运行方式

1. 发电机允许温度及温升

发电机在运行中将产生铜损和铁损，这些损耗的能量全部转化为热能，使发电机各部分的温度升高。而发电机的连续工作容量主要取决于转子绕组、定子绕组和定子铁芯温度，这些部分的长期最高允许温度又取决于所采用的绝缘材料的等级和降温方法。发电机在运行中由于温度升高而使绝缘逐渐老化，其老化的速度直接受温度影响。绝缘材料受热温度越高，老化速度就越快，使用寿命就越短，尤其是当温度超过某一极限值时，其老化速度更快。因此，采用不同绝缘材料的发电机都规定了它的允许温度，要求发电机在运行中的温度不得超过允许温度，以保证设计的使用寿命。由于发电机的各部分温度不可能直接测量出来，当周围环境温度较低时，温差增大，会使发电机某些部分的实际温度超出测量值。因此，还要规定发电机的允许温升。发电机运行中各主要部分的允许温度和允许温升见表3-4。

表3-4 发电机各主要部分的允许温度和允许温升

项目	空冷 冷却空气温度（℃）			允许温度（℃）
	+40	+40	+25	
	允许温升限度（℃）			
定子绕组	65	75	80	120
转子绕组	90	100	105	130
定子铁芯	65	75	80	120

2. 发电机在冷却气体温度变化时的运行

为了保证发电机的使用寿命，必须将各种损耗产生的热量排出去。热量的排出是通过冷却系统来实现的。50MW发电机一般采用空气冷却，100MW发电机采用氢气冷却。

空冷发电机在额定冷却空气温度下，可以连续在额定容量下运行。当冷却空气温度变化时，如果保持出力不变，则发电机各部分温度也将发生变化。当冷却空气温度超过额定值时，若转子绕组、定子绕组、定子铁芯的温度未超过允许值时，可以不降低发电机的出力。否则，应减少定子电流和转子电流，使温度降低到规定值。

当冷却空气温度低于额定值时，发电机的定子电流允许增加，进气温度较额定冷却空气温度每降低1℃，允许定子电流升高额定值的0.5%，此时转子电流也允许有相应增加。但冷却气体的温度不能过低，对于敞开式通风的发电机，为保持发电机绕组端部绝缘不变脆，进口风温不应低于5℃；对于封闭式通风的发电机，应以冷却器的管子表面不结露为标准，一般要求进口冷却空气温度不低于20℃。

发电机冷却空气相对湿度不得超过60%，出口风温不予规定，但应监视进出口风温差。

若温差显著增大,则表明发电机冷却系统已不正常,或发电机内部损失有所增加,此时应分析原因,采取措施予以解决。

3. 发电机电压的允许变动范围

电压是供电质量的标准之一,电压过高或过低,对用户、电力系统及发电机本身都是不利的。

(1) 发电机电压高于额定值。发电机连续运行的最高工作电压不得超过额定值的110%。当发电机电压过高,会产生以下不良影响:

1) 转子表面和转子绕组的温度升高。当发电机容量保持不变且电压升高时,势必要增加发电机的励磁,即增加转子电流,这样会使转子绕组的温度升高,加速其绝缘老化。

2) 定子铁芯温度升高。铁芯的发热是由两方面原因引起的,一方面是由于铁芯本身损耗的发热;另一方面是定子绕组的发热温度传到铁芯。当电压升高时,定子铁芯的磁通密度增大,铁损增高,因为铁芯损耗近似与磁通密度的平方成正比,所以,磁通密度的增加将使铁芯损耗增加。

3) 定子的结构部件可能出现局部高温。电压增高将使磁通密度增加,铁芯饱和程度加剧,将使很多的磁通溢出,在机座等地方形成闭合磁路,并产生涡流,甚至可能产生局部高温。

4) 过电压运行时,定子绕组的绝缘有被击穿的危险。

(2) 发电机电压低于额定值。发电机电压一般不低于额定电压的90%。当发电机电压过低,会产生以下不良影响:

1) 降低发电机的运行稳定性,容易造成震荡或失步。当发电机电压降低,发电机定子铁芯可能处于不饱和部分运行,使发电机电压不能稳定,励磁稍有变化,电压就会有较大的变化,甚至可能破坏发电机运行的稳定性,引起振荡或失步。

2) 降低发电厂厂用电系统运行的稳定性。

3) 可能引起定子绕组的温度超过允许值。

4. 频率的允许变化范围

频率是衡量电能质量的重要标准之一,频率的允许变化范围为±0.5Hz。当发电机频率过高时,会使发电机转速增大,转子离心力增大,给发电机安全运行带来危险,严重时,可能造成汽轮发电机组飞车。当发电机频率过低时,会使电动机转速过低。

5. 功率因数的变化范围

功率因数 $\cos\varphi$ 是定子电压与定子电流之间相角差的余弦值,表明发电机发出的有功功率、无功功率和视在功率之间的关系。它的大小反映出发电机向系统输出无功负荷的情况,一般发电机的额定功率因数为0.8。

发电机的功率因数从额定值到1.0的范围内变化时,可以保持额定出力。但为了维持发电机的稳定运行,功率因数一般不应超过迟相0.95。

当功率因数低于额定值运行时,发电机出力降低。功率因数越低,定子电流的无功分量就越大,去磁电枢反应就越强,这时为了维持发电机的端电压不变,必须增大转子电流,同时发电机的定子电流也因无功分量的增多而加大。此时若要保持发电机的出力不变,就会使发电机的转子电流和定子电流超过额定值,会使转子温度和定子温度超过允许值而过热。因此,发电机在运行中,若功率因数低于额定值运行时,必须注意负荷调整使转子电流不超过允许值。

6. 负荷不对称的允许范围

负荷不对称是指电力系统中三相电压和电流不均衡的情况。负荷不对称是导致三相电流不对称的主要原因之一，通常表现为三相电压或电流不相等。这是由于负荷中有如电炉等单相负荷或"两相一地"制的供电线路的存在；或系统中发生两相短路事故，或送电时断路器、隔离开关有一相未合上，或发电机、变压器、输电线路中有一相断线等情况造成，它们破坏了发电机的对称运行，形成三相电流不对称。三相电流不对称会进一步加剧负荷不对称。

同步发电机是按照三相对称负荷运行设计的，在不平衡负荷下运行，三相不对称电流可分成正序、负序和零序三个分量。由负序电流产生的旋转磁场，其方向与转子的旋转方向相反，此旋转磁场为两倍的旋转速度在转子表面扫过，使转子表面产生涡流而发热。另外，发电机在三相负荷不对称情况下运行，不对称电流产生的磁场也不对称，所以旋转磁场对转子的作用力也不平衡，因而引起机组的额外振动。因此对三相不对称负荷的允许范围规定如下：汽轮发电机各相定子电流之差不得超过额定值的 10%，同时任何一相定子电流不得超过额定值。

7. 发电机增加负荷速度的规定

发电机并入电力系统后，有功负荷增加的速度主要取决于汽轮机的特性及锅炉供应蒸汽的情况。

二、发电机运行监视

正常运行中，发电机应按铭牌规定数据以额定运行方式进行，或在容量限制曲线（P-Q 曲线）的范围内长期连续运行。由于发电机的长期运行功率主要受机组的发热情况限制，因此，要监视并记录发电机的有功功率、无功功率、定子电流、定子电压、冷风温度、热风温度、定子绕组温度、铁芯温度、转子绕组温度等参数。

发电机运行时，应对发电机的运行情况进行严密监视。通过表计及切换装置对运行参数进行测量、分析，并对其各部分进行系统的检查，判断发电机运行是否运行正常并进行调节。

发电机配电盘上所有仪表应每隔 1h 记录一次。发电机定子绕组、定子铁芯和进出风的温度，必须每小时检查一次，每两小时记录一次。发电机日常监视内容有以下几方面：

1. 外部检查

发电机在运行中要注意监视并定时记录各部分的温度及电压、电流、功率、轴承油温、进出口风温、轴承绝缘电阻、励磁回路绝缘电阻和转子温度等，以上参数在发电机运行中不得超过其规定值。接班后 4h 进行一次全面检查，如发现异常现象，应适当增加检查次数。

2. 励磁系统运行监视

正常运行中，应检查电刷的运行情况，检查各电刷之间的压力是否均匀和电刷在刷握中是否有卡涩或间隙过大的情况。对于个别电刷产生火花，要判断是由于压力过大或是压力过小所造成的。对于刷压过小的电刷，可适当增大弹簧压力，对于刷压过大的电刷，应先将电刷取出在空气中稍加冷却，再放回刷握内适当减小弹簧的压力并稍微增大其他电刷的压力。

◆**任务实施**

能根据发电机及其辅助系统运行参数进行相关调整操作，使机组运行参数在正常范围之内。并在仿真机完成上述任务,维持发电机及其系统的运行参数在正常范围内。

一、实训准备

(1) 查阅机组运行规程,以运行小组为单位熟悉发电机设备及其辅助系统运行调整操作思路及调整方法。

(2) 明确职责权限。

1) 电气设备及其辅助系统运行调整方案、工作票编写由组长负责。

2) 电气设备及其辅助系统运行调整操作由运行值班员负责,并做好记录,确保记录真实、准确、工整。

3) 组长对操作过程进行安全监护。

(3) 熟悉 600t/d 垃圾焚烧炉发电机组系统平台的操作和控制方法。

(4) 调取发电机及其辅助系统运行调整相关工况,熟悉发电机运行状态。

二、任务实施

根据功率因数、无功功率、发电机出口电压、发电机温度等参数变化进行参数调整。

◆**任务评价**

登录垃圾焚烧发电运行与维护×证书考评系统,根据工作任务的完成情况和技术标准规范。考评系统会自动给出任务完成情况的评价表。依据评价结果,可以确定学员的技能水平和改进的要求。

项目四　垃圾焚烧发电机组停运

工作任务一　停运垃圾焚烧炉

◆**任务描述**

垃圾焚烧发电机组按计划需要大、小修或转入备用时，应按正常停炉程序操作进行停运；当出现严重缺陷无法维持运行时，应按紧急停炉程序操作将垃圾焚烧炉紧急停运。通过任务的学习，掌握垃圾焚烧炉及辅助系统的停运程序及操作方法。

◆**任务目标**

知识目标： 熟悉垃圾焚烧炉正常停运程序、紧急停运条件及程序、辅助系统停运操作步骤及停运后的保养。

能力目标： 能利用仿真系统做好垃圾焚烧炉及辅助系统的正常停运操作。

素养目标： 遵守安全操作规程，培养责任意识；树立规范操作意识，强化岗位职业精神；培养良好的表达和沟通能力。

◆**相关知识**

机组的停运是指机组从带负荷运行状态，到减去全部负荷、锅炉熄火、发电机解列、汽轮发电机惰走、投入盘车装置、锅炉降压、冷却辅机停运等全部过程。机组的停运方式取决于停运的目的，根据不同的情况，机组停运过程可分为正常停运和故障停运两大类。

一、焚烧炉正常停运

（一）停运前的检查与准备

（1）接到值长停炉命令后，填写停炉操作票，组织好各岗位人员，交代清楚停炉任务，同时各专业做好停炉准备。

（2）对焚烧炉设备进行一次全面检查，将发现的设备缺陷记录在缺陷记录本内，以便停炉后及时处理。

（3）对焚烧炉全面吹灰一次，布袋除尘器手动清灰一次。

（4）冲洗、校对汽包就地和电接点水位计一次。

（二）停运垃圾焚烧炉的操作

（1）通知垃圾吊车人员停止向料斗投料，当料位计显示低料位时，关闭料斗挡板。

（2）逐渐降低垃圾燃烧量、降低焚烧炉负荷，保证汽包水位正常。

（3）当炉内烟气滞留 2s 处温度降至 850℃时，将辅助燃烧器切为手动，启动辅助燃烧器运行，保证炉内烟气滞留 2s 处温度不低于 850℃，将炉内剩余垃圾烧尽。

（4）当炉内垃圾燃尽后，逐渐减小辅助燃烧器调节阀开度直至停运，调整一次风量、推料器和炉排速度。控制炉温降温速率不大于 80℃/h。

（5）当第一烟道温度低于 850℃时，停运 SNCR 系统，停运操作步骤如下：

1）将 SNCR 氨水切断阀切换为"手动"；将第一烟道上部、中部及下部左右侧共 6 个 SNCR 用蒸汽切断阀切换为"手动";将 SNCR 蒸汽切断阀切换为"手动"。

2)停止 SNCR 溶液泵运行,关闭 SNCR 氨水切断阀;关闭 SNCR 蒸汽切断阀。

3)关闭第一烟道上部、中部及下部左右侧共 6 个 SNCR 用蒸汽切断阀。

4)当 SNCR 蒸汽压力低于 0.8MPa 时,将吹扫蒸汽切断阀切换至"手动",关闭吹扫蒸汽阀。

5)打开吹扫空气切断阀,直至焚烧炉停运后将其关闭,避免喷嘴和连接软管因高温而烧坏。

6)当所有 SNCR 溶液泵停止后,关闭 SNCR 氨液供给阀门。

7)所有操作完毕后,汇报值长。

(6)当炉温降至 580℃时,停运脱酸系统和活性炭系统。脱酸系统停运后联系维护人员将雾化器吊出来进行清洗。

1)停运反应塔操作步骤如下:

① 关闭石灰浆至雾化器的开关阀;

② 打开自来水冲洗阀,清洗雾化盘及管路,清洗 60s 后,关闭自来水石灰冲洗阀;

③ 关闭石灰浆流量调节阀,检查其开度关至 0;关闭反应塔水流量调节阀,检查其开度关至 0;关闭自来水石灰雾化阀;

④ 在 DCS 上停止雾化器运行,当雾化器转速降为 0 之后,将雾化器吊出来彻底清洗;

⑤ 检查并确认所有反应塔都处于停运状态,停运冷却水泵供应泵;

⑥ 所有操作完毕后,汇报值长。

2)停运石灰石制浆系统。经确认需停运石灰石制浆系统时,可按以下程序进行操作:

① 在 DCS 系统中点击"退出"按钮,终止石灰浆制备循环;

② 就地打开石灰浆制备槽底部排浆阀,排出残余石灰浆,待消石灰罐称重质量显示为 0 时,将其关闭;

③ 打开工艺水至浆液制备槽的进水电磁阀向浆液制备槽内注水,注水 200kg 后,关闭进水电磁阀;

④ 启动石灰浆制备槽搅拌器,对石灰浆制备槽进行清洗,清洗完成后,停用石灰浆制备槽搅拌器运行;

⑤ 当石灰浆给料槽液位计显示低液位时,打开浆液制备槽底部石灰浆出水阀向石灰浆给料槽进水,冲洗石灰浆给料槽;

⑥ 就地打开石灰浆给料槽底部排浆阀,待石灰浆给料槽低料位计显示料位后,停止石灰浆循环泵运行,停止石灰浆存储搅拌器运行,操作完毕后,汇报值长。

3)停运活性炭系统。活性炭系统停运操作步骤:在 DCS 上停运活性炭给料机、活性炭输送风机运行,就地关闭活性炭输送风机出口蝶阀,操作完毕后,汇报值长。

(7)当炉温降至 550℃时,停止二次风机运行,二次风机停运前,应停用二次风加热蒸汽。其操作步骤如下:

1)关闭主蒸汽至二次风蒸预器高压段加热蒸汽一、二次隔离阀;关闭主蒸汽至二次风蒸预器高压段加热蒸汽进汽调节阀前、后手动阀;打开通往漏斗的排水手动阀;打开二次风蒸预器高压段蒸汽疏水旁路阀,关闭疏水主管路阀门;

资源 162~164

2）关闭一段抽汽母管至二次风蒸预器低压段加热蒸汽进气调节阀前、后手动阀；打开通往漏斗的排水手动阀；打开二次风蒸预器低压段蒸汽疏水旁路阀，关闭疏水主管路阀门；

3）将二次风机频率降至最小启动频率，检查并确认二次风机出口压力下降；

4）关闭二次风机入口挡板，检查并确认二次风机入口挡板已关至"0"位；

5）检查并确认二次风机转速逐渐降低至0；

6）二次风机转速到0后，按下二次风机断路器"停止"按钮，切断二次风机电源，根据实际情况确定是否关闭二次风机轴承冷却水。

（8）当炉温降至450℃时，停止一次风机运行。一次风机停运前，也应停用一次风加热蒸汽，停运方法与二次风加热蒸汽停运方法一致。一次风机停运步骤如下：

1）检查并确认一次风加热蒸汽已停用；

2）将一次风机变频降至最小启动频率，检查并确认一次风机出口压力下降；

3）关闭一次风机入口挡板，检查并确认一次风机入口挡板已关至"0"位；

4）检查并确认一次风机转速逐渐降低至0；

5）一次风机转速到0后，按下一次风机断路器"停止"按钮，切断一次风机电源，根据实际情况确定是否关闭一次风机轴承冷却水。

（9）当炉温降至400℃时，停运推料器和干燥炉排，加快燃烧炉排和燃尽炉排速度。

（10）当炉温降至350℃时，停运燃烧炉排和燃尽炉排，停运辅助燃烧器，关闭燃烧空气挡板。关闭天然气至辅助燃烧器电动门和手动门，当炉内温度降至100℃时，停止辅助燃烧器冷却风机运行。

（11）当SCR入口烟气温度低于145℃时，停运SCR系统，操作步骤如下：

1）停运SCR溶液泵，关闭喷枪氨水管路阀门；

2）开启喷枪吹扫阀，对氨水管路进行吹扫，吹扫结束后，关闭喷枪吹扫阀、喷枪雾化空气阀；

3）将SGH蒸汽流量控制阀切换为"手动"，将其开度置为0，停用SGH加热蒸汽；

4）开启SCR旁路挡板门，关闭SCR进口挡板门；

5）开启SCR吹扫阀，关闭稀释风机至蒸发混合器的阀门；

6）将稀释风机加热器加热蒸汽流量控制阀切换为"手动"，开度置为0，停用稀释风加热蒸汽；

7）关闭SCR出口挡板门，停止稀释风机运行，根据实际运行情况确定是否停运密封风机。

（12）当布袋除尘器入口烟温降至140℃时，启动布袋除尘器热风再循环加热装置运行。

（13）当炉温降至300℃时，停运炉墙冷却风系统，停运操作步骤如下：

1）按下空气耐火砖用风机"停止"按钮，停运空气耐火砖用风机；

2）检查并确认冷却空气引风机入口压力降低，关闭冷却空气引风机入口调节挡板；

3）按下冷却空气引风机"停止"按钮，停运冷却空气引风机；

4）关闭空气耐火砖用风机入口挡板，关闭左、右侧炉墙冷却风门。

（14）当炉温降至200℃时，停运引风机，停运操作步骤如下：

1）将引风机变频调节由"自动"切换为"手动"模式，降低引风机变频器指令至最小启动频率；

2）关闭引风机入口挡板，停止引风机变频器运行，检查引风机转速逐渐降低；

3）按下引风机断路器"分闸"按钮，切断引风机电源，根据实际情况确定是否需要关闭引风机轴承冷却水。

（15）当炉温降至 100℃时，停运轴冷风机，停运点火燃烧器和辅助燃烧器冷却风机。

（16）当炉温降至 50℃时，停运各冷却水系统。

（17）停炉 1h 后，检查并确认排渣机内灰渣排净后，停运炉渣输送系统，停运操作步骤如下：

1）在 DCS 上按下炉排下输渣系统"停止"按钮，停运炉排输渣机；

2）按下水平烟道飞灰输送系统"停止"按钮，程控停运竖井烟道及水平烟道各灰斗下飞灰输送机及出口挡板；

3）按下排渣机"停止"按钮，停运排渣机；

4）按下电磁除铁器"停止"按钮，停运磁选机；

5）按下振动排渣机"停止"按钮，停运振动排渣机；

6）按下带式输送机"停止"按钮，停运带式输送机；

7）按下转运输送机"停止"按钮，停运转运输送机。

（18）确认液压系统所有用户均已停运，停运炉排液压系统，停运操作步骤如下：

1）将液压泵由"自动"切换为"手动"模式，按下液压泵"停止"按钮，停运液压泵；

2）关闭液压油冷却器冷却水进出口手动门；

3）关闭各液压阀组液压油进出口手动门。

（19）停炉 4h 后，停运反应塔及布袋除尘器底部飞灰输送系统。

（20）停运布袋除尘器热风再循环加热装置。

（21）停运烟气在线监测系统。

（22）操作完毕，汇报值长。

（三）停运余热锅炉操作

在焚烧炉停运过程中应同步停运余热锅炉，操作步骤如下：

（1）在压力下降 1h 前，对余热锅炉进行一次定期排污。

（2）锅炉出口主蒸汽温度开始下降至低于 385℃时停止喷水减温系统运行。

（3）主蒸汽温度低于 380℃时，将锅炉与主蒸汽母管解列，关闭锅炉出口主蒸汽电动阀，开启过热器疏水阀门，部分开启生火排汽阀门控制压力下降速度，将给水调节切至手动，手动调节汽包水位。

资源 167

（4）将汽包水位上水至 200mm，关闭给水调节阀，开启省煤器再循环阀。在锅炉冷却过程中，严密监视汽包水位，必要时，及时向锅炉补水。

（5）当汽包压力降至 1MPa 时，关闭连续排污阀。

（6）当汽包压力降至 0.5MPa 时，打开汽包、过热器和减温器放汽阀，全开生火排汽阀。

（7）当汽包压力降至 0.3MPa 时，全开过热器疏水阀。

（四）停炉后的冷却

（1）停炉 12h 后，开启引风机入口挡板及锅炉各人孔、检查孔等，进行自然通风冷却。

（2）停炉 16h 后，可启动引风机进行强制通风冷却。

（3）当锅炉汽压降至 0 时，视具体情况决定是否放掉炉水。

（五）停炉后的保养

锅炉停炉放水冷却后，受热面水侧会附着一层水膜，酸性物质会在烟气侧表面形成腐蚀沉积物。一旦外界空气大量进入锅炉，空气中的氧气溶解到水膜中，会引起受热面金属氧腐蚀，如果金属表面油能溶于水的盐垢时，腐蚀就更强烈。此外，空气中的氧气和水分与受热面烟气侧的酸性沉积物结合，会引起受热面金属酸腐蚀。因此，在停炉期间必须采用适当的保养方法，防止锅炉受热面腐蚀。

焚烧炉水侧保养方法有湿法保养和干法保养两种。由于垃圾焚烧发电机组停运检修时间较短，水侧保养方法一般采用余热烘干干法保养方法。余热烘干法操作方法如下：

（1）锅炉熄火后，迅速关闭各挡板和炉门，封闭炉膛，防止热量过快散失。

（2）当汽压降至 0.2~0.5MPa 时，迅速开启锅炉所有放水门、排污门将炉水全部放掉，并开启所有空气门、疏水门，利用自然通风将锅炉内湿气排出。

（3）锅炉内湿气排出后，关闭所有放水门、排污门、疏水门、空气门，停止通风干燥。

二、焚烧炉紧急停运

1. 焚烧炉紧急停运条件

出现以下任一情况时，都应紧急停止垃圾焚烧炉运行：

（1）锅炉汽包水位达到高三值，即 200mm。

（2）锅炉汽包水位达到低三值，即 -150mm。

（3）引风机变频器停止。

（4）压缩空气母管压力达到低二值，即 0.42MPa。

（5）炉膛出口压力达到低二值，即 -1000Pa 或炉膛出口压力达到高二值，即 1000Pa。

（6）安全阀全部失效且其他迅速降压措施也全部失效。

（7）其他危及人员安全及垃圾焚烧炉安全运行的异常情况。

2. 紧急停运操作步骤

（1）当 MFT 投入时，若紧急停运条件中（1）~（3）任一条件发生，则 MFT 动作，紧急停炉；其他任一条件发生，可立即手按"紧急停炉"按钮，紧急停炉。

（2）当"紧急停炉"按钮失灵时，按以下步骤进行紧急停炉操作：

1）将给水调节阀切为手动，手动调节给水流量，维持汽包水位正常；

2）停止给料系统运行，特殊情况下可把垃圾走完；

3）停止二次风机、一次风机运行，炉膛通风 5min 后，停止引风机运行，关闭各风门挡板，保持炉膛各处严密；

4）关闭蒸汽母管前支管切断阀，开启集汽联箱疏水和疏水总阀。如果只有一台锅炉运行时，则应在汽轮机停机后才能关闭蒸汽母管前支管切断阀；

5）维持汽包水位正常，报告值长和有关领导，做好记录，根据情况做好恢复启炉的各项准备工作。

3. 紧急停运后的处理

（1）严密监视汽包水位，维持汽包水位正常。

（2）当停止进水后，开启省煤器再循环阀门。

（3）将一次风挡板全部开启，以便冷却炉排；保持引风机运行，维持炉膛压力正常。

（4）将炉排设置为最低速度，使垃圾尽可能烧尽。
（5）保持排渣机、漏灰输送机运行。
（6）注意给料槽内的温度，防止回火，如有必要可关闭给料溜槽挡板。
（7）保持最小蒸汽流量，防止过热器干烧。

◆任务实施

填写"垃圾焚烧炉停运"操作票，并在仿真机完成上述任务，使机组能按要求进行正常停运，各参数控制在正常范围内。

一、实训准备

（1）查阅机组运行规程，以运行小组为单位填写"垃圾焚烧炉停运"操作票。
（2）明确职责权限。
1）"垃圾焚烧炉停运"方案、工作票编写由组长负责。
2）"垃圾焚烧炉停运"操作由运行值班员负责，并做好记录，确保记录真实、准确、工整。
3）组长对操作过程进行安全监护。
（3）熟悉 600t/d 垃圾焚烧炉发电机组系统平台的操作和控制方法。
（4）调取"满负荷"工况，熟悉机组运行状态。

二、任务实施

根据"垃圾焚烧炉停运"操作票，利用仿真系统完成垃圾焚烧炉停运操作工作任务。

◆任务评价

登录垃圾焚烧发电运行与维护×证书考评系统，根据工作任务的完成情况和技术标准规范。考评系统会自动给出任务完成情况的评价表。依据评价结果，可以确定学员的技能水平和改进的要求。

工作任务二　停运汽轮发电机组

◆任务描述

运行中的汽轮发电机组，根据电网调度或检修计划安排需要停运时，应按正常停运操作步骤停运汽轮发电机组。当机组发生异常情况且无法恢复时，为防止事故扩大或使损失降低至最小，应根据实际情况进行紧急停运操作。通过任务的学习，掌握汽轮发电机组停运程序及操作方法。

◆任务目标

知识目标：熟悉汽轮发电机组正常停运程序，汽轮发电机组紧急停运条件及程序；熟悉汽轮发电机组停运操作步骤及停机后的保养。

能力目标：能利用仿真系统做好汽轮发电机组的正常停运和紧急停运操作。

素养目标：遵守安全操作规程，培养责任意识；树立规范操作意识，强化岗位职业精神；培养良好的表达和沟通能力。

◆相关知识

停运汽轮发电机组包括机组降负荷至0、汽轮机打闸停止进汽、发电机解列、转子惰走至降速至0、投入盘车和停运相关辅助设备等工作。根据机组停机目的的不同，机组停运可分为正常停运和故障停运两大类。

一、汽轮发电机组正常停运

（一）停运前的检查与准备

（1）接到值长停机命令后，明确停机目的及岗位分工，填写操作票，各岗位人员熟悉操作内容。

（2）试运交流润滑油泵、直流润滑油泵和盘车电机，正常后停运备用，如不正常则应联系检修处理好之后再进行机组停运操作。

（3）停机前记录汽轮机膨胀值，检查自动主汽门不应有卡涩现象。

（二）汽轮发电机组正常停运操作

（1）调整锅炉、电气运行工况，汽轮发电机组按 0.3MW/min 的速度进行降负荷。

（2）当负荷降至 15MW 时，停运一段抽汽，关闭一段抽汽管道电动阀。如仍有其他机组在运行，应确保一段抽汽母管压力正常；如电厂所有机组均停运，停运一段抽汽前，应提前将锅炉一次风蒸汽预热器、二次风蒸汽预热器和 SNCR 用汽退出运行。

（3）当降负荷至 8MW 时，停运二段抽汽，关闭二段抽汽管道电动阀。如仍有其他机组在运行，应确保二段抽汽母管压力正常；如电厂所有机组均停运，停运二段抽汽前，应提前将二段抽汽至除氧器用汽调节阀关闭。

（4）当降负荷至 2MW 时，可停运低压加热器，操作步骤如下：

1）关闭低压加热器进汽门，低压加热器停运后凝结水温降低，应注意除氧器压力、温度的变化情况，并及时调整。

2）关闭低压加热器空气门，解除水位自调节。

3）关闭低压加热器进、出水门，开启旁路门。

4）开启低压加热器疏水排地沟门，放完积水后关闭。

（5）降负荷过程中应及时调整汽封压力、油温、热井水位和除氧器水位等参数在正常范围内。

（6）降负荷过程中应注意给水母管压力，及时调整，维持汽包水位正常。

（7）降负荷过程中应根据发电机绕组温度，及时调整空气冷却器冷却水压力。

（8）当降负荷低于 1MW 时，启动交流润滑油泵运行。

（9）降负荷至 0 时，按手动停机按钮，打闸汽轮机，检查发电机连锁跳闸，检查汽轮机自动主汽门、调节阀、各抽汽止回阀连锁关闭，汽轮机转速平稳下降。

（10）停运交流控制油泵。

（11）关闭电动主汽阀、阀后压力到 0 后，开启阀后疏水阀。

（12）汽轮机转速降至 5300r/min 时，停运水环真空泵组，操作步骤如下：

1）解除备用真空泵连锁。

2）按下真空泵"停止"按钮，停运真空泵，检查并确认真空泵入口气动阀连锁关闭，否则手动关闭。

资源 168~170

3）关闭真空泵冷却器冷却水进、出口阀门，补水电磁阀前、后手动阀门及旁路阀门。

4）检查并确认真空泵电动机电流至 0，无倒转。

（13）转速降至 800r/min 时，检查顶轴油泵连锁启动，否则手动启动顶轴油泵运行。

（14）转速下降过程中适当开启真空破坏阀控制机组真空，做到转速到0、真空值到0。

（15）转速到0、真空到0后，停止轴封供汽。

转子惰走时，轴封供汽不可过早停止，以防止大量空气从轴封处漏入汽缸内发生局部冷却，轴封供汽停止的时间应该掌握得适当。如真空未到零就停止轴封供汽，冷空气将自轴端进入汽缸，转子轴封段将受到冷却，严重时会造成轴封摩擦。当转子静止时真空到零后停止轴封供汽，汽缸内部压力与外部大气压力相等，这样就不会产生冷空气自轴端进入汽缸的危险。如转子静止后，仍不切断轴封供气，则会有部分轴封汽进入汽缸而无法排出，造成静止腐蚀的可能性，也会造成上下汽缸的温差增大和转子受热不均匀，从而发生热弯曲。轴封进汽量过大还可能引起汽缸内部压力升高，冲开排汽缸排大气安全门。因此，最好的办法是控制转速到零，同时真空也降到零时，停止轴封供汽。

（16）关闭汽封减温减压器减温水手动阀，停止轴封加热器风机运行，投入盘车连续运行，记录汽轮机惰走时间和盘车电流。

（17）关闭发电机空气冷却器冷却水。

（18）排汽缸温度低于50℃时，停运凝结水泵，关闭凝汽器补水阀，视情况打开凝汽器排地沟手动阀，将凝汽器中存水放尽。凝结水泵停运操作步骤如下：

1）解除备用凝结水泵连锁。

2）按下凝结水泵"停止"按钮，停止凝结水泵运行，检查并确认凝结水泵电机电流至0，出口压力至0，水泵无倒转。

3）关闭凝结水泵轴承冷却水阀门和密封水阀门。

（19）关闭凝汽器两侧循环水进、出口阀门，根据实际情况停运循环水泵，操作步骤如下：

1）解除备用循环水泵连锁。

2）按下循环水泵"停止"按钮，停止循环水泵运行，检查并确认循环水泵出口电动阀连锁关闭，否则手动关闭；检查循环水泵电机电流至0，出口压力至0，水泵无倒转。

（20）解除ETS所有保护，停机后注意监视缸温、油温、发电机风温等，并做好记录。全面检查所有可能使汽缸进冷气、冷水的阀门、管道应全部关闭严密，防止汽轮机进冷气、冷水，视上、下缸金属温差情况，进行定期疏水。

（21）当汽轮机汽缸上壁温度低于100℃时，停止盘车装置运行，操作步骤如下：

1）解除盘车装置连锁。

2）按下盘车电机"停止"按钮，停运盘车装置。

3）顺时针转动盘车手柄，使盘车装置复位锁定。

（22）操作完毕，全面检查后汇报值长。

（三）汽轮发电机组正常停运注意事项

1. 机组降负荷过程中注意事项

（1）降负荷速率、系统切换及设备停运应按运行规程规定进行。

（2）降负荷过程中，注意汽缸壁金属降温速度和各部温差。通过控制降负荷速率，使汽缸金属的降温速度不超过3℃/min，并且下降一定的负荷后，停留暖机一段时间，使汽轮机各部金属温度均匀。

（3）应注意监视转子的轴向位移、汽轮机振动、胀差等参数变化。

(4) 降负荷过程中轴封系统不宜自动调节，应改为手动控制，维持汽轮机轴封系统正常供汽。

(5) 根据机组负荷变化，及时调节发电机空气冷却器的冷却水量，维持发电机正常的风温。

2. 转子惰走注意事项

(1) 认真记录汽轮机惰走时间，并与汽轮机标准惰走时间进行比较。汽轮发电机组在打闸解列后，转子依靠自身的惯性系统继续转动的现象称为惰走。由于转子在旋转时受到摩擦、鼓风的阻力和带动主油泵的机械阻力等作用，转速将逐渐降低到0，从打闸停机到转子完全静止的这段时间称为惰走时间。汽轮机打闸后，应准确记录汽轮机转子的惰走时间。如果惰走时间明显缩短，可能是轴瓦已经磨损或机组动静部分发生轴向或径向摩擦；如果惰走时间明显拉长，则是汽轮机的进汽阀或是抽汽止回阀关不严，使有压力的蒸汽漏入汽缸所致。

(2) 汽轮机打闸后，应立即启动交流润滑油泵，检查并确认润滑油压正常。

(3) 惰走过程中倾听汽轮机内部有无金属摩擦声和其他异音，检查机组轴瓦振动正常。

(4) 转速降至800r/min时，检查顶轴油泵连锁启动，否则立即手动启动，防止汽轮机在低速下发生碾瓦。

(5) 转速降至500r/min时，适当开启真空破坏阀、控制真空下降速度，做到转速到0，真空到0。

3. 盘车注意事项

(1) 当汽轮机转子转速降至0时，应立即启动盘车装置，投入连续盘车运行。

(2) 盘车期间，润滑油泵保持运行，调整冷油器冷却水量，维持润滑油温在35~45℃。

(3) 当汽轮机各部金属温度低于100℃时，方可停止润滑油泵和盘车装置运行。

二、汽轮发电机组紧急停运

当汽轮发电机组发生异常时，保护装置自动动作或人为紧急停机，以达到保护汽轮发电机组不损坏或使损失降至最低。汽轮发电机组故障停运可分为紧急停运和一般故障停运两大类。紧急停运是指发生故障对设备系统造成严重威胁时，必须立即打闸、解列、破坏真空，进快把机组停下来。紧急停运无须请示，值长按运行规程操作，处理完成后向相关领导汇报即可。一般故障停运可根据故障的性质不同，尽可能做好联系或汇报工作，按运行规程将机组安全停运。

（一）紧急停运条件

遇有下列情况之一，汽轮机应破坏真空紧急停机：

(1) 机组突然发生强烈振动或金属撞击声。

(2) 转速升至6035r/min，超速保护装置不动作。

(3) 汽轮机发生水冲击或主汽温度在10min内突然下降50℃。

(4) 轴端汽封冒火花。

(5) 任何一个轴承断油或轴承回油温度突然上升到75℃以上。

(6) 轴承回油温度超过75℃，瓦温超过110℃，或轴承内冒烟。

(7) 油系统失火，且不能很快扑灭，严重威胁机组安全运行。

(8) 油箱内油位突然下降至最低油位以下，且无法恢复时。

(9) 润滑油压降至 0.08MPa。
(10) 转子轴向位移超过极限值，且保护未动作。
(11) 主蒸汽管道或附件爆裂，无法隔离或恢复，危及机组安全时。
(12) 水管道或附件爆裂，无法隔离或恢复，危及机组安全时。
(13) 油管道或附件爆裂，无法隔离或恢复，危及机组安全时。
(14) 调节保安系统发生故障，无法维持。
(15) 发电机冒烟着火。
(16) 所有控制压力表失灵，无法监控时。

（二）紧急停运操作步骤

(1) 手拍紧急停机按钮，检查确证负荷到零，自动主汽门、调速汽门及抽汽止回阀均已关闭严密，检查发电机是否解列，注意机组转速的变化，如机组未解列，及时通知电气尽快解列发电机。

(2) 启动交流润滑油泵，维持润滑油压正常。

(3) 调整轴封压力，保持汽轮机轴封正常供汽。

(4) 停水环真空泵组，开启真空破坏门，全开凝结水再循环门，关闭低压加热器出水门，注意维持凝汽器及除氧器水位正常。

(5) 真空到零，停止向轴封供汽。

(6) 转子静止，投入连续盘车，记录惰走时间及盘车电流，测量大轴挠度，注意倾听机组内部声响。

(7) 其他操作按正常停机步骤进行。

（三）一般故障停运条件

1. 不破坏真空故障停机

遇到下列情况之一，应不破坏真空故障停机：

(1) 进汽压力大于 4.1MPa 或进汽温度大于 410℃。

(2) 进汽温度小于 320℃。

(3) 凝汽器真空下降，减负荷至 0 后，仍低于 62kPa；

(4) 调节阀连杆脱落和断裂，调节阀门卡死。

(5) 轴承振动大于 60μm。

(6) 调节阀全关，发电机出现电动机运行方式时间超过 3min。

(7) DEH、DCS、TSI 系统故障或计算机死机无法恢复，致使一些重要参数无法监控，不能维持机组正常运行。

2. 不破坏真空故障停机（15min 内不能恢复）

汽轮机有下列情况之一，且在 15min 内不能恢复时，应不破坏真空故障停机：

(1) 进汽压力低于 3.2MPa 但高于 3.1MPa。

(2) 进汽温度低于 340℃但高于 330℃。

(3) 凝汽器真空低于 73kPa 但高于 62kPa。

（四）一般故障停运操作步骤

(1) 手拍危急保安器或手按紧急停机按钮，检查并确认机组负荷降至 0，自动主汽阀、调节阀及抽汽止回阀均已关闭严密，检查发电机已解列，汽轮机转速在下降，如发电机未解列，应手动断开发电机出口开关，将发电机与系统解列。

（2）启动交流润滑油泵，维持机组润滑油压正常。

（3）除上述操作外，其他步骤按正常停机操作步骤进行。

◆**任务实施**

填写"汽轮发电机组正常停运"操作票，并在仿真机完成上述任务，使机组能按要求进行正常停运，各参数控制在正常范围内。

一、实训准备

（1）查阅机组运行规程，以运行小组为单位填写"汽轮发电机组正常停运"操作票。

（2）明确职责权限。

1)"汽轮发电机组正常停运"方案、工作票编写由组长负责。

2)"汽轮发电机组正常停运"操作由运行值班员负责，并做好记录，确保记录真实、准确、工整。

3) 组长对操作过程进行安全监护。

（3）熟悉 600t/d 垃圾焚烧炉发电机组系统平台的操作和控制方法。

（4）调取"满负荷"工况，熟悉机组运行状态。

二、任务实施

根据"汽轮发电机组正常停运"操作票，利用仿真系统完成汽轮发电机组正常停运操作工作任务。

◆**任务评价**

登录垃圾焚烧发电运行与维护×证书考评系统，根据工作任务的完成情况和技术标准规范。考评系统会自动给出任务完成情况的评价表。依据评价结果，可以确定学员的技能水平和改进的要求。

项目五　垃圾焚烧发电机组试验

工作任务一　锅炉定期切换与试验

◆**任务描述**

为了保证垃圾焚烧锅炉设备的启动及正常运行的安全性，使设备具备启动条件和备用设备处于良好的备用状态，及时发现定期切换试验设备缺陷，防止设备误动、拒动、自动系统失灵或调节性能恶化，锅炉启动前及正常运行中必须对设备进行定期切换与试验工作。

◆**任务目标**

知识目标：熟悉锅炉各试验的目的、应具备的条件、试验方法和步骤，试验过程中的注意事项，熟知锅炉各试验参数的整理方法及试验是否合格的评价标准。

能力目标：能利用仿真系统完成垃圾焚烧锅炉启动前的设备连锁静态试验、动态试验及定期切换试验等。

素养目标：遵守安全操作规程，培养责任意识；树立规范操作意识；强化岗位职业精神；培养良好的表达和沟通能力。

◆**相关知识**

定期切换是指运行设备与备用设备之间轮换运行；定期试验是指运行设备或备用设备进行动态或静态启动、保护传动，以检测运行或备用设备的健康水平。定期切换与定期试验统称为定期工作。

垃圾焚烧机组锅炉在大小修后，机组启动前必须进行相关设备连锁静态试验、动态试验操作，以确保锅炉启动过程中的安全运行；正常运行中需进行设备的每日、每周、每月定期切换试验，以确保各设备在良好的备用状态。

垃圾焚烧锅炉设备定期切换与试验包括检修后启动前的冷态试验和机组正常运行中的设备定期切换试验，主要包括转动机械运转或切换试验、水压试验、安全阀校验试验、漏风试验及锅炉连锁保护试验等，具体锅炉侧设备定期切换及试验项目见表5-1。

表 5-1　　　　　　　　垃圾焚烧炉定期工作项目

序号	试验项目	试验内容	试验情况
1	转动机械试运转及切换试验	推料器、焚烧炉排、捞渣机、振动输渣机、公共链板输渣机、炉排底部螺旋输送机、螺旋输送机、刮板机、点火燃烧器、辅助燃烧器	试运转30min，转动方向正确，电流正常，轴承及转动部分无异常声音，轴承油位正常，无漏油、漏水现象，轴承温度、振动正常，信号指示正确
2	水压试验	工作压力水压试验；超工作压力水压试验	工作压力水压试验为汽包工作压力（4.8MPa），超工作压力水压试验为1.25倍汽包工作压力（6.0MPa）

续表

序号	试验项目	试验内容	试验情况
3	安全阀校验试验	汽包、过热器控制安全阀	汽包、过热器控制安全阀动作压力为1.04倍工作压力,工作安全阀动作压力为1.06倍工作压力
4	漏风试验	锅炉本体及烟道严密性,空气预热器、风道及其挡板的严密性	检查锅炉本体及烟道严密性采用负压法;检查空气预热器、风道及其挡板的严密性采用正压法
5	锅炉连锁保护试验	向空排汽连锁、紧急放水阀连锁、MFT保护、锅炉大连锁试验	动作试验正常

一、转动机械试运行或切换试验

转动机械经过检修后,须进行不少于30min的试运行,验收合格方可正式投入运行。转动机械的试运行,有关检修负责人应到现场,应有运行人员检查验收,仪表盘上有专人监视启动电流和启动电流在最大值的持续时间,并进行认真记录。

1. 转动机械启动前的检查项目

(1) 各电动机、转动机械地脚螺丝牢固,轴端露出部分保护罩、栏杆齐全牢固,联轴器连接完好。

(2) 电动机绝缘合格,接线盒、电缆头、电机接地线及事故按钮完好,电动机及其所带机械处应无人工作。

(3) 设备周围照明充足完好,现场清洁,无杂物、积灰、积水现象,各人孔、检查孔关闭。

(4) 轴承、电机等冷却水装置良好,冷却水通畅、充足,通风良好无堵塞。

(5) 各轴承油位正常,油质良好,油镜及油位线清楚,无漏油现象。

(6) 各仪表完好,指示正确,保护、程控装置齐全完整,调节门挡板及其传动机构试验合格。

2. 转动机械试运转

(1) 新安装或大修后的转动机械,在电机和机械部分连接前,应进行电机单独试转。检查转动方向,事故开关正确可靠后,再带机械试转。

(2) 盘动联轴器1~2转,机械无异常,轻便灵活。

(3) 进行第一次启动,当转动机械在全速后用事故按钮停止运行,观察轴承及转动部分,记录惰走时间,盘上注意启动电流、启动时间、电流返回值,确认无异常后方可正式启动。

(4) 带转动机械试运时,逐渐升负荷至额定值,电流不能超限,应注意检查机械内部有无摩擦撞击和其他异声,各轴承无漏油、漏水现象,振动窜动值均在规定范围内,轴承温度上升平稳并在规定范围内,电机电流正常,无焦臭味和冒火花现象。

(5) 风机不能带负荷启动,泵类转动机械不应空负荷启动和运行

(6) 转动机械试运转时,值班员应加强检查,并随时将试运情况汇报值长。

3. 转动机械试运转合格标准

(1) 转动方向正确,电流正常,负荷调节灵敏准确,挡板执行机构无卡涩。

(2) 轴承及转动部分无异常声音。

(3) 轴承油位正常，无漏油、漏水现象，冷却装置正常。具有带油环的轴承，其油环工作正常。

(4) 轴承温度、振动应符合制造厂规定。无制造厂规定时，对于滑动轴承，机械侧不得超过 70℃，电机侧不得超过 80℃；对于滚动轴承，机械侧不得超过 80℃，电机侧不得超过 100℃。

(5) 每个轴承的振动值不得超过表 5-2 所列的数值。

表 5-2　　　　　　　　　　轴 承 振 动 标 准

转速（r/min）	≤750	≤1000	≤1500	≤3000
合格值（mm）	0.10	0.07	0.05	0.03
报警值（mm）	0.15	0.12	0.10	0.05
跳闸值（mm）	0.30	0.25	0.20	0.15
串轴（mm）	≤2			

二、水压试验

锅炉承压部件经过大、小修或局部受热面检修后，应进行工作压力的水压试验。水压试验的目的是检查锅炉受热面、汽水管道及其阀门的严密性，保证承压部件运行的可靠性。

1. 水压试验的有关规定

(1) 锅炉水压分为工作压力水压试验和超工作压力水压试验。工作压力水压试验为汽包工作压力（4.8MPa），超工作压力水压试验为 1.25 倍汽包工作压力（6.0MPa）。

(2) 锅炉在大、小修或承压部件检修后应进行工作压力水压试验，试验应由专门负责人指挥，运行人员操作，检修人员检查。

(3) 超工作压力水压试验必须经过总工程师批准。有以下情况之一，应进行超工作压力水压试验：

1) 新安装锅炉投产前；
2) 停炉一年后恢复投产前；
3) 承压受热面大面积检修后；
4) 锅炉严重缺水造成受热面大面积变形时；
5) 根据实际运行情况对设备可靠性有怀疑时。

(4) 水压试验进水温度应为 30～70℃。

2. 试验前准备

(1) 上水前，应详细查明锅炉承受压力部件的所有热机检修工作票收回并注销，检修负责人应确认与试验设备有关处无人工作。

(2) 关闭锅炉本体及主蒸汽电动门前的所有疏水阀、放水阀、排污阀及主蒸汽母管电动阀。

(3) 开启本体空气阀及向空排汽阀，投入汽包就地水位计（做超工作压力水压试验前应退出汽包就地水位计运行）。

(4) 关闭汽轮机电动主汽阀及阀前疏水阀。

(5) 通知化学人员备足试验用水,关闭各化学取样二次门。

3. 试验步骤

(1) 待以上准备工作完毕后,向锅炉上水,水温正常控制在 30~70℃。控制上水速度,保证汽包上、下壁温差不大于 40℃,如大于 40℃ 应停止上水,待温度正常后重新上水。

(2) 上水至汽包水位 −100mm 时停止上水,全面检查并记录膨胀指示值是否正常,否则查明原因并消除。上水时,待受热面空气门连续冒水后关闭。

(3) 继续上水,当高温过热器对空排汽门连续冒水时关闭,此时汇报值班员,并停止上水,进行全面检查。

(4) 确认无异常后,通过给水调节门或旁路缓慢升压,此门应有专人看管,升压速度不超过 0.3MPa/min。

(5) 当压力升至 0.5~1.0MPa 时应暂停升压,由检修人员进行一次全面检查,清除存在问题后,继续升压;当压力升至工作压力 4.8MPa(就地压力表)时,关闭上水门,检查各承压部件有无泄漏等异常现象(5min 下降不超过 0.3MPa 为合格)。

(6) 若需做超压试验时,应将水位计解列,各热工仪表一次门(除压力表外)关闭,升压速度为 0.1MPa/min,压力升至 6.0MPa 时,维持 5min,然后降压至 4.8MPa 并保持此压,由检修人员进行全面检查。在升压过程中,工作人员不得进行泄漏检查。

(7) 水压试验结束后,降压应缓慢进行,按 0.2~0.3MPa/min 进行降压,同时应联系炉水分析人员化验水质,如水质合格可回收。当汽包压力降至零时,开启过热器各部空气门、疏水门,用事故放水门将汽包水位降至正常水位,根据需要可进行放水工作。

进行水压试验时,除遵守 GB 26164.1—2010《电业安全工作规程第 1 部分:热力和机械》的有关规定外,尚须设专人监视与控制压力。水压试验结束后,应将试验结果及检查中所发现的问题记录在锅炉档案内。

三、安全阀校验试验

为了保证锅炉安全运行,防止承压部件超压引起设备损坏事故,必须对锅炉安全阀的动作按规定进行调试,以保证其动作可靠准确。新投运锅炉或锅炉大修后,安全阀控制系统或机械部分检修后都应对相应安全阀进行校验。安全阀的校验一般应不带负荷时进行,采用单独启动升压的方法,需带负荷校验时,应制订具体措施。安全阀校验的顺序一般按压力由高到低的原则进行。安全阀校验前必须制订完善的校验措施,校验时应有专职人员指挥,专职人员操作。一般按就地压力表为准。汽包、过热器控制安全阀动作压力为 1.04 倍工作压力,工作安全阀动作压力为 1.06 倍工作压力。

1. 校验前的检查与准备工作

(1) 安全阀装置及其他有关设备检修工作全部结束,工作票收回并注销。

(2) 做好超压事故预想及处理措施。

(3) 准备好对讲机等通信器材及耳塞。

(4) 检查各向空排汽电动门开关,确保灵活可靠。

(5) 不参加校验的安全阀应锁定。

(6) 校验前应对照汽包、过热器就地压力表及远方压力表,确保压力表指示准确。

2. 安全阀校验方法

（1）锅炉开始升压，调整燃烧强度，控制汽压上升速度不超过 0.2MPa/min。

（2）当压力升至 60%～80%额定工作压力时，停止升压，手动放气一次，以排除锈蚀物等杂质，防止影响校验效果。

（3）当汽压升至校验安全阀动作值时，校验安全阀应动作，否则，应由维修人员对动作值进行调整，直到启座和回座压力符合规定。

（4）校验过程中，为防止弹簧受热影响动作压力，同一安全阀动作的时间间隔一般应大于 30min。

四、漏风试验操作

锅炉经过检修后，应在冷态下，以正压或负压试验的方法，检查锅炉各部件的严密性。

1. 负压法试验

用负压法检查锅炉本体及烟道的严密性。严密关闭各部分人孔门、检查门，启动引风机，保持燃烧室负压为 −100～−50Pa，用火把或蜡烛靠近炉墙及烟道进行检查，如漏风，则火焰被吸向不严密处，在漏风部位画上记号，试验完毕予以堵塞。

2. 正压法试验

用正压法检查空气预热器、风道及其挡板的严密性。保持燃烧室适当负压，关闭送风机入口挡板、燃烧配风挡板及其他有关挡板，启动送风机并记录其电流值，逐渐开大入口挡板，直至全开为止，送风机电流应不变，否则表明挡板风道有不严密处，应予以消除。

检查空气预热器的泄漏处应在空气侧进行，有空气喷出则表明有不严密处，在泄漏部位画上记号，试验完毕后应予以消除。检查送风机挡板的严密性，应停止送风机，并关闭挡板，风机不倒转，表示挡板严密，否则应予以消除。

五、锅炉连锁保护试验

大修后的锅炉，启动前应做动态连锁保护试验，小修后或停炉备用超过 15d 的，启动前应做静态连锁试验。锅炉连锁保护试验包括水位保护、压力保护、汽温保护、炉膛负压保护、MFT、风机保护试验等。

1. 锅炉连锁保护试验

启动程序：引风机→密封风机→一次风机→炉墙冷却风机→二次风机。

停止程序：二次风机→炉墙冷却风机→一次风机→密封风机→引风机。

试验步骤：

（1）将连锁开关置于解除位置，任意启动和停止引风机、密封风机、一次风机、炉墙冷却风机、二次风机，给料机及炉排自动运行投入，应互不影响，且均可单独启动和停止。

资源 172

（2）将连锁开关置于投入位置，引风机、密封风机、一次风机、炉墙冷却风机应能按正确步骤启动和停止，给料器及炉排自动运行能投入。

（3）将连锁开关置于投入位置，按正确步骤启动引风机、密封风机、一次风机、炉墙冷却风机，给料机及炉排自动运行投入，然后停止引风机，则一次风机、密封风机、炉墙冷却风机跳闸，给料器及炉排自动运行退出，事故报警器鸣叫；如先停一次风机，则给料器、炉排自动运行退出，事故警报器鸣叫，但引风机不停止。如不符合上述要求，则应查明原因，消除故障后再试，直至合格为止。

炉排保护：当一次风机停止时，炉排自动运行退出；一次风机启动时，炉排自动方可投入。炉膛负压保护：引风机停止时，一次风机、二次风机相应停止；引风机未启动时，一次风机无法启动。

2. 手动 MFT 连锁试验

将连锁开关置于投入位置，按正确步骤启动引风机、密封风机、一次风机、炉墙冷却风机，按手动 MFT 连锁开关，则一次风机、密封风机、炉墙冷却风机、给料器、炉排跳闸，事故报警器鸣叫，但引风机不停止。

资源 173~175

3. 水位连锁试验

（1）通知热工人员将汽包水位等于或高于+150mm 信号切入，事故放水电动门自动开启，汽包水位等于或略低于 75mm 信号切入时，事故放水电动门自动关闭。

（2）极限高低水位连锁：将连锁开关置于投入位置，按正确步骤启动引风机、密封风机、给料器、炉排、一次风机、炉墙冷却风机、二次风机，通知热工人员将极限高水位+200mm 或极限低水位-200mm 信号切入，则引风机、密封风机、给料器、炉排、一次风机、炉墙冷却风机、二次风机跳闸，事故警报器鸣叫。

4. 汽压连锁试验

通知热工人员将主蒸汽压力等于或高于 4.8MPa（热态调试确定）信号切入时，集汽联箱向空排汽电动门应自动开启；将主蒸汽压力等于或低于 4.0MPa（热态调试确定）信号切入时，集汽联箱向空排汽电动门自动关闭。

5. 液压站连锁试验

（1）将连锁开关置于投入位置。

（2）一台主油泵或一台冷油泵因故跳闸时，另一台自动启动。

（3）当液压站油温过低（小于 15℃）时，油加热器自动启动。

（4）液压站油温 50℃时电磁水阀开启，循环冷却油泵启动运行，油温降到 35℃时关闭。

（5）油温高于 60℃时，主油泵停止。

（6）主油泵进口阀未全开时，主油泵无法启动。

◆任务实施

填写锅炉相关试验操作票，并在仿真机完成上述任务，维持锅炉及辅助系统的主要参数在正常范围内。

一、实训准备

（1）查阅机组运行规程，以运行小组为单位填写锅炉相关试验操作票。

（2）明确职责权限。

1）锅炉试验方案撰写、工作票编写由组长负责。

2）锅炉试验操作票操作由运行值班员负责，并做好记录，确保记录真实、准确、工整。

3）组长对操作过程进行安全监护。

（3）熟悉 600t/d 垃圾焚烧炉发电机组系统平台的操作和控制方法。

（4）调取锅炉试验所需的工况进行试验前准备，熟悉机组运行状态。

二、任务实施

根据锅炉相关试验操作票，利用仿真系统完成锅炉各设备的定期切换试验操作。

项目五　垃圾焚烧发电机组试验

◆**任务评价**

登录垃圾焚烧发电运行与维护×证书考评系统，根据工作任务的完成情况和技术标准规范。考评系统会自动给出任务完成情况的评价表。依据评价结果，可以确定学员的技能水平和改进的要求。

工作任务二　汽轮机定期切换与试验

◆**任务描述**

本任务介绍汽轮机的主、辅设备相关试验的目的及试验操作方法，设备的定期切换与试验操作等，并结合仿真机组进行汽轮机试验的操作。

◆**任务目标**

知识目标：熟悉汽轮机各试验的目的、应具备的条件、试验方法和步骤，试验过程中的注意事项，掌握汽轮机保护静态试验方法、动态试验方法。

能力目标：能利用仿真系统完成汽轮机启动前的设备连锁静态试验、动态试验及定期切换试验等。

素养目标：遵守安全操作规程，培养责任意识；树立规范操作意识，强化岗位职业精神；培养良好的表达和沟通能力。

◆**相关知识**

汽轮机设备定期切换与试验包括检修后启动前的冷态试验及运行中的各设备的试验及切换工作，是机组集控运行值班员的核心工作内容之一，分每日、每周、每月定期进行和大小修后启动前进行，主要有汽轮机本体试验操作，汽轮机油系统的试验与切换操作、主要转动设备连锁试验操作，主要转动设备的切换操作等，具体定期工作见表5-3。

表 5-3　　　　　　　　汽轮机侧设备定期切换及试验项目

设备名称	工作项目	日期
循环水泵及冷却塔风机、给水泵、凝结水泵、疏水泵	切换加油	每周一次
生产给水泵、冷却水补水泵、水环式真空泵	切换及加油	每周一次
工业水泵、消防水系统检查	切换、试转备用泵	每周一次
水环式真空泵	切换	每周一次
交流润滑油泵、直流润滑油泵、高压电动油泵	试转	每周一次
低油压试验（退出跳机保护）	试验	每月一次
真空严密性试验	试验	每月一次
冷油器、发电机空气冷却器滤网清洗，油化验	清洗、倒换	每月二次
润滑油及调节油系统清洗，油化验	清洗	每月二次
汽轮机保护静态试验	试验	开机前
自动主汽门、调速汽门严密性试验	试验	每年一次
超速试验	试验	A修后或停机一个月后

一、主要辅助设备连锁试验

(一) 凝结水泵试转及连锁试验

1. 凝结水泵试转

(1) 联系化水人员启动除盐水泵,补水至凝汽器热水井的三分之二左右。

(2) 将凝结水泵连锁切至"解除位置"。

(3) 点击 DCS 上凝结水泵操作按钮,启动凝结水泵,开启凝结水泵出水门;调整泵体密封水量适中。

(4) 检查凝结水泵电流、出水压力、轴承温度、振动、声音应正常。

(5) 用同样方法试转另一台凝结水泵,一切正常后,一台泵运行,另一台泵备用。

(6) 调整凝汽器水位至正常值。

2. 凝结水泵跳闸连锁试验

(1) 启动一台凝结水泵运行正常,投备用泵连锁开关。

(2) 就地按下运行凝结水泵停止按钮,此时跳闸泵报警,备用泵应自投入。

(3) 检查自投凝结水泵运行情况正常,取消报警信号。

(4) 用同样方法试验另一台凝结水泵。

3. 凝结水泵低水压联动试验

(1) 启动一台凝结水泵运行正常,投备用泵连锁开关。

(2) 调整凝结水再循环门,将凝结水母管压力降至 0.8MPa 以下或由热控人员短接压力开关,备用泵应自投入。

(3) 检查自投凝结水泵运行正常,取消报警信号,切断连锁开关恢复系统。

(4) 用同样方法试验另一台凝结水泵。

(二) 循环水泵试转及连锁试验

1. 循环水泵试转

(1) 将凝结水泵连锁切至"解除位置"。

(2) 点击 DCS 上循环水泵操作按钮,启动循环水泵,开启循环水泵出水门;调整泵体密封水量适中。

(3) 检查循环水泵电流、出水压力、轴承温度、振动、声音应正常。

(4) 开启冷却塔进水门,检查冷却塔布水器运转平稳,补水均匀。冷却塔出水畅通。

(5) 用同样方法试转另两台循环水泵,一切正常后,一台泵运行,另一台泵备用。

2. 循环水泵跳闸连锁试验

(1) 启动一台循环水泵运行正常,投备用泵连锁开关。

(2) 就地按下运行循环水泵停止按钮,此时跳闸泵报警,备用泵应自投入。

(3) 检查自投循环水泵运行情况正常,取消报警信号。

(4) 用同样方法试验其他循环水泵。

3. 循环水泵低水压联动试验

(1) 启动一台循环水泵运行正常,投备用泵连锁开关。

(2) 热控人员短接压力开关,备用泵应自投入。

(3) 检查自投循环水泵运行正常,取消报警信号,切断连锁开关恢复系统。

(4) 用同样方法试验其他循环水泵。

(三）冷却塔风机试转

（1）点击 DCS 上冷却塔风机操作按钮，启动冷却塔风机。

（2）记录冷却塔风机电机电流值、振动值。检查齿轮箱、电动机应无不正常响声，以及发热等异常现象。

（3）观察塔体振动状况。检查电动机，轴承座、齿轮箱油温正常，油位正常，无漏油现象并投入冷却塔监测保护开关。

（4）用同样方法试转另两台冷却塔风机，试运正常后停运，冷却塔风机一般在机组启动后视循环水温开启。

(四）给水泵试转及连锁试验

1. 给水泵试转

（1）启动凝结水泵，开启凝结水至除氧器进水调节阀，将除氧器补水至正常值。

（2）将给水泵连锁切至"解除位置"。

（3）点击 DCS 上给水泵操作按钮，启动给水泵，调整给水泵出口再循环气动调节门；调整泵体密封水量适中。

（4）检查凝结水泵电流、出水压力、轴承温度、振动、声音应正常。

（5）开启给水泵出水门，调整高压给水母管压力正常。

（6）用同样方法试转其他给水泵，一切正常后，一台泵运行，其他给水泵备用。

（7）调整除氧器水位至正常值。

2. 给水泵跳闸连锁试验

（1）启动一台给水泵运行正常，投备用泵连锁开关。

（2）就地按下运行给水泵停止按钮，此时跳闸泵报警，备用泵应自投入。

（3）检查自投给水泵运行情况正常，取消报警信号。

（4）用同样方法试验其他给水泵。

3. 给水泵低水压联动试验

（1）启动一台给水泵运行正常，投备用泵连锁开关。

（2）调整给水泵出口再循环气动调节门，将给水母管压力降至 0.8MPa 以下或由热控人员短接压力开关，备用泵应自投入。

（3）检查自投给水泵运行正常，取消报警信号，切断连锁开关恢复系统。

（4）用同样方法试验其他给水泵。

资源 184～187

(五）水环式真空泵试转及连锁试验

1. 水环式真空泵试转

（1）关闭进口管路上闸阀。

（2）将水环式真空泵连锁切至"解除位置"。

（3）点击 DCS 上水环式真空泵操作按钮，启动水环式真空泵，打开供水管路上的阀门，逐渐增加供水量，至达到要求为止。

（4）检查水环式真空泵电流、轴承温度、振动、声音应正常。

（5）当泵达到极限压力时，打开进气管路上的闸阀，泵开始正常工作。

（6）在运转过程中，注意调节填料压盖，不能有大量的水往外滴。

（7）泵在极限压力（低于 -0.092MPa）下工作时，泵内可能由于物理作用而发生爆炸声，可调节进气管路上的阀门,即增加进气量,爆炸声即消失,若不能消失应检查其他方面的原因。

(8) 用同样方法试转其他水环式真空泵,一切正常后,一台泵运行,其他泵备用。

(9) 调整水箱水位至正常值。

2. 水环式真空泵跳闸连锁试验

(1) 启动一台水环式真空泵运行正常,投备用泵连锁开关。

(2) 就地按下运行水环式真空泵停止按钮,此时跳闸泵报警,备用泵应自投入。

(3) 检查自投水环式真空泵运行情况正常,取消报警信号。

(4) 用同样方法试验其他水环式真空泵。

3. 水环式真空泵低真空联动试验

(1) 启动一台水环式真空泵运行正常,投备用泵连锁开关。

(2) 开启凝汽器真空破坏门,将凝汽器真空降至-87kPa以下或由热控人员短接压力开关,备用泵应自投入。

(3) 检查自投水环式真空泵运行正常,取消报警信号,切断连锁开关恢复系统。

(4) 用同样方法试验其他水环式真空泵。

(六) 润滑油泵试转及连锁试验

1. 交流润滑油泵试转

(1) 将主油箱补油至2/3油位。

(2) 将交流润滑油泵连锁切至"解除位置"。

(3) 开启交流润滑油泵进油门,开启交流润滑油泵出油门。

(4) 点击DCS上交流润滑油泵操作按钮,启动交流润滑油泵。

(5) 检查交流润滑油泵电流、出口压力、轴承温度、振动、声音应正常。

(6) 检查润滑油管路无漏油现象,机组各轴承回油正常。

(7) 一切正常后停运交流润滑油泵。

用同样的方法做直流润滑油泵试转工作。

2. 高压电动油泵试转

(1) 将主油箱补油至2/3油位。

(2) 将高压电动油泵连锁切至"解除位置"。

(3) 开启高压电动油泵进油门。

(4) 点击DCS上高压电动油泵操作按钮,启动高压电动油泵,开启高压电动油泵出油门。

(5) 检查高压电动油泵电流、出口压力、轴承温度、振动、声音应正常。

(6) 检查油系统管路无漏油现象,机组各轴承回油正常。

(7) 一切正常后停运高压电动油泵。

3. 盘车装置试转

(1) 润滑油系统运行正常,维持润滑油压在0.08~0.12MPa,检查各轴承回油正常。

(2) 压住投入装置手柄的同时,逆时针旋转盘车手轮,直至小齿轮与转子上的大齿轮完全啮合,启动盘车电机,检查盘车转速为9r/min。

(3) 盘车启动后观察转子晃动不大于原始值0.02mm,倾听动静部有无摩擦声,记录盘车电流。

二、汽轮机保护静态试验

汽轮机保护静态试验是在汽轮机处于静止状态下进行的，一般每次启动前均应进行，其目的主要是检查保护装置动作的可靠性。

（一）手拍危急遮断器保护试验

（1）确认油箱油质合格，油位正常，分别试运行高压电动油泵，交、直流润滑油泵正常。

（2）启动高压电动油泵，复位停机电磁阀，合上危急遮断器，检查保安油压在 1.0MPa 以上。

（3）逆时针旋开启动阀，开自动主汽门，开调速汽门。抽汽止回阀自动开启。

（4）手拍危急遮断器，自动主汽门、调速汽门、抽汽止回阀应迅速关闭，热工系统发停机信号。

（5）切除 ETS 保护连锁，点击 ETS 保护复位按钮。

（二）手按紧急停机按钮联动发电机出口开关跳闸保护试验

（1）启动高压电动油泵，复位停机电磁阀，合上危急遮断器，检查保安油压在 1.0MPa 以上。

（2）逆时针旋开启动阀，开自动主汽门，开调速汽门。抽汽止回阀自动开启。

（3）汇报值长，联系电气专业人员合上发电机出口开关，投入 ETS 中发电机跳闸保护。

（4）手按"紧急停机"按钮，停机电磁阀动作，自动主汽门、调速汽门、抽汽止回阀应迅速关闭，热工系统发停机信号。

（5）"发电机出口开关跳闸"信号报警。

（6）切除 ETS 保护连锁，点击 ETS 保护复位按钮。

（三）低油压保护及盘车连锁试验

（1）高压电动油泵、交流润滑油泵、直流润滑油泵试转正常。

（2）汇报值长，启动高压电动油泵，检查一切正常，联系热控人员做试验。

（3）复位停机电磁阀，合上危急遮断器，检查保安油压在 1.0MPa 以上。

（4）逆时针旋开启动阀，开自动主汽门，开调速汽门。抽汽止回阀自动开启。

（5）投入高压电动油泵，交、直流润滑油泵连锁和低油压保护开关，启动盘车，投入盘车连锁。

（6）关闭润滑油压力开关进油总阀。

（7）缓慢打开压力开关泄油阀，缓慢泄掉润滑油压，泄油压时要记录好就地润滑油压力表读数。

（8）当润滑油压降至 0.055MPa 时，润滑油压低报警信号发出。

（9）当润滑油压降至 0.04MPa 时，润滑油压低报警，交流润滑油泵应联动正常。

（10）当润滑油压降至 0.03MPa 时，润滑油压低报警，直流润滑油泵应联动正常。

（11）当润滑油压降至 0.02MPa 时，润滑油压低报警，停机电磁阀动作，自动主汽门、调速汽门、抽汽止回阀应迅速关闭，热工系统发停机信号，切除 ETS 保护连锁，点击 ETS 保护复位按钮。

（12）当润滑油压降至 0.015MPa 时，润滑油压低报警，盘车应自动停止。

（13）试验完毕后应关闭泄压阀，开启润滑油压力开关进油总阀，并投入盘车。

(14)以上试验也可由热控人员用短接压力开关或节流油泵出口门的方法来做。

(四)轴向位移保护试验

(1)启动高压电动油泵,复位停机电磁阀,合上危急遮断器,检查保安油压在1.0MPa以上。

(2)逆时针旋开启动阀,开自动主汽门,开调速汽门。抽汽止回阀自动开启。

(3)投入ETS轴向位移保护。

(4)由热控人员发出轴向位移超限虚拟信号,当虚拟信号达到±0.6mm时"轴向位移大"报警,达到±1.0mm时检查停机电磁阀动作,自动主汽门、调速汽门、抽汽止回阀应迅速关闭,热工系统发停机信号。

(5)将轴向位移数值恢复至原位。

(6)切除ETS保护连锁,点击ETS保护复位按钮。

(五)DEH电超速保护试验

(1)用超速试验钥匙将盘面上试验锁打到试验位置,"超速试验钥匙开关"红灯亮。

(2)点"超速103试验"按钮,设定转速目标值5670r/min,升速率为50r/min。

(3)点"运行"进行升速,当转速达到5665r/min时,"OPC超速保护"动作,跳闸首出状态应亮红灯提示,调速汽门关闭,转速下降到5400r/min,ETS复位,保护复位,重新挂闸,机组重新定速。

(4)切除"OPC超速保护",确认"超速试验钥匙开关"红灯亮。

(5)点"超速110试验"按钮,设定转速目标值6060r/min,升速率为150r/min。

(6)点"运行"进行升速,当转速达到6050r/min时,"TSI超速停机"和"DEH超速停机"保护动作,跳闸首出状态应亮红灯提示,自动主汽门、调速汽门关闭,转速下降到5400r/min,ETS复位,保护复位,重新挂闸,机组重新定速。

(7)用超速试验钥匙将盘面上试验锁退出试验位置,试验完成(试验过程中分别设专人监视机组各转速表,发现异常立即采取果断措施)。

(六)轴承回油温度高保护试验

(1)启动高压电动油泵,复位停机电磁阀,合上危急遮断器,检查保安油压在1.0MPa以上。

(2)逆时针旋开启动阀,开自动主汽门,开调速汽门。抽汽止回阀自动开启。

(3)投入ETS轴承回油温度高保护。

(4)由热控人员发出轴承回油温度高虚拟信号,当虚拟信号达到65℃时"轴承回油温度高Ⅰ"报警,达到70℃时"轴承回油温度高Ⅱ"发出停机信号,检查停机电磁阀动作,自动主汽门、调速汽门、抽汽止回阀应迅速关闭,热工系统发停机信号。

(5)将轴承回油温度数值恢复至原位。

(6)切除ETS保护连锁,点击ETS保护复位按钮。

(七)轴瓦温度高保护试验

(1)启动高压电动油泵,复位停机电磁阀,合上危急遮断器,检查保安油压在1.0MPa以上。

(2)逆时针旋开启动阀,开自动主汽门,开调速汽门。抽汽止回阀自动开启。

(3)投入ETS轴瓦温度高保护。

(4) 由热控人员发出轴瓦温度高虚拟信号,当虚拟信号达到 85℃时"轴瓦温度高Ⅰ"报警,达到 100℃时"轴瓦温度高Ⅱ"发出停机信号,检查停机电磁阀动作,自动主汽门、调速汽门、抽汽止回阀应迅速关闭,热工系统发停机信号。

(5) 将轴瓦温度数值恢复至原位。

(6) 切除 ETS 保护连锁,点击 ETS 保护复位按钮。

(八) 低真空保护试验

(1) 启动高压电动油泵,复位停机电磁阀,合上危急遮断器,检查保安油压在 1.0MPa 以上。

(2) 逆时针旋开启动阀,开自动主汽门,开调速汽门,抽汽止回阀自动开启。

(3) 由热控人员发出真空正常值的虚拟信号,投入 ETS 真空低保护。

(4) 由热控人员发出低真空虚拟信号,当虚拟信号达到-87kPa 时"真空低Ⅰ"报警信号发出,达到-61kPa 时"真空低Ⅱ"发出停机信号,检查停机电磁阀动作,自动主汽门、调速汽门、抽汽止回阀应迅速关闭,热工系统发停机信号。

(5) 切除 ETS 保护连锁,点击 ETS 保护复位按钮。

(6) 将真空数值恢复至原位。

(九) 胀差保护试验

(1) 启动高压电动油泵,复位停机电磁阀,合上危急遮断器,检查保安油压在 1.0MPa 以上。

(2) 逆时针旋开启动阀,开自动主汽门,开调速汽门。抽汽止回阀自动开启。

(3) 投入 ETS 胀差保护。

(4) 由热控人员发出胀差高虚拟信号,当虚拟信号达到+2/-1mm 时"胀差高Ⅰ"报警,达到+3/-2mm 时"胀差高Ⅱ"发出停机信号,检查停机电磁阀动作,自动主汽门、调速汽门、抽汽止回阀应迅速关闭,热工系统发停机信号。

(5) 将胀差数值恢复至原位。

(6) 切除 ETS 保护连锁,点击 ETS 保护复位按钮。

(十) 轴承座振动保护试验

(1) 启动高压电动油泵,复位停机电磁阀,合上危急遮断器,检查保安油压在 1.0MPa 以上。

(2) 逆时针旋开启动阀,开自动主汽门,开调速汽门。抽汽止回阀自动开启。

(3) 投入 ETS 轴承座振动保护。

(4) 由热控人员发出轴承座振动高虚拟信号,当虚拟信号达到 0.05mm 时"轴承座振动高Ⅰ"报警,达到 0.07mm 时"轴承座振动高Ⅱ"发出停机信号,检查停机电磁阀动作,自动主汽门、调速汽门、抽汽止回阀应迅速关闭,热工系统发停机信号。

(5) 将轴承座振动数值恢复至原位。

(6) 切除 ETS 保护连锁,点击 ETS 保护复位按钮。

(十一) 轴相对振动保护试验

(1) 启动高压电动油泵,复位停机电磁阀,合上危急遮断器,检查保安油压在 1.0MPa 以上。

(2) 逆时针旋开启动阀,开自动主汽门,开调速汽门。抽汽止回阀自动开启。

（3）投入 ETS 轴相对振动保护。

（4）由热控人员发出轴相对振动高虚拟信号，当虚拟信号达到 0.16mm 时"轴相对振动高Ⅰ"报警，达到 0.25mm 时"轴相对振动高Ⅱ"发出停机信号，检查停机电磁阀动作，自动主汽门、调速汽门、抽汽止回阀应迅速关闭，热工系统发停机信号。

（5）将轴相对振动数值恢复至原位。

（6）切除 ETS 保护连锁，点击 ETS 保护复位按钮。

（十二）发电机主保护试验（电跳机）

（1）启动高压电动油泵，复位停机电磁阀，合上危急遮断器，检查保安油压在 1.0MPa 以上。

（2）逆时针旋开启动阀，开自动主汽门，开调速汽门。抽汽止回阀自动开启。

（3）投入 ETS 发电机主保护。

（4）汇报值长，由电气专业人员，发"发电机内部故障"信号，检查停机电磁阀动作，自动主汽门、调速汽门、抽汽止回阀应迅速关闭，热工系统发停机信号。

（5）将"发电机内部故障"信号切除。

（6）切除 ETS 保护连锁，点击 ETS 保护复位按钮。

三、汽轮机动态试验

（一）手动危急遮断器试验

（1）开启高压电动油泵，手动打脱危急遮断器，检查安全油压为零，自动主汽门关闭，调门关闭，抽汽止回阀关闭、机组转速下降，按下复位按钮。

（2）复位手拍危急遮断器，检查保安油压正常。缓慢逆时针旋转启动阀，开启自动主汽门，按"进行"按钮，DEH 上设定目标转速 5500rpm。

（3）缓慢关闭高压电动油泵出口门，注意各油压正常，停运高压电动油泵，开启其出口门作备用。

（二）主汽门、调速汽门严密性试验

1. 试验条件

（1）汽轮机转速稳定在 5500r/min 时，危急保安器及紧急停机、DEH 停机按钮试验良好。

（2）交流电动油泵良好投入运行，交、直流润滑油泵良好备用。

（3）真空不低于−0.061MPa。

（4）联系锅炉值班员将主蒸汽参数控制稳定。

（5）将所有相关参数做好记录。

2. 自动主汽门严密性试验方法

（1）点亮"试验允许"按钮（此时"试验允许""机组已运行""转速大于 5450r/min""解列状态"红灯亮）。

（2）点击"主汽门严密性试验"按钮，此时程序计算出"惰走可接受转速"。

（3）注意观察转子惰走情况，程序记录"主汽门严试惰走时间"，一般在 600s 左右。

（4）试验结束后观察试验转速应小于"惰走可接受转速"为合格。

（5）合格后，机组重新定速，注意机组在升速过程中振动变化。

3. 调速汽门试验方法

(1) 点亮"试验允许"按钮(此时"试验允许""机组已运行""转速大于5450r/min""解列状态"红灯亮)。

(2) 点击"调门严试"按钮,此时程序计算出"惰走可接受转速",单位为秒。

(3) 注意观察转子惰走情况,程序记录"调门严试惰走时间",一般为600s左右。

(4) 试验结束后观察试验转速应小于"惰走可接受转速"为合格。

(5) 合格后,机组重新定速,注意机组在升速过程中振动变化。注意各油压正常,停运高压电动油泵,开启其出口门作备用。

(三) 一、二级抽汽止回阀试验

(1) 启动高压电动油泵,机组挂闸,开启自动主汽门。

(2) 远方开关抽汽止回阀正常,声光信号正常。

(3) 开启各级抽汽止回阀,将抽汽止回阀连锁开关投入。

(4) 手按停机按钮,自动主汽门关闭,各级抽汽止回阀关闭并发出声光信号。

(5) 试验正常后恢复原运行方式。

(四) 主油泵出口低油压连锁试验

(1) 汇报值长,联系热控人员,进行主油泵出口低油压连锁试验。

(2) 将主油泵出口油压低连锁动作值设置在0.95MPa。

(3) 汽轮机转速5500r/min,在空负荷状态下运行,检查主油泵出口油压在1.1MPa以上,高压电动油泵在备用位置。

(4) 投入主油泵出口压力低联动高压电动油泵连锁。

(5) 启动交流润滑油泵运行正常,手动打脱危急遮断器,检查自动主汽门关闭,调速汽门关闭,抽汽止回阀关闭,机组转速下降,主油泵出口油压也随之降低,当主油泵出口油压降至0.95MPa时,高压电动油泵应连锁启动。

(6) 停运交流润滑油泵,按DEH复位按钮,缓慢开启自动主汽门,利用DEH重新把机组转速升至5500r/min。

(五) 危急遮断器注油试验

(1) 机组5500r/min定速,各辅机运行正常。

(2) 将注油切换阀按下,把危急遮断油门从保安系统中解列。

(3) 将注油阀手轮拧到底,压力油进入危急器底部,危急器飞出,危急遮断油门脱扣。同时开机盘转速表及DCS上显示撞击子飞出。

(4) 撞击子动作正常后,全开注油阀,手拉复位阀手柄,将危急遮断油门挂闸。

(5) 松开切换阀手柄,将危急遮断油门重新并入保安系统。

(6) 将试验结果汇报值长,并做好记录。

(六) 超速试验

超速试验分机械超速试验和电气超速试验两种,DEH通过锁匙开关切换,能自动完成机械超速试验和电气超速试验。当进行机械超速试验时,电气超速保护自动提高到3360r/min,以保护试验安全。

超速试验应在同一情况下进行两次,两次动作转速差不超过额定转速的0.6%,新安装和大修后的汽轮机超速试验应进行三次,第三次和前两次平均转速差不超过1%。超速试验前应做两次手动停机试验,并且自动主汽门和调门严密性试验合格后方可进行。新机组或大修第一次启动做超速试验前,应带20%负荷暖机运行1~2h后,再将机组解列做超速试验。超速试验前不允许做注油试验。试验时,危急遮断脱扣器旁有专人负责,使用经检验过的合格转速表;转速和油压数据有专人监视并记录,并有汽轮机专业工程师现场指挥,并确认工作已做好,方可进行。超速试验过程中,机组有异音或振动异常应立即停止超速试验。滑参数停机后,禁止做超速试验。

1. 机械超速试验步骤

(1) 将DEH手操盘上OPC钥匙开关打在试验位置,在DEH上设定汽轮机目标转速5670r/min,升速率50r/min,机组转速升高。

(2) 危急遮断器动作后,将启动阀关到底,待转速下降至5400r/min以下将危急遮断油门复位,安全油压建立,将启动阀开至工作位置,检查自动主汽门缓慢开启,在DEH上维持5500r/min运行。

(3) 上述试验如转速超6060r/min不动作,应立即手拍危急遮断装置,停止试验。

2. DEH电超速试验步骤

(1) 将DEH手操盘上OPC钥匙开关打在试验位置,在DEH上点击109%超速试验,然后将目标转速设至5670r/min,升速率50r/min,机组转速升高。

(2) 当转速达5665/min后,DEH给出停机信号,AST电磁阀动作,自动主汽门、调速汽门和抽汽止回阀迅速关闭。

(3) 当转速降到54000r/min以下后,将启动阀关到底,将AST电磁阀复位,检查保安油压建立,缓慢将启动阀开至工作位置,开启自动主汽门,在DEH上将目标转速升至5500r/min,升速率设为50r/min,维持转速5500r/min。

3. OPC超速试验步骤

(1) 将DEH手操盘上OPC钥匙开关打在试验位置,在DEH上点"103%超速试验"键,设定汽轮机目标值5670r/min,机组转速升高。

(2) 当转速达到5670r/min时,OPC电磁阀动作降低控制油压,使调速汽门关闭。

(3) 当转速降到5400r/min以下时,OPC电磁阀动作升高控制油压,调速汽门缓慢开启,维持5500r/min运行。

(4) 此保护也会由发电机出口开关联动,如果DEH接收到发电机出口开关跳闸信号,则CPC电磁阀动作降低控制油压,关闭调速汽门,当转速低于5400r/min时,调速汽门开启,维持机组5500r/min运行。

TSI电超速试验,在TSI上将汽轮机电超速动作值设定在6060r/min,作为DEH电超速的后备超速保护。当转速达到6060r/min时,TSI发出停机信号,通过ETS使AST电磁阀带电泄掉保安油,关闭自动主汽门、调门和抽汽止回阀。此转速动作值较高,可静态试验合格即可。

(七) 真空严密性试验

1. 试验要求

(1) 汽轮机运行正常。

(2) 联系锅炉值班人员保持汽压和负荷稳定,机组带80%~100%额定负荷,排汽温度正常。

(3) 试验应在汽轮机专工和值长的监护下进行。

2. 试验方法
（1）缓慢关闭抽气器总空气门。
（2）从空气门关闭开始，每隔 1min 记录一次真空，连续记录 3～5min。
（3）试验完毕，开启抽气器空气门。若试验时真空急剧下降，打开抽气器空气门停止试验，查明原因，处理正常后再进行。
3. 试验标准
根据测量结果，计算平均每分钟真空下降值：
（1）试验结果数据不大于 0.133kPa/min 为优秀。
（2）试验结果数据不大于 0.266kPa/min 为良好。
（3）试验结果数据不大于 0.4kPa/min 为合格。
（4）平均每分钟真空下降值超过 0.4kPa 时应查找漏点设法消除。

◆任务实施

填写汽轮机相关试验操作票，并在仿真机完成上述任务，维持汽轮机及辅助系统的主要参数在正常范围内。

一、实训准备
（1）查阅机组运行规程，以运行小组为单位填写汽轮机试验操作票。
（2）明确职责权限。
1）汽轮机试验方案撰写、工作票编写由组长负责。
2）汽轮机试验操作票操作由运行值班员负责，并做好记录，确保记录真实、准确、工整。
3）组长对操作过程进行安全监护。
（3）熟悉 600t/d 垃圾焚烧炉发电机组系统平台的操作和控制方法。
（4）调取汽轮机试验所需的工况进行试验前准备，熟悉机组运行状态。

二、任务实施

根据汽轮机相关试验操作票，利用仿真系统完成汽轮机本体及辅助设备的定期切换试验操作。

◆任务评价

登录垃圾焚烧发电运行与维护×证书考评系统，根据工作任务的完成情况和技术标准规范，考评系统会自动给出任务完成情况的评价表。依据评价结果，可以确定学员的技能水平和改进的要求。

工作任务三　电气设备定期切换与试验

◆任务描述

本任务介绍电气设备相关试验的目的及试验操作方法，设备的定期切换与试验操作等，并结合仿真系统进行电气设备试验的操作。

◆任务目标

知识目标：熟悉掌握电气设备定期切换与试验项目，掌握电气设备定期切换与试验方法。

能力目标：能利用仿真系统进行发电厂电气设备定期切换与试验等。
素养目标：遵守安全操作规程，培养责任意识；树立规范操作意识，强化岗位职业精神；培养良好的表达和沟通能力。

◆**相关知识**

电气设备定期切换与试验包括：检修后启动前的冷态试验，运行中的各设备的试验及切换工作，是机组运行值班员的核心工作内容之一。分每日、每周、每月定期进行和大小修后启动前进行，主要有电气设备的定期试验和电气设备的定期切换操作，具体内容如下：

（1）每班检查事故音响、预告信号、绝缘监察一次。
（2）每月摇测备用发电机组绝缘电阻一次。
（3）每月切换事故照明回路一次。
（4）每月对电站直流电源消失监察装置应试验一次。
（5）定期进行机、炉、保安 MCC 备用电源自投切换。
（6）定期巡视电缆及电缆沟。
（7）备用中的电动机应能随时启动，定期轮换运行，有条件启动的电动机，每半个月应启动一次。如逾期启动，则在启动前测量绝缘。
（8）备用电动机应定期操作测绝缘，并做好记录（每月两次）。停电时间长达 7d 以上的电动机，送电前必须测量绝缘电阻。
（9）定期检查 SF_6 开关并记录开关动作次数。
（10）每年对避雷器做预防性试验，定期清扫、检查避雷器。
（11）定期对避雷器泄漏电流进行检查。
（12）定期切换 UPS 电源。
（13）定期切换励磁柜整流风机。
（14）定期对蓄电池充放电。
（15）厂区及生活区灭火器检查每月一次。
（16）每半年电站安全用具送检一次。

上述各项涉及运行稳定性，改变保护方式时需与调度联系，调度许可后方可执行。较大型切换试验须站长或生产副站长批准、监护。所有定期试验、切换结果应记入运行日志或专用记录中。

一、电动机及发电机绝缘电阻测试

发电机启动前及停机后，应测量定子、转子及励磁机回路绝缘电阻，并将每次测量日期、温度、使用操作表型号、测量结果记入绝缘电阻记录簿内。绝缘电阻不合格时，应及时报告值长，并挂"禁止启动"标牌。备用电动机应定期操作测绝缘，并做好记录（每月两次）。停电时间长达 7d 以上的电动机，送电前必须测量绝缘电阻。检修后的电动机送电前必须测绝缘电阻。

（一）绝缘电阻测试步骤

（1）记录被测试设备铭牌、运行编号及大气条件。
（2）根据被测对象的额定电压，选择不同电压的绝缘电阻表。10kV 高压电动机用 2500V 操作表测量绝缘电阻；380V 及以下低压电动机，直流电动机以及绕线式电动机定、转子，用 500V 操作表测量；发电机定子绝缘用 2500V 绝缘电阻表测量；转子回路、励磁机回路用

500V 绝缘电阻表测量；轴承及油管法兰的绝缘应由检修人员用 1000V 操作表测定，其阻值不低于 1MΩ。

(3) 测量前应使设备或线路断开电源，有仪表回路的要将仪表断开，然后进行放电，对于大型变压器、大型电机等大型电感、电容性设备及线路在其测量完毕后也应放电，放电时间一般为 2~3min，对于电容较大的高压设备及线路放电时间应至少 5min，以免试验人员触电或烧毁仪器。

(4) 使用绝缘电阻表前应对仪表进行校验，当接线端为开路时，摇转绝缘电阻表，指针在"∞"位，将 E 和 L 短接起来，缓慢摇动绝缘电阻表，指针应在"0"位。校验时，当指针指在"∞"或"0"位时，指针不应晃动。

(5) 用干燥清洁的柔软布擦去被试设备的表面污垢，以消除表面泄漏电流的影响。

(6) 绝缘电阻表的"L"端子接于被试设备的高压导体上；"E"端子接于接地点；"G"端子接于被试设备的屏蔽环，以消除表面泄漏电流的影响。

(7) 如果采用手摇式绝缘电阻表，在进行测量时绝缘电阻表的转速应由慢到快，转速不得时快时慢，当达到 120r/min 时则应保持稳定，转速稳定后，表盘上的指针方能稳定，待 1min 时读取绝缘电阻值；若进行设备吸收比及极化指数试验时，还应分别读取 15s 和 60s 及 10min 的绝缘电阻值。

(8) 测量完毕，应先断开"L"端子，然后再停表。

(9) 试验完毕或重复试验时，必须将被试设备短接后对地充分放电，以保证测量的安全性与准确性。

(二) 绝缘测试结果判断

(1) 电动机绝缘测试结果判断。10kV 高压电动机阻值不低于 10MΩ；380V 及以下低压电动机、直流电动机以及绕线式电动机定、转子阻值不低于 0.5MΩ；容量为 500kW 以上的高压电动机应测量吸收比，R60/R15 不得小于 1.3，阻值与前次同样温度下阻值比较，若低于前次测量值的 70%，虽然吸收比符合要求，仍认为不合格，送电前必须查明原因。

(2) 发电机绝缘测试结果判断。发电机定子绕组对地及相间绝缘电阻值不低于 10MΩ，发电机定子线圈的吸收比 R60/R15 =1.3；转子回路、励磁机回路绝缘电阻值不低于 0.5MΩ，操作测转子回路绝缘电阻时要将整流盘二极管脱离，以防击穿；轴承及油管法兰的绝缘应由检修人员用 1000V 操作表测定，其阻值不低于 1MΩ。

二、直流系统蓄电池充放电试验

蓄电池正常保持浮充状态运行，为防止蓄电池在长时间运行过程中，出现个别电池电压偏低，电解液密度下降，使电池硫化得以清除，延长电池寿命的目的，每月应定期开展蓄电池充放电试验。试验步骤如下：

(1) 在放电前测量每个电池的电压。

(2) 核对性放电的方式采用专用放电设备（蓄电池容量监测放电系统）放电。

(3) 以 10h 放电率的电流进行放电，应放出蓄电池容量的 50%。

(4) 放电时应将全组电池投入放电回路，放电过程中应随时监视放电电流及直流母线电压。放电过程中用手动调压始终保持直流母线电压在规定值。每小时应测量并记录全组蓄电池的电压。

(5) 放电是否完成可根据下列现象判断：每个电池的电压下降到 1.8V；当放出蓄电池

容量不到50%，而每个电池的电压已下降到1.8V时，也应该停止放电。

（6）放电完成，应测量每个电池的电压，以检查是否有不合格电池。检查确认之后方可转入核对性充电。

（7）蓄电池放电后，应及时采用10h制的充电电流进行充电，应充入的安时数是蓄电池放出容量的120%。充电过程中应随时监视充电电流及直流母线电压，每小时测量并记录全组蓄电池的电压，以检查是否有落后电池。

（8）充电是否完成应根据下列现象判断：充入的安时数是蓄电池放出容量的120%，经2h运行电压值不变；停止充电后，然后再用10h制充电电流的1/2电流向全组蓄电池充电1h，可停止充电转入浮充电运行。

在整个充电过程中，蓄电池室的窗子应全部打开，抽风机必须投入运行，充电完后抽风机还要继续开启1~1.5h，直到室内无酸雾气味为止。蓄电池在充电时，不得无故中断充电。

◆**任务实施**

填写电气设备试验操作票，并在仿真机完成上述任务，维持发电机及厂用电系统的主要参数在正常范围内。

一、实训准备

（1）查阅机组运行规程，以运行小组为单位填写电气设备试验操作票。

（2）明确职责权限。

1）电气设备试验方案撰写、工作票编写由组长负责。

2）电气设备试验操作票操作由运行值班员负责，并做好记录，确保记录真实、准确、工整。

3）组长对操作过程进行安全监护。

（3）熟悉600t/d垃圾焚烧炉发电机组系统平台的操作和控制方法。

（4）调取电气设备试验所需的工况进行试验前准备，熟悉机组运行状态。

二、任务实施

根据电气设备试验操作票，利用仿真系统完成电气设备试验的定期切换与试验操作。

◆**任务评价**

登录垃圾焚烧发电运行与维护×证书考评系统，根据工作任务的完成情况和技术标准规范，考评系统会自动给出任务完成情况的评价表。依据评价结果，可以确定学员的技能水平和改进的要求。

项目六　垃圾焚烧发电机组事故处理

工作任务一　焚烧炉炉排故障处理

◆任务描述

垃圾在焚烧炉内的反应过程非常复杂，影响因素多，且成分多变，炉排故障是机组运行中常见的故障。通过任务的学习，熟悉并了解机组炉排常见故障的事故现象及事故处理方法和处理步骤。

◆任务目标

知识目标：熟悉机组常见炉排故障现象，掌握各种炉排故障处理的主要操作方法及步骤。

能力目标：能利用仿真系统进行常见炉排故障的事故处理操作。

素养目标：遵守安全操作规程，培养责任意识；树立规范操作意识，强化岗位职业精神；培养良好的表达和沟通能力。

◆相关知识

由于垃圾在焚烧炉内的反应过程非常复杂，影响因素很多，并且垃圾组成及成分变化大，在机组运行中应在可能的条件下合理控制各种影响因素，使垃圾能完全燃烧并达到排放要求。但是，这些影响因素不是孤立的，它们之间存在着相互依赖、相互制约的因素，在运行调整中应从整个燃烧过程来考虑，进行综合控制。

垃圾炉排常见故障有垃圾局部热值低、垃圾局部热值高、垃圾厚度低、垃圾水分大、液压系统故障等。

一、垃圾局部热值低

1. 事故现象

（1）主蒸汽流量降低。

（2）炉膛温度下降。

（3）垃圾着火强度急剧下降。

2. 事故处理步骤

（1）退出干燥炉排和燃烧炉排 ACC 控制，调至手动模式，投入炉排单周期运行，或者调至自动模式，修改炉排速度设定值，适当加快炉排推料速度，将炉排垃圾着火状态调整至正常范围内，调整过程中注意维持各炉排厚度在正常范围内。

（2）将燃尽炉排一次风调节挡板调节至手动控制，减小燃尽段一次风流量，维持燃尽炉排上部温度正常（380~580℃范围）。

（3）将干燥炉排一次风调节挡板调节至手动控制，适当增加干燥段一次风流量，加快干燥段新料干燥速度。

（4）将燃烧炉排一、二、三段调节挡板调节至手动控制，适当调节风量维持炉膛正常燃烧。

（5）调节二次风挡板 A、B 调节阀，维持省煤器出口含氧量在正常范围内（5%～8%）。

（6）参数调整过程中燃烧炉排垃圾平均厚度在正常范围（45%～53%），炉温在正常范围（950～1070℃）内。

二、垃圾局部热值高

1. 事故现象

（1）炉膛温度升高。

（2）主蒸汽流量增加。

（3）垃圾着火状态未增加。

2. 事故处理步骤

（1）ACC 系统主蒸汽流量控制方式保持自动方式；缓慢减少主蒸汽流量设定值 SV，减少垃圾给料量，检查主蒸汽流量变化情况和炉温变化情况，主蒸汽流量和炉温变化率开始下降。

（2）退出燃烧炉排 ACC 控制，投入燃烧炉排单周期运行或者投入燃烧炉排自动控制，增大燃烧炉排速度设定值 SV，减少燃烧炉排推料频率，增加燃烧炉排垃圾滞留时间。

（3）将燃烧炉排调节挡板投入手动控制模式，缓慢减少燃烧炉排一次风流量，观察炉膛炉温变化率。

（4）将燃尽炉排一次风调节挡板调节至手动控制，调节燃尽段一次风流量，维持燃尽炉排上部温度正常。

（5）当炉温变化率小于零时，缓慢增加一次风流量至正常范围，同时增加 ACC 系统主蒸汽流量设定值 SV 至 56t/h，注意风量和设定值 SV 调节幅度。调节二次风挡板 A、B 调节阀，维持省煤器出口含氧量在正常范围内。

（6）故障处理过程中，燃烧炉排第二级和第三级垃圾着火状态在正常范围内（第二级着火状态在 60%～80%，第三级在 40%～70%）。主蒸汽流量恢复至 56t/h 左右。

三、垃圾厚度低

1. 事故现象

（1）燃烧段垃圾厚度下降。

（2）炉膛温度先上升后快速下降。

（3）垃圾着火状态延迟后急剧下降。

2. 事故处理步骤

（1）将燃烧段炉排一、二、三段一次风调节挡板调节至手动控制，调节各段燃烧炉排一次风量在正常范围内。

（2）将 ACC 系统垃圾厚度控制切换至自动模式，缓慢增加垃圾厚度设定值 SV 至 60% 左右（59%～61%），增加 SV 数值与调节一次风量、调节燃烧炉排同时进行。

（3）将燃尽段炉排一、二段调节挡板调节至手动控制，根据燃尽段炉排上部温度适当降低燃尽段一次风流量。

（4）退出燃烧炉排 ACC 控制，调至手动模式，投入炉排单周期运行，或者调至自动模式，修改炉排速度设定值，适当加快炉排推料速度，调节燃烧炉排垃圾厚度在正常范围内（第一级正常范围 30%～70%，第二级 20%～60%，第三级 20%～50%）。

（5）调节燃烧炉排第二级和第三级着火状态在正常范围内（第二级着火状态在 60%~80%，第三级在 40%~70%），调整过程中注意维持各炉排厚度在正常范围内。

（6）调节二次风挡板 A、B 调节阀，维持省煤器出口含氧量在正常范围内（5%~8%）。

（7）参数调整过程中控制燃烧炉排上部温度不小于 830℃，炉温 T_0 在正常范围（950~1070℃）内。

四、垃圾水分大

1. 事故现象

（1）炉温下降。

（2）主蒸汽流量下降。

资源 193

2. 事故处理步骤

（1）将干燥炉排退出 ACC 控制，投入干燥炉排单周期运行，减少干燥炉排推料频率，使垃圾充分干燥。

（2）将干燥炉排入口调节挡板 A、B 投入手动控制，增加干燥炉排一次风流量，对垃圾水分进行干燥。

（3）汇报值长，申请减负荷运行；逐步减少 ACC 系统主蒸汽流量设定值 SV 至 40t/h，注意调整幅度不可过大，造成炉膛燃烧和炉膛负压不稳。

（4）将垃圾厚度切换至自动控制，修改垃圾厚度设定值至 55%左右。

（5）调节二次风挡板 A、B 调节阀开度，维持省煤器出口烟气含量在正常范围内（5%~8%）。

（6）将燃尽炉排一、二段调节挡板切换至手动控制，适当调节燃尽段一次风流量，维持燃尽段炉排上部温度在正常范围。

五、液压系统故障

1. 事故现象

（1）液压站、炉排，推料器，捞渣机全部停止运行。

（2）DCS 画面上各种进退命令无法进退到位。

（3）炉膛温度下降，一定时间后会有所上升，然后再下降。

（4）主油泵入口压力信号低报警。

2. 事故原因

资源 194

（1）液压站控制电源中断。

（2）主油泵出口滤网严重堵塞引起主油泵跳闸。

（3）液压站油箱油位过低。

（4）液压站油温过高（大于等于 60℃）。

3. 事故处理步骤

（1）全面检查液压站电机、滤网、油位、油温。

（2）全面检查整个液压系统有无漏油和机械卡涩。

（3）经检查短时间能恢复液压系统运行时，可汇报值长，降低锅炉负荷，采取有效的处理措施，恢复液压系统运行。

（4）如短时间无法恢复运行时，应按事故请示停炉处理。

◆**任务实施**

根据机组炉排故障，在仿真机上设置炉排典型故障，模拟实际机组的真实故障过程，根据故障现象查找事故原因，并提出相应的处理方案。

一、实训准备

（1）查阅机组运行规程，熟悉事故处理步骤及措施，以运行小组为单位填写炉排故障处理方案。

（2）明确职责权限。

1）炉排故障处理方案、工作票编写由组长负责。

2）炉排故障处理方案由运行值班员负责，并做好记录，确保记录真实、准确、工整。

3）组长对操作过程进行安全监护。

（3）熟悉600t/d垃圾焚烧炉发电机组系统平台的操作和控制方法。

（4）调取"满负荷"工况，熟悉机组运行状态。

二、任务实施

在仿真系统中分别设置炉排典型故障，根据故障现象，判断故障原因，并完成故障的事故处理操作，事故处理完毕后分组撰写事故处理总结报告。

◆**任务评价**

登录垃圾焚烧发电运行与维护×证书考评系统，根据工作任务的完成情况和技术标准规范，考评系统会自动给出任务完成情况的评价表。依据评价结果，可以确定学员的技能水平和改进的要求。

工作任务二　余热锅炉常见故障处理

◆**任务描述**

垃圾焚烧炉烟气成分复杂，烟气腐蚀及磨损性强，处理和操作不当将会使余热锅炉发生事故，影响垃圾焚烧炉正常运行。通过任务的学习，熟悉并了解余热锅炉及烟气净化系统常见故障的事故现象及事故处理方法和处理步骤。

◆**任务目标**

知识目标：熟悉余热锅炉常见故障现象，掌握各种故障处理的主要操作方法及步骤。

能力目标：能利用仿真系统进行余热锅炉常见故障的事故处理操作。

素养目标：遵守安全操作规程，培养责任意识；树立规范操作意识，强化岗位职业精神；培养良好的表达和沟通能力。

◆**相关知识**

一、受热面损坏

1. 水冷壁管泄漏

水冷壁的作用是吸收余热锅炉高温烟气辐射热，水冷壁作为辐射受热面布置在炉膛内，当有多级烟气通道时，也常把它作为隔墙。在垃圾焚烧锅炉中，为适应垃圾特性不稳定性，并满足以空间燃烧为主的工况，水冷壁通常不深入到炉膛喉部以下，从而炉膛受热面布置受到一定限制。为此，多在过热器后布置一段对流蒸发器，当仍不能满足蒸发吸热比例时，就要在过热器前再布置足够的对流蒸发器。

（1）水冷壁泄漏事故现象。
1）燃烧室内有泄漏响声，汽包水位迅速下降，给水压力降低；
2）炉膛出口负压变正，引风机电流增加；
3）给水流量不正常的大于蒸汽流量；
4）如果爆管，燃烧室上部正压，炉墙有孔洞及不严密封处向外喷烟和蒸汽；
5）炉温分布不均匀，两侧烟温差增大。
（2）水冷壁泄漏事故原因。
1）给水、炉水品质长期超标，使管内壁结垢腐蚀；
2）管外壁磨损腐蚀；
3）长期低负荷运行或排污不当导致水循环不良；
4）锅炉严重缺水；
5）管子材质、制造安装有缺陷，检修质量不合格，管内留有杂物，管子焊口质量不合格；
6）锅炉启、停过程中未按规程操作，各部分膨胀不均，产生过大的热应力。
（3）水冷壁泄漏事故处理。
1）水冷壁损坏不严重时，能维持汽包正常水位时，保持低负荷运行，汇报值长，请示停炉；
2）检查并注意损坏情况是否迅速扩大，密切监视水位、汽温、炉温及尾部灰斗底灰排出情况，调整炉膛负压，视情况启动备用给水泵运行；
3）炉温下降、燃烧不稳时及时投入燃烧器助燃；
4）若水冷壁严重损坏，发生 MFT 或加强进水后难以维持汽包水位时应紧急停炉；
5）解列故障炉运行；
6）保留引风机运行，消除炉内蒸汽和烟气；
7）停炉后，继续上水维持水位，如给水耗量太大、影响其他炉用水，水位维持困难可根据情况停止上水；
8）待炉内水蒸气基本消失后，停运引风机，使烟道自然通风。

2. 过热器管泄漏

过热器的作用是将饱和蒸汽加热成过热蒸汽。通常过热器分高、低温段布置，低温段采用逆流传热方式，高温段又分一段或两段布置，采用混流或顺流传热方式。为稳定过热蒸汽温度，在两段减温器之间布置减温器。

资源 195

（1）过热器管泄漏事故现象。
1）过热器泄漏附近有异音；
2）汽压下降，蒸汽流量不正常小于给水流量；
3）泄漏、爆管处后烟温降低，两侧汽温、烟温差值增大；
4）引风机电流增加；
5）爆管处附近孔门及不严密处有蒸汽冒出；
6）过热蒸汽压力与饱和蒸汽压力差值增大；
7）低温过热器泄漏时过热汽温会升高。
（2）过热器管泄漏事故原因。

1）管内壁结垢或杂物堵塞，导致传热恶化；
2）管外壁磨损或高温腐蚀；
3）烟道内局部堵灰，形成烟气走廊，造成管子过热；
4）管子固定不牢造成磨损；
5）主蒸汽温度或管壁温度长期超限运行；
6）锅炉启动期间疏水不够或低负荷时投减温水不当，造成水塞局部过热；
7）管材不良，焊接质量不佳；
8）长期使用，管材疲劳，强度下降；
9）过热器结构不良或长期低负荷运行，使蒸汽分布不均、流速过低，过热器管得不到良好的冷却。

（3）过热器管泄漏事故处理。

1）及时汇报，加强监视，注意损坏情况是否迅速扩大；
2）泄漏不严重时，应适当降低负荷，维持正常汽温和燃烧，同时请示停炉，以防泄漏加剧；
3）严重爆破，应紧急停炉处理，避免扩大事故，汇报值长及相关领导；
4）解列故障炉运行；
5）保留引风机运行，消除炉内、烟道蒸汽和烟气；
6）停炉后维持小流量补水，保持水位在最高可见水位；
7）炉内、烟道蒸汽基本消失，停运引风机进行自然通风。

3. 省煤器管泄漏

省煤器布置在余热锅炉尾部对流烟道比较低的烟温区，其工作温度最低，并存在飞灰磨损与低温腐蚀等问题。为避免低温腐蚀，设计排烟温度不宜低于180℃。

资源 196

（1）省煤器管泄漏现象。

1）给水压力下降，汽包水位略有下降，给水流量不正常的大于蒸汽流量；
2）泄漏处附近有异音或炉墙漏缝处有冒气、潮湿现象；
3）炉膛负压减小或变正，引风机电流增大并振动；
4）泄漏、爆管处后烟温降低，两侧烟温差值增大；
5）竖井烟道底部有水漏出；
6）严重爆管，水位保持困难，导致 MFT 动作。

（2）省煤器管泄漏原因。

1）给水品质不合格使管内结垢腐蚀或管外壁磨损；
2）给水温度、流量经常大幅度变化；
3）管材或焊接质量较差；
4）启、停炉时，省煤器再循环门使用不当；
5）省煤器附近发生二次燃烧。

（3）省煤器管泄漏事故处理。

1）及时汇报值长，加强监视调整，注意损坏情况是否迅速增大；
2）损坏不严重时，加强给水、维持水位正常，维持低负荷运行，请示停炉；

3）严重爆管时，难以维持汽包水位或发生 MFT 时，应紧急停炉；

4）解列故障炉运行；

5）保留引风机运行维持炉膛负压，待烟道内烟气及蒸汽基本消失后停止，自然通风，停止上水后严禁开启省煤器再循环门；

6）停炉后，应尽量将尾部烟道灰斗中的灰放掉。

二、引风机及一、二次风机故障

1. 事故现象

（1）风机电流不正常，超过额定电流或空载。

（2）振动大，窜轴，转子和外壳发生摩擦，轴承温度不正常升高。

（3）风机出入口风压变化大。

（4）若风机掉闸，电机显示黄色并闪烁，电流回零，事故喇叭响，发出声光信号，若引风机掉闸，锅炉则 MFT。

（5）若引风机，则连锁其下面的风机跳闸。

资源 197～200

2. 事故原因

（1）叶片磨损严重，叶片腐蚀或积灰，使之失去平衡，发生振动。

（2）轴承润滑油质不良或冷却水中断，轴承温度升高损坏。

（3）叶轮与其轴间松弛，地脚螺丝松动。

（4）检修时风机平衡未找好，或电机中心找正未找好。

（5）电动机故障掉闸，或误按事故按钮，或电气故障。

（6）风机执行机构发生故障，或连杆销子脱落。

3. 事故处理

（1）遇有下列情况应立即停止风机的运行。

1）风机发生强烈振动、撞击和摩擦，危及设备和人身安全，而保护拒动时；

2）风机和电机轴承温度、电机线圈温度不正常升高，经处理无效超过极限，而保护拒动时；

3）电机运行中电流突然上升，并超过允许值，而保护拒动时；

4）发生火灾危及设备运行时；

5）发生人身事故必须停止风机运行时。

（2）若温度发生报警，应迅速降低该风机出力，并查明原因，必要时降低锅炉负荷，汇报值长。

（3）若风机掉闸前无异常现象，无过电流现象，且主连锁未动作，应抢合一次，成功时则应恢复正常运行。如抢合无效立即将故障风机置于停止位，关闭其入口挡板。

（4）加强对汽包水位和主汽温度监视、调整。

（5）引风机掉闸时，锅炉发生 MFT，按紧急停炉处理，汇报值长。应尽快查明原因予以消除，然后恢复机组运行。

三、烟气处理系统常见故障处理

1. 石灰浆循环泵故障跳闸

（1）事故现象。

1）石灰浆循环泵跳闸，泵出口压力下降，流量下降；

2）反应塔石浆流量调节阀开度不断增大；

3）烟囱出口 CEMS 系统 SO_2 浓度超标报警。

（2）事故处理步骤。

1）打开 2 号石灰浆循环泵出口至 1 号旋转雾化器手动门；

2）将反应塔石灰浆流量调节阀切换至手动控制，开度设置为零；

3）将 SO_2 调节、HCl 调节切换至手动控制；

资源 201～203

4）启动 2 号石灰浆循环泵运行；

5）缓慢增加反应塔石灰浆流量调节阀开度，SO_2 浓度小于 40mg/m³（标准状态下）时投入 SO_2 调节自动控制，设定值为 40mg/m³（标准状态下）；

6）缓慢增加反应塔石灰浆流量调节阀开度，HCl 浓度小于 7mg/m³（标准状态下）时投入 HCl 调节自动控制，设定值为 7mg/m³（标准状态下）；

7）投入反应塔石灰浆流量调节阀 ACC 控制。

2. 反应塔雾化器停运

（1）事故现象。

1）烟囱出口 CEMS 系统 SO_2、HCl 浓度超标报警；

2）反应塔雾化器转速下降。

（2）事故处理步骤。

1）联系检修进行处理，如果不具备再次启动，则将雾化器隔离，吊出后进行检修处理。如反应塔雾化器无故障，具备再次启动条件，则按下面方法进行处理；

2）将反应塔石灰浆流量调节阀切换至手动控制，开度设置为零；

3）将 SO_2 调节、HCl 调节切换至手动控制；

4）点击雾化器，弹出面板－雾化器参数，依次点击 PU 启动（启动后为红色），点击启动；转速设置为 8500r/min，检查并确认 1 号反应塔雾化器运行参数正常；

5）缓慢增加反应塔石灰浆流量调节阀开度，SO_2 浓度小于 40mg/m³（标准状态下）时投入 SO_2 调节自动控制，设定值为 40mg/m³（标准状态下）；HCl 浓度小于 7mg/m³（标准状态下）时投入 HCl 调节自动控制，设定值为 7mg/m³（标准状态下）。

3. 布袋除尘器滤袋破损

（1）事故现象。

1）烟囱出口 CEMS 系统粉尘浓度超标报警；

2）布袋除尘器进出口差压下降。

（2）事故处理步骤。

1）逐个关闭 1～6 室排气阀和 1 号灰斗烟气选择阀，观察烟囱出口 CEMS 烟尘浓度、布袋除尘器进出口压差参数变化趋势，逐个排除并确定哪个气室的滤袋破损；

2）判断出哪个气室布袋破损后，关闭该气室排气阀和灰斗烟气选择阀；

3）检查并确认烟囱出口 CEMS 参数烟气浓度在正常范围内；

4）联系检修处理。

◆任务实施

在仿真机上设置余热锅炉常见典型故障，模拟实际机组的真实故障过程，根据故障现象查找事故原因，并提出相应的处理方案。

一、实训准备

（1）查阅机组运行规程，熟悉事故处理步骤及措施，以运行小组为单位填写余热锅炉典型故障处理方案。

（2）明确职责权限。

1）余热锅炉典型故障处理方案编写由组长负责。

2）余热锅炉典型故障处理方案由运行值班员负责，并做好记录，确保记录真实、准确、工整。

3）组长对操作过程进行安全监护。

（3）熟悉 600t/d 垃圾焚烧炉发电机组系统平台的操作和控制方法。

（4）调取"满负荷"工况，熟悉机组运行状态。

二、任务实施

在仿真系统中分别设置余热锅炉典型故障及故障程度，根据故障现象，判断故障原因，并完成故障的事故处理操作，事故处理完毕后分组撰写事故处理总结报告。

◆任务评价

登录垃圾焚烧发电运行与维护×证书考评系统，根据工作任务的完成情况和技术标准规范，考评系统会自动给出任务完成情况的评价表。依据评价结果，可以确定学员的技能水平和改进的要求。

工作任务三　汽轮机常见故障处理

◆任务描述

汽轮机设备及辅助系统事故也是垃圾焚烧发电机组常见事故。通过任务的学习，熟悉并了解汽轮机及辅助系统常见故障的事故现象及事故处理方法和处理步骤。

◆任务目标

知识目标：熟悉并掌握汽轮机及辅助系统常见故障现象，主要操作方法及步骤。

能力目标：能利用仿真系统进行汽轮机及辅助系统常见故障的事故处理操作。

素养目标：遵守安全操作规程，培养责任意识；树立规范操作意识，强化岗位职业精神；培养良好的表达和沟通能力。

◆相关知识

一、轴向位移增大

发现轴向位移增大时，应特别注意推力瓦块温度和回油温度，检查机组负荷及其他运行参数的变化情况，倾听汽轮机内部声音，监视轴承振动情况。

1. 轴向位移增大的原因

（1）负荷或主蒸汽流量增加。

（2）一、三级抽汽流量增加。

（3）通流部分损坏。

（4）汽轮机发生水冲击。

（5）主蒸汽压力、温度下降。

资源 204

(6) 电网频率下降。
(7) 叶片结垢严重。
(8) 凝汽器真空下降。
(9) 推力瓦块磨损。
(10) 发电机转子窜动。

2. 轴向位移增大的处理方法

(1) 迅速减负荷，使轴向位移降至额定值以下。
(2) 检查推力瓦块温度及回油温度是否超过额定值，检查油压是否正常。
(3) 检查汽轮机组各部运行情况，测量各轴承振动是否正常。
(4) 查看是否因主蒸汽参数降低或负荷猛增而造成。
(5) 及时将此情况报告值长。
(6) 轴向位移增大，并伴随有不正常的噪声和振动，或轴向位移在空负荷时仍超过+1.3mm或−0.7mm，推力瓦温度急剧升高，应破坏真空紧急故障停机。

二、汽轮机水冲击

1. 汽轮机水冲击原因

(1) 锅炉汽包满水。
(2) 蒸汽流量过快造成蒸汽带水。
(3) 主蒸汽减温水调整不当，造成汽温急剧下降。
(4) 汽轮机启动过程中，暖管、暖机不好，疏水没排净。
(5) 加热器、除氧器满水，抽汽止回阀关闭不严。

2. 汽轮机水冲击事故现象

(1) 主蒸汽温度急剧下降。
(2) 从汽管法兰、轴封、汽缸结合面等处冒出白色的湿蒸汽或溅出水点。
(3) 清楚的听到汽管内有水击声。
(4) 从汽轮机内发出金属噪声和冲击声。
(5) 汽轮机振动增大。
(6) 推力瓦块温度、回油温度上升。
(7) 轴向位移增大，且胀差明显变化。
(8) 负荷自动下降。

上述现象在水冲击时，不是同时出现，当发生水冲击时，应立即紧急故障停机。

3. 汽轮机水冲击事故处理

(1) 因水冲击而停机时，除进行规定的操作外，还应进行如下处理：

1) 开启主蒸汽管道及导汽管和本体疏水；
2) 转子惰走过程中，应仔细倾听机组内部声响，检查推力瓦块温度、轴向位移、振动、胀差及金属温差等情况，并准确记录惰走时间；
3) 若因加热器满水引起水冲击，应迅速关闭该加热器进汽门，开启汽侧放水门，停止水侧运行。

(2) 如果在惰走期间未发现机内有异常声音和能觉察的动静部分摩擦声，且惰走时间正常，查清水冲击原因并予以消除后，可以重新启动汽轮机；重新启动时要充分疏水，冲动和升速时要特别注意倾听机内声音，启动正常后可以接带负荷，加负荷时，应加强监视轴向位移、推力瓦温度和轴承振动等；再重新启动时，如发现机内有异音或动静部分有摩擦声，应停机检查。

（3）因水冲击而停机，在惰走期间内发现机内有异音和动静部分有摩擦声，且惰走时间较正常停机时间明显缩短，禁止重新启动，并揭开大盖检查；在水冲击时，轴向位移显著增大，推力瓦温度上升，停机时，惰走时间较正常停机时间缩短，必须停机检查推力瓦。

（4）为防止水冲击发生，应采取下列措施：
1）当锅炉燃烧不稳时，尤其主蒸汽温度变化较大，应特别加强监视，发现异常及时处理；
2）若水通过不严密的抽汽止回阀进入汽轮机，应紧急故障停机；
3）启动汽轮机时应严格按规定正确的暖管和疏水。

三、汽轮机振动大异常事故处理

（1）机组突然发生强烈的振动和发出清楚的金属噪声时，应紧急故障停机。

（2）加负荷使机组振动大，应减负荷使振动降到正常值，并检查下列各项：
1）主蒸汽温度是否过高或过低；
2）汽缸膨胀是否均匀，胀差是否过大，汽缸温度是否符合规定；
3）润滑油压是否正常；
4）轴承入口油温是否过高或过低；
5）真空及排汽缸温度是否正常；
6）经检查汽轮发电机组各部正常，则通知电气检查发电机运行情况，是否因电气方面的原因使机组振动增大。

资源 205

（3）汽轮机启动过程中，发现振动较大，且有继续增大趋势，应降速暖机，并检查、分析振动原因，待振动消除后再重新缓慢提升转速。

（4）汽轮机在启动升速过程中，发生强烈的振动，并能听出机内有摩擦声或轴封冒火，应紧急停机。

（5）启动或接带负荷时发生振动，可能原因有汽温过低、疏水不畅通、升速或接带负荷过快、上次停机时盘车不良造成启动时大轴弯曲、轴承进油温度过低等，此时应找出原因，正确处理，如降速或减负荷都不能消除振动，应报告值长。

（6）引起振动的原因很多，情况很复杂，为了找出原因，不得不作一系列的试验，将试验结果作详细的比较、分析和研究，有很多原因，往往要经解体检查才能确定，因此，运行人员发现有弄不清的振动和异常时，应做好记录，并将情况向值长汇报。

四、油系统工作失常

（1）发现运行中主油泵工作不正常：
1）启动交流润滑油泵，监视调节油系统及润滑油系统油压，检查油箱油位；
2）仔细倾听泵组与连接的装置，并将工作不正常情况报告值长；
3）如泵失常并伴有金属摩擦声以及系统油压下降超过最低值，应立即启动直流润滑油泵，如不能恢复则立即破坏真空停机。

资源 206

（2）油系统漏油，油压和油箱油位同时下降，应做以下工作：

1）检查油管是否破裂或冷油器是否漏油，此时应采取措施堵塞，倒换备用冷油器，并向油箱补油；

2）不能消除漏油，油箱油位下降到下限时，润滑油压下降至 0.02MPa 应破坏真空，紧急停机；

3）油压下降引起主汽门关闭时，应迅速启动交流润滑油泵，紧急停机，查明原因。

（3）油箱油位不变，油压下降应进行以下工作：

1）如油压下降较快，应启动交流润滑油泵，查明原因；

2）检查冷油器铜管是否泄漏；

3）检查主油泵工作情况；

4）检查注油器工作情况；

5）交流润滑油泵止回阀关闭是否严密；

6）检查滤油器进口和出口之差是否已超过规定值。

（4）油箱油位下降，系统油压正常应检查：

1）回油管路是否漏油；

2）油标指示是否正确；

3）检查油箱滤网前后油位差不超过 40mm。

（5）交流润滑油泵发生故障应采取以下措施：

1）启动过程中，交流润滑油泵有不正常的噪声，但油压正常，应根据实际情况决定；

2）如汽轮机低速暖机尚未结束，交流润滑油泵发生故障，油压缓慢下降时，应迅速启动直流润滑油泵，停止交流润滑油泵，关主汽门停机，检修好后再启动开机；

（6）润滑油着火时，应迅速通知消防队，打碎消防系统报警器报警，并报告值长及有关领导，同时采取有效措施灭火，当火灾威胁机组运行时，应迅速破坏真空停机。

五、除氧器典型事故处理

1. 除氧器水位高的处理

（1）事故原因。

1）锅炉上水量减小；

2）水位计上部堵塞，产生假水位，电接点水位计接点不正常；

3）补水量过大。

（2）事故处理。

1）检查除氧器水位是否是真水位；

2）水位过高，高至极限应开启除氧器放水门，把水放至合格水位；

3）关闭疏水泵至除氧器补水门；

4）待水位正常后将放水门关闭。

2. 除氧器水位降低的处理

（1）事故原因。

1）锅炉上水量增大；

2）放水门漏水；
3）水位计不准，假水位，电接点水位计接点不正常。
（2）事故处理。
1）检查除氧器水位是否是真水位；
2）检查除氧器放水门是否漏水；
3）若水位不能维持，启动疏水泵或直接补除盐水。
3. 除氧器压力升高
（1）事故原因。
1）进汽压力升高；
2）压力调整器动作失灵，进汽调整阀卡在全开位置；
3）凝结水进水减小，或凝结水泵跳闸，进水中断；
4）疏水泵上水减小，或疏水泵跳闸，上水中断。
（2）事故处理。
1）调节压力调整器，及时关小进汽门，调整到正常压力；
2）检查凝结水泵、疏水泵运行情况，及时恢复正常进水。
4. 除氧器压力降低
（1）事故原因。
1）压力调整器动作失灵，进汽调整阀卡在关位置；
2）汽轮机负荷低，进汽压力低，温度低；
3）凝结水进水突增；
4）疏水补充过多。
（2）事故处理。
1）调节压力调整器，及时开大进汽门和再沸腾门，提高压力和水温；
2）关小疏水进水门。
5. 除氧器水的含氧量增大事故处理方法
（1）适当提高进水温度，减少补充水量，保持进水量稳定均匀。
（2）供汽温度低，供汽量不足，提高进汽压力。
（3）检查压力自动调节是否失灵，汽水负荷分配是否适合。
（4）除氧器喷嘴堵塞或脱落等，严重时应停止运行。
（5）取样门盘根漏汽，造成取样不合格，紧固盘根或关闭取样门，加装盘根。
（6）排空门开度不够或未开，应适当开启。
6. 除氧器振动事故处理方法
（1）当水侧过负荷时，应减少进汽量，调整汽水量分配。
（2）进水温度过低或水量过大，应提高进水温度或减少进水量。
（3）托架或支吊架故障应停止除氧器运行通知检修处理。
（4）除氧器水位过高或满水，水倒入汽管，应开启放水门放水，待水位正常后关闭。
（5）除氧器内部损坏，应报告值长联系检修处理。
（6）启动暖管时振动，应加强疏水，增加暖管时间。

六、给水泵典型事故处理

1. 给水泵紧急停运

（1）凡遇下列情况之一者，应紧急停泵：

1）电动机冒烟、着火或电流突然超过额定值而不降低；

2）水泵或电机发生强烈振动；

3）水泵或电机内发出明显的金属摩擦撞击声；

4）轴瓦断油；

5）发生危及人身事故时。

（2）紧急停泵的操作步骤：

1）立即停运故障泵，并检查备用泵是否自动启动，否则应手动启动备用泵；

2）其他操作按正常开停泵进行。

2. 给水泵故障停运

（1）凡遇下列情况之一者，应先启动备用泵，后停运故障泵：

1）水泵或电机振动超过规定值；

2）水泵盘根过热或冒烟无法消除；

3）水泵盘根漏水大，经处理无效；

4）给水泵汽化；

5）轴承温度急剧上升至75℃以上或轴承冒烟。

（2）故障停泵的操作步骤：

1）启动备用泵，开启其出水门，正常后停下故障泵；

2）解除故障泵连锁开关，关闭进出水门，并填写缺陷单。

3. 给水泵汽化

（1）事故现象。

1）给水泵出水压力；

2）电动机电流下降并大幅摆动；

3）泵内发出噪声；

4）水泵两侧盘根处冒气；

5）轴承振动增大。

（2）事故原因。

1）除氧器压力迅速下降；

2）水泵进口滤网堵塞；

3）水泵流量太少或空载运行时间太长；

4）除氧器缺水。

（3）事故处理。

1）立即启动备用泵，停下汽化泵，报告值长；

2）如果是除氧器缺水而造成给水泵汽化或打空泵，应先停泵并迅速恢复除氧器水位、开启再循环门；

3）如果除氧器压力迅速下降应恢复除氧器压力、减小或暂停除氧器进水。

4. 给水泵跳闸事故处理

（1）立即启动备用泵。

（2）在无备用泵的情况下，工作泵跳闸时若未发现水泵、电机有异常现象，可将工作泵操作把手复位，然后重新合闸一次，若无效，应立即报告值长，并通知锅炉减负荷保证给水。

（3）水泵跳闸后若水泵转子倒转，应迅速关闭水泵出水门，严禁采用关闭进水门的方法制止水泵倒转，或者重启水泵。

5. 给水泵轴瓦发热

（1）事故原因。

1）水泵轴瓦安装间隙不正确；

2）水泵轴瓦油润滑量不够或油质不良；

3）水泵轴瓦冷却水减少或中断；

4）油环带油不正常。

（2）事故处理。

1）如因轴瓦润滑油量不足引起，应及时加油；

2）如因轴瓦润滑油质不良引起，应启动备用泵，停运故障泵，对该故障泵进行换油；

3）如轴瓦冷却水减少或中断，应设法处理，若不能处理或处理无效时，应启动备用泵，停运故障泵，报告值长，并联系检修人员处理。

◆ 任务实施

在仿真机上设置汽轮机及辅助系统典型故障，模拟实际机组的真实故障过程，根据故障现象查找事故原因，并提出相应的处理方案。

一、实训准备

（1）查阅机组运行规程，熟悉事故处理步骤及措施，以运行小组为单位填写汽轮机及辅助系统典型故障处理操作票。

（2）明确职责权限。

1）汽轮机及辅助系统典型故障处理方案编写由组长负责。

2）汽轮机及辅助系统典型故障处理方案由运行值班员负责，并做好记录，确保记录真实、准确、工整。

3）组长对操作过程进行安全监护。

（3）熟悉600t/d垃圾焚烧炉发电机组系统平台的操作和控制方法。

（4）调取"满负荷"工况，熟悉机组运行状态。

二、任务实施

在仿真系统中分别设置汽轮机及辅助设备典型故障及故障程度，根据故障现象，判断故障原因，并完成故障的事故处理操作，事故处理完毕后分组撰写事故处理总结报告。

◆ 任务实施

登录垃圾焚烧发电运行与维护×证书考评系统，根据工作任务的完成情况和技术标准规范，考评系统会自动给出任务完成情况的评价表。依据评价结果，可以确定学员的技能水平和改进的要求。

工作任务四 电气常见故障处理

◆**任务描述**

电气设备及厂用电系统事故也是垃圾焚烧发电机组常见事故。通过任务的学习，熟悉并了解垃圾焚烧发电机组电气设备及厂用电系统常见故障的事故现象及事故处理方法和处理步骤。

◆**任务目标**

知识目标：熟悉并掌握电气设备及厂用电系统常见故障现象，主要操作方法及步骤。

能力目标：能利用仿真系统进行电气设备及厂用电系统常见故障的事故处理操作。

素养目标：遵守安全操作规程，培养责任意识；树立规范操作意识，强化岗位职业精神；培养良好的表达和沟通能力。

◆**相关知识**

一、发电机典型故障处理

1. 发电机转子一点接地

（1）事故现象。

1）"转子一点接地"信号报警；

2）保护屏发出"转子一点接地"信号；

3）转子正对地电压、负对地电压有变化，一极电压升高，另一极电压降低；

4）测量励磁回路绝缘电阻降低。

资源 215、216

（2）事故处理。

1）检查"转子一点接地"信号是否能够复归。若能复归，则为瞬时接地；

2）若"转子一点接地"信号不能复归，应检查转子一点接地保护是否正常；

3）若转子一点接地保护正常，用转子电压表通过切换开关测量正、负极对地电压，判断是否发生了接地。若发现某极对地电压降到零，另一极对地电压升至全电压（正、负极之间的电压值），说明确实发生了一点接地；

4）检查励磁回路是否有人工作，如系工作人员引起，应予以纠正；

5）检查励磁回路各部位有无明显损伤或因脏污接地，若因脏污接地应进行吹扫；

6）对有关回路进行详细外观检查，必要时轮流停用整流柜，以判明是否由于整流柜直流回路接地引起；

7）检查区分接地是在励磁回路还是在测量保护回路；

8）若转子接地为一点稳定金属性接地，且无法查明故障点，除加强监视机组运行外，将"转子两点接地"保护投入，在取得调度同意后，并申请尽快停机处理；

9）转子一点接地运行时，若机组又发生欠励磁或失步，一般可认为转子已发展为两点接地，这时转子两点接地保护动作跳闸，否则应立即手动停机；

10）转子一点接地运行时，若发电机出现振动，则应立即解列停机。

2. 发电机温度不正常

（1）事故现象。

发电机某部分温度超过限额或与正常值有较大偏差，DCS 显示温度异常报警。

(2) 事故处理。

1) 调出 DCS 画面，连续监视报警次数。检查定子绕组，铁芯温度的各个测点是否趋势一致，与有功及功率因数变化是否正比，来确定是测点的问题，还是运行设备的问题；

2) 当定子绕组温度和进风温度正常时，如果三相不平衡此时应该降低负荷运行，并设法减少不平衡度；

3) 检查发电机三相电压是否平衡，功率因数是否在正常范围内；

4) 若发电机的定子绕组温度和铁芯温度以及进风风温超过规定值，应调整风温，检查滤网是否堵塞，如果是滤网堵塞切至旁路运行，联系检修进行滤网清理工作，根据情况减少负荷进行空冷器分组清洗。利用停机的机会进行空冷器的铜管清洗工作。处理无效时降负荷在定子绕组和铁芯温度允许范围内运行并汇报值长；

5) 适当降低发电机无功负荷，但功率因数不得超过 0.95，电压不得低于 10kV；

6) 查看相对应的温度测点指示，进行核对，分析判定是否检测元件故障；

7) 检查发电机测温元件接线端子板上的接线柱有无腐蚀、松动现象，以确保是否由其引起；

8) 适当调节发电机负荷（5%一级），并加以稳定，观察其变化趋势，如在不同负荷工况下某元件始终显示异常，说明该热电偶及电阻元件可能损坏；

9) 经上述处理无效或表明发电机内部故障时，应降低有功负荷，使温度或温差低于限额。并汇报值长，要求检修人员进行进一步检查。当发电机定子绕组温升接近额定值时（确认测点及回路正常），应立即汇报值长，要求立即停机处理。

3. 发电机变为电动机运行

(1) 事故现象。

1) 发电机有功指示为零或反相，无功指示通常升高；

2) 定子电流指示可能稍低，定子电压表无明显变化；

3) 功率因数表显示进相；

4) 各励磁表计指示正常。

(2) 事故处理。

1) 如只有"主汽门关闭"信号，无任何报警信号时，确认人为，保护误动，应立即增加汽轮发电机组有功负荷，使之脱离电动机运行方式。

2) 如果有保护信号，将发电机与系统解列，采取措施消除。若汽轮机无法开启，则应按值长令或汽轮机要求将发电机与系统解列。

二、厂用电系统及设备典型故障处理

1. UPS 逆变器故障

(1) 事故现象。

"逆变器故障"红灯闪光；静态开关动作，系统切换至旁路电源供电，"备用电源供电"红灯闪光。

(2) 事故处理。

1) 按下"复归"按钮，复位各信号灯；

2) 按下"逆变停机"，UPS 切向备用电源供电；

3) 检查 UPS 应已转至备用电源供电，逆变器已关机；

资源 217

4）拉开 UPS 正常交流工作电源进线开关 QF3；

5）通知检修部门处理故障。

2. 直流母线接地

（1）事故现象。

接地时，警铃响"直流系统接地"光字牌亮。

（2）事故处理。

1）测量母线监察表正对地或负对地出现较高电压（最高为母线电压）；

2）判断接地极性后，询问各岗位有无操作和设备落水；

3）瞬停曾有操作的支路和怀疑的支路；

4）分别瞬停各控制负荷支路；

5）分别瞬停配电装置主合闸支路和其他负荷；

6）当选出某一电源支路时，应对该电源支路的负荷依次瞬停，查找具体接地设备，通知检修人员处理；

7）查找直流接地时注意事项：必须有两人进行，一人监护，另一人操作；选择前应与有关专业联系；查找过程中，切勿造成另一点接地；选择直流油泵电源时，应确认油泵在停止状态；试停保护电源时，距离保护直流不应停电，必须停电时，应汇报值长联系调度同意，距离保护停用后试停；若运行人员不能处理时，应通知检修人员处理。

3. 电压互感器回路断线

（1）事故现象。

1）"电压回路断线"光字牌亮、警铃响；

2）电压表指示为零或三相电压不一致，有功功率表指示失常，电能表计量误差；

3）低电压继电器动作，同期检查继电器可能有响声；

4）可能有接地信号发出（高压熔断器熔断时）；

5）绝缘监视电压表较正常值偏低，正常相电压表指示正常；

6）当发电机的电压互感器某相断线，电压、有功、无功、频率表计参数无显示或显示不正常，应靠汽轮机的流量和电流指示监视有功，转子的电流、电压监视无功；

7）当 400V 母线的电压互感器断相会发出电压回路断线，还可能会引起低电压装置动作，引起该段上的循环水泵、冷却塔风机、给水泵跳闸。

（2）事故原因。

1）高、低压熔断器熔断或接触不良；

2）电压互感器二次回路切换开关及重动继电器辅助触点接触不良。因电压互感器高压侧隔离开关的辅助开关触点串接在二次侧，与隔离开关辅助触点联动的重动继电器触点也串接在二次侧，由于这些触点接触不良，而使二次回路断开；

3）二次侧快速自动空气开关脱扣跳闸或因二次侧短路自动跳闸；

4）二次回路接线头松动或断线。

（3）事故处理。

1）停用所带的继电保护与自动装置，以防止误动。当 400V 母线上所带辅机因低电压无法复位的，应立即将母线上带连锁/解锁切换开关的辅机切至解锁状态；

2）如因二次回路故障，使仪表指示不正确时，可根据其他仪表指示，监视设备的运行，且不可改变设备的运行方式，以免发生误操作；

3）检查高、低压熔断器是否熔断。若高压熔断器熔断，应查明原因予以更换，若低压熔断器熔断，应立即更换；

4）检查二次电压回路的接点有无松动、有无断线现象，切换回路有无接触不良，二次侧自动空气开关是否脱扣。可试送一次，试送不成功再处理。

4. 10kV 某段失电，母联联动不成功

（1）事故现象。

1）出现事故音响及相关报警信号；

2）故障段母线发电机出口开关跳闸、故障段主变压器低压侧开关跳闸；

3）母联开关合闸后，相应保护动作又跳闸；

4）故障母线电压表指示为零，母线失压；

资源 218

5）故障母线所接的高压电动机低电压保护动作，部分电动机跳闸，相应 380V 母线的备自投可能动作。

（2）事故处理。

1）通知有关值班员，告知该 10kV 母线失压；

2）解除音响，复位跳闸开关；

3）检查相应 380V 各段母线联动是否正常；

4）检查保护动作情况，判明母线失压原因，并汇报值长；

5）检查是否因负荷故障，开关拒动而引起的越级跳闸。如发现某负荷有保护动作指示而开关拒动，应断开该负荷开关并操作至"试验"位置，再向母线充电一次，正常后发电机重新并网恢复运行；

6）如无法判明是否越级跳闸，应将该母线上全部开关及电压互感器操作至"试验"位置，测量母线绝缘合格后，对该母线试送电一次。母线试送电成功后，则按值长令逐一对负荷支路测试绝缘，合格后再送电；

7）母线供电恢复后，应通知有关值班员，对设备运行情况进行全面检查；

8）若 10kV 母线短时间内不能恢复供电，应优先考虑保证相应的 380V 各段母线正常运行；发电机停机，通知检修人员处理。

◆**任务实施**

在仿真机上设置电气常见典型故障，模拟实际机组的真实故障过程，根据故障现象查找事故原因，并提出相应的处理方案。

一、实训准备

（1）查阅机组运行规程，熟悉事故处理步骤及措施，以运行小组为单位填写电气常见典型故障处理操作方案。

（2）明确职责权限

1）电气常见典型故障处理方案编写由组长负责。

2）电气常见典型故障处理方案由运行值班员负责，并做好记录，确保记录真实、准确、工整。

3）组长对操作过程进行安全监护。

（3）熟悉 600t/d 垃圾焚烧炉发电机组系统平台的操作和控制方法。

（4）调取"满负荷"工况，熟悉机组运行状态。

二、任务实施

在仿真系统中分别设置发电厂电气设备典型故障及故障程度，根据故障现象，判断故障原因，并完成故障的事故处理操作，事故处理完毕后分组撰写事故处理总结报告。

◆**任务评价**

登录垃圾焚烧发电运行与维护×证书考评系统，根据工作任务的完成情况和技术标准规范，考评系统会自动给出任务完成情况的评价表。依据评价结果，可以确定学员的技能水平和改进的要求。

参 考 文 献

[1] 胡桂川，朱新才，周雄，等．垃圾焚烧发电与二次污染控制技术．重庆：重庆大学出版社，2011．
[2] 周菊华．城市生活垃圾焚烧与发电技术．北京：中国电力出版社，2014．
[3] 王勇．垃圾焚烧发电技术及应用．北京：中国电力出版社，2020．
[4] 张春粦，郑维先，陈至东．垃圾焚烧发电应用技术及其安全性分析．珠海：暨南大学出版社，2019．
[5] 白良成．生活垃圾焚烧处理工程技术．北京：中国建筑工业出版社，2009．
[6] 博努力（北京）仿真技术有限公司．垃圾焚烧发电运行与维护职业技能等级证书培训教材（初级）．北京：中国电力出版社，2020．
[7] 博努力（北京）仿真技术有限公司．垃圾焚烧发电运行与维护职业技能等级证书培训教材（中级）．北京：中国电力出版社，2020．
[8] 博努力（北京）仿真技术有限公司．垃圾焚烧发电运行与维护职业技能等级证书培训教材（高级）．北京：中国电力出版社，2020．
[9] 生态环境部环境工程评估中心．生活垃圾焚烧发电项目政策法规及标准规范汇编．北京：中国环境出版社，2017．